“十二五”职业教育国家规划教材
经全国职业教育教材审定委员会审定
高等职业教育技能型紧缺人才培养教材

数控加工编程与操作

（第三版）

叶伯生　戴永清　编著

华中科技大学出版社
中国·武汉

内 容 简 介

本书为“十二五”职业教育国家规划教材，在介绍了数控加工程序编制的基础知识、基本规则和规定的基础上，以配置华中世纪星 HNC-21M 数控装置的教学数控铣床和配置华中世纪星 HNC-21T 数控装置的教学数控车床为主要对象，详细介绍了数控铣床和数控车床的编程指令和操作方法，并以具体的零件加工为实例，阐述了从零件图样到合格零件的整个数控加工过程。为了方便读者更好地掌握国外数控系统的编程，本书再版时以精简的篇幅加入了国内市场占有率较大的 FANUC 数控装置的编程指令。

本书理论联系实际，内容丰富翔实，有较高的实用价值。本书可用作高等职业技术院校数控技术、机械设计与制造、机械制造与自动化、模具设计与制造、机电一体化等专业，以及各类成人教育学院、中等专科学校、技工学校相关专业的教材，也适合作为各类数控编程与操作培训班的教材，还可作为从事数控技术研究、开发的工程技术人员的参考书。为了方便教学，本书还配有相关电子教案，如有需要，可与出版社联系（电话：027-87548431；邮箱：171447782@qq.com）。

图书在版编目(CIP)数据

数控加工编程与操作/叶伯生，戴永清编著. —3 版. —武汉：华中科技大学出版社，2014.12（2024.1重印）
ISBN 978-7-5609-9838-1

Ⅰ.①数… Ⅱ.①叶… ②戴… Ⅲ.①数控机床-程序设计-高等职业教育-教材 ②数控机床-操作-高等职业教育-教材 Ⅳ.①TG659

中国版本图书馆 CIP 数据核字(2014)第 301101 号

数控加工编程与操作（第三版） 叶伯生 戴永清 编著

策划编辑：万亚军
责任编辑：姚 幸
封面设计：刘 卉
责任校对：刘 竣
责任监印：张正林
出版发行：华中科技大学出版社（中国·武汉） 电话：(027)81321913
武汉市东湖新技术开发区华工科技园 邮编：430223
录 排：禾木图文工作室
印 刷：广东虎彩云印刷有限公司
开 本：787mm×960mm 1/16
印 张：16.5
字 数：319 千字
版 次：2008 年 12 月第 2 版 2024 年 1 月第 3 版第 9 次印刷
定 价：39.80 元

高等职业教育技能型紧缺人才培养教材

数控技术应用专业系列教材编委会

序

为实现全面建设小康社会的宏伟目标，使国民经济平衡、快速发展，各行各业迫切需要培养大量不同类型和不同层次的人才。因此，党中央明确地提出人才强国战略和“造就数以亿计的高素质劳动者，数以千万计的专门人才和一大批拔尖创新人才”的目标，要求建设一支规模宏大、结构合理、素质较高的人才队伍，为大力提升国家核心竞争力和综合国力、实现中华民族的伟大复兴提供重要保证。

制造业是国民经济的主体，社会财富的60%～80%来自于制造业。在经济全球化的格局下，国际市场竞争异常激烈，中国制造业正由跨国公司的加工组装基地向世界制造业基地转变。而中国经济要实现长期可持续高速发展，实现成为“世界制造中心”的愿望，必须培养和造就一批掌握先进数控技术和工艺的高素质劳动者和高技能人才。

教育部等六部委启动的“制造业和现代服务业技能型紧缺人才培训工程”，是落实党中央人才强国战略，培养高技能人才的正确举措。目前，国内数控技能人才的严重缺乏，阻碍了国家制造业实力的提高，针对数控技能人才的培养迫在眉睫的形势，教育部颁布了《两年制高等职业教育数控技术应用专业领域技能型紧缺人才培养指导方案》（以下简称《两年制指导方案》）。对高技能人才培养提出具体的方案，必将对我国制造业的发展产生重要影响。在这样的背景下，华中科技大学出版社策划、组织华中科技大学国家数控系统技术工程研究中心和一批承担数控技术应用专业领域技能型人才培养培训任务的高等职业院校编写两年制“高等职业教育数控技术应用专业系列教材”，为《两年制指导方案》的实施奠定基础，是非常及时的。

与普通高等教育的教材相比，高等职业教育的教材有自己的特点，编写两年制教材更是一种新的尝试，需要创新、改革，因此，希望这套教材能够做到以下几点。

体现培养高技能人才的理念。教育部部长周济院士指出：高等职业教育的主要任务就是培养高技能人才。何谓“高技能人才”？这类人才既不是“白领”，也不是“蓝领”，而是应用型“白领”，可称之为“银领”。这类人才既要能动脑，更要能动手。动手能力强是高技能人才最突出的特点。本系列教材将紧扣该方案中提出的教学计划来编写，在使学生掌握“必需够用”理论知识的同时，力争在学生技能的培养上有所突破。

突出职业技能培养特色。“高职高专教育必须以就业为导向”，这一点已为人们所广泛共识。目前，能够对劳动者的技能水平或职业资格进行客观公正、科学规范评价和鉴定的，主要是国家职业资格证书考试。随着我国职业准入制度的完善和劳动就业市场的规范，职业资格证书将是用人单位招聘、录用劳动者必备的依据。以“就业为导向”，就是要使学校培养人才与企业需求融为一体，互相促进，能够使学生毕业时就具备就业的必备条件。本系列教材的内容将涵盖一定等级职业考试大纲的要求，帮助学生在学完课程后就有能力获得一定等级的职业资格证书，以突出职业技能培养特色。

面向学生。使学生建立起能够满足工作需要的知识结构和能力结构，一方面，充分考虑高职高专学生的认知水平和已有知识、技能、经验，实事求是；另一方面，力求在学习内容、教学组织等方面给教师和学生提供选择和创新的空间。

两年制教材的编写是一个新生事物，需要不断地实践、总结、提高。欢迎师生对本系列教材提出宝贵意见。

高等职业教育数控技术应用专业系列教材编委会主任
国家数控系统技术工程研究中心主任　陈吉红
华中科技大学教授、博士生导师

2004年8月18日

前　言

随着数控技术的飞速发展，数控机床的功能不断提高，而价格在不断降低，这为现代企业提供了更多的选择。为适应市场竞争的需要，它们普遍使用效率、精度更高的数控机床来替代普通机床。然而，能熟练掌握数控机床编程、操作的复合型应用技术人才却严重短缺。为贯彻《国务院关于大力推进职业教育改革与发展的决定》，我们在华中科技大学出版社的组织下编写了本书。本书在第一、第二版的基础上进行了修订完善，精简了部分内容，并加入了国内市场占有率较大的FANUC系统的编程指令。本书经全国职业教育教材审定委员会审定，被评为“十二五”职业教育国家规划教材。

本书在内容取材方面遵循“少而精”原则，一方面，紧密结合高职高专的教学实际情况，坚持高技能人才的培养方向，重实践，强调教材的实用性；另一方面，力争突出教材的时代感，既反映我国数控加工现状，也介绍本领域的最新技术。为此，本书以国内高职高专院校使用比较普遍的华中世纪星数控装置为蓝本作主要介绍，兼顾国内使用比较普及的FANUC数控装置。全书力求文字叙述深入浅出，内容编排循序渐进。

全书共5章。第1章概要地介绍了数控加工程序编制的基础知识，包括数控编程的概念、方法和步骤，数控机床的坐标系，数控加工工艺基础，数控编程的数学处理以及数控加工程序的格式与组成；第2、3章重点讲述铣床数控装置和车床数控装置的操作方法和格式，并为每一编程指令进行了举例说明，同时介绍了FANUC数控装置的编程指令；第4章在介绍了华中数控世纪星数控装置操作部分的前提下，重点讲述了交互使用操作面板和软件菜单操作数控机床的步骤和方法；第5章以铣削类和车削类典型零件为例，详述了从编程到加工的完整过程，旨在通过实训使学生更加系统地掌握数控编程与操作的精髓。

本书第1章至第4章由叶伯生编著，第5章由戴永清编著，全书由叶伯生统稿和定稿。本书的成果凝结着武汉华中数控股份有限公司和国家数控系统工程技术研究中心各位同仁的辛勤劳动，在此表示衷心的感谢。在本书编写过程中，还参阅了国内外有关数控技术方面的教材、资料和文献，在此对各位作者谨致谢意。

由于编者水平有限，书中缺点和错误在所难免，殷切希望广大读者提出宝贵的意见，以便进一步修改。

编　者

2014年12月

目　录

第1章　数控加工程序编制的基础

1.1　数控编程概述

1.1.1　数控加工与传统加工的比较

数控加工与传统加工的比较如图1-1所示。

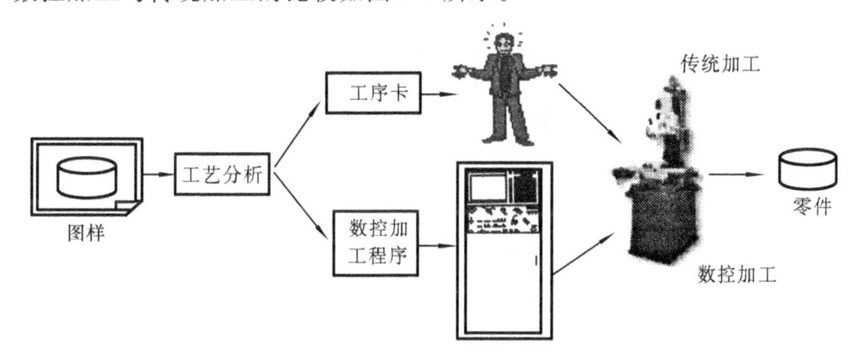

图1-1　数控加工与传统加工的比较

在普通机床上加工零件，一般先要对零件图样进行工艺分析，制定零件加工工艺规程（工序卡），并在工艺规程中规定加工工序，使用的机床、刀具、夹具等内容。机床操作者则根据工序卡的要求，在加工过程中操作机床，自行选定切削用量、走刀路线和工序内的工步安排等，不断地改变刀具与工件的相对运动轨迹和运动参数（如位置、速度等），使刀具对工件进行切削加工，从而得到所需要的合格零件。

在CNC（计算机数控）机床上，传统加工过程中的人工操作均被数控装置所取代。其工作过程如下：首先要将被加工零件图上的几何信息和工艺信息数字化，即编成零件程序，再将加工程序单中的内容记录在磁盘等控制介质上，然后将该程序送入数控装置；数控装置则按照程序的要求，进行相应的运算、处理，然后发出控制命令，使各坐标轴、主轴以及辅助动作相互协调运动，实现刀具与工件的相对运动，自动完成零件的加工。

1.1.2　数控编程的概念

上述数控加工过程的第一步，即零件程序的编制过程，称为数控编程。

具体地说，数控编程是指根据被加工零件的图样和技术要求、工艺要求，将零件加工的工艺顺序、工序内的工步安排、刀具相对于工件运动的轨迹与方向（零件轮廓轨迹尺寸）、工艺参数（主轴转速、进给量、切削深度）及辅助动作（变速，换刀，冷却液开、停，工件夹紧、松开等）等，用数控装置所规定的规则、指令和格式编制成文件（零件程序单），并将程序单的信息制作成控制介质的整个过程。从广义上讲，数控加工程序的编制包含了数控加工工艺的设计过程。

在数控编程之前，编程员应了解所用数控机床的规格、性能、CNC 系统所具备的功能及编程指令格式等。

1.1.3 数控编程步骤

数控编程步骤如图 1-2 所示。

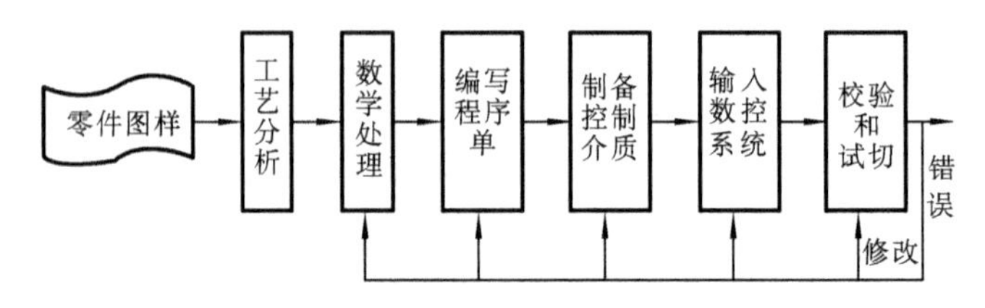

图 1-2 数控编程步骤

1. 图样工艺分析

根据零件图样，工艺分析主要完成下述任务。

- 确定加工机床、刀具与夹具。
- 确定零件加工的工艺路线、工步顺序。
- 确定切削用量（如主轴转速、进给速度、进给量、切削深度）。
- 确定辅助功能（如换刀，主轴正转、反转，冷却液开、关等）。

2. 数学处理

根据图样尺寸，确定合适的工件坐标系，并以此工件坐标系为基准，完成下述任务。

- 计算直线和圆弧轮廓的终点（实际上转化为求直线与圆弧间的交点、切点）坐标值，以及圆弧轮廓的圆心、半径等。
- 计算非圆曲线轮廓的离散逼近点坐标值（当数控系统没有相应曲线的插补功能时，一般要将此曲线在满足精度的前提下，用直线段或圆弧段逼近）。
- 将计算的坐标值按数控装置规定的编程单位换算为相应的编程值。

3. 编写程序单及初步校验

根据制定的加工路线、切削用量、选用的刀具、辅助动作和计算的坐标值，按照数控系统规定的指令及程序格式，编写零件程序，并进行初步校验（一般采用阅读法，即对照待加工零件的要求，对编制的加工程序进行仔细阅读和分析，以检查程序的正确性)，检查上述两个步骤的错误。

4. 制备控制介质

将程序单上的内容，经转换记录在控制介质上(如存储在磁盘上)，作为数控系统的输入信息，若程序较简单，也可直接通过 MDI 键盘输入。

5. 输入数控系统

制备的控制介质必须正确无误，才能用于正式加工。因此要将记录在控制介质上(如存储在磁盘上)的零件程序，经输入装置输入到数控系统中，并进行校验。

6. 程序的校验和试切

(1) 程序的校验

程序的校验用于检查程序的正确性和合理性，但不能检查加工精度。

利用数控系统的相关功能，在数控机床上运行程序，通过刀具运动轨迹检查程序。这种检查方法较为直观、简单，现被广泛采用。

① 静态校验，即利用数控系统的“程序校验”功能运行程序。在机床不动的情况下，通过显示屏显示零件加工轨迹，来检查程序的正确性。

② 动态校验，即利用数控系统的“空运行”功能运行程序。在不安装工件的情况下，控制机床按编程轨迹运动，同时在显示屏上显示加工轨迹。

另外，对平面轮廓零件可以笔代刀，以坐标纸代工件，通过运行程序绘出加工轨迹图；对空间曲面轮廓零件，还可用蜡、塑料、木材或价格低的材料作为试件进行试切。这种方法不仅可检查程序的正确性和加工轨迹的合理性，还可大致检查加工过程中刀具的干涉情况。

(2) 试切

通过程序的试运行，在数控机床上加工实际零件(试切)，以检查程序的正确性和合理性。

试切法不仅可检验程序的正确性，还可检查加工精度是否符合要求。通常只有试切零件经检验合格后，加工程序才算编制完毕。

在校验和试切过程中，如发现有错误，应分析错误产生的原因，进行相应的修改(或修改程序单，或调整刀具补偿尺寸)，直到加工出符合图样规定精度的试切件为止。

1.1.4 数控编程方法

数控编程方法有两种：手工编程和自动编程。

1. 手工编程

手工编程是指编制零件数控加工程序的前几个步骤，即从零件图样工艺分析、坐标点的计算直至编写零件程序单，均由人工来完成。

对于点位加工或几何形状不太复杂的零件，数控编程计算较简单，需编写的程序段不多，手工编程即可实现。若对轮廓形状复杂的零件，特别是空间复杂曲面零件，以及几何元素虽并不复杂但程序量很大的零件，采用手工编程则相当繁琐，工作量大，容易出错且很难校对。为了缩短生产周期，提高数控机床的利用率，对该类零件必须采用自动编程方法。

2. 自动编程

自动编程即计算机辅助编程，它是借助数控自动编程系统（如 MasterCAM、UGⅡ、Pro/E 等系统），由计算机来辅助生成零件程序。此时，编程人员一般只需借助数控编程系统提供的各种功能，对加工对象、工艺参数及加工过程进行较简单的描述，即可由编程系统自动完成数控加工程序编制的其余内容。

自动编程减轻了编程人员的劳动强度，缩短了编程时间，提高了编程质量，同时解决了手工编程无法解决的许多复杂零件的编程难题（如非圆曲线轮廓的计算）。通常三轴以上联动的零件程序只能用自动编程来完成。

数控程序手工编程与自动编程的过程如图 1-3 所示。

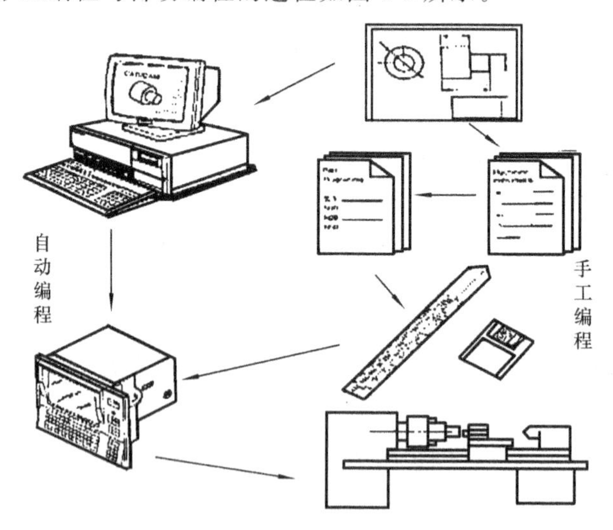

图 1-3　数控程序手工编程与自动编程的过程

1.2　数控机床的坐标系

1.2.1　机床坐标轴的命名与方向

坐标轴是指在机械装备中具有位移（线位移或角位移）控制和速度控制功能的运动轴（也称坐标或轴）。它有直线坐标轴和回转坐标轴之分。

为简化编程和保证程序的通用性，人们对数控机床的坐标轴的命名和方向制定了统一的标准。规定直线进给坐标轴用 X、Y、Z 表示，常称为基本坐标轴。X、Y、Z 坐标轴的相互关系用右手定则决定。如图 1-4(a)所示，图中拇指的指向为 X 轴的正方向，食指的指向为 Y 轴的正方向，中指的指向为 Z 轴的正方向。

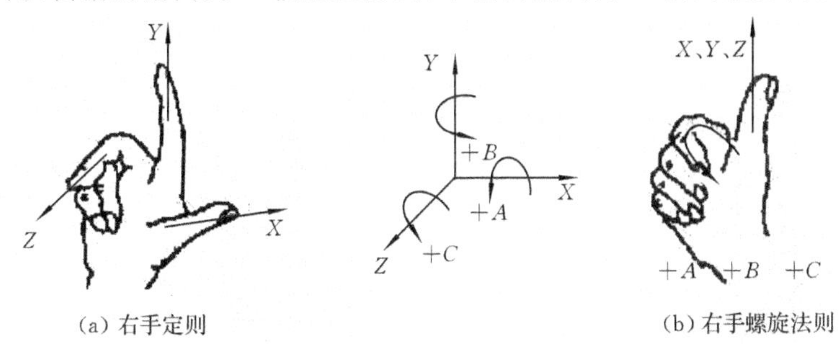

(a) 右手定则

(b) 右手螺旋法则

图 1-4　数控机床的坐标轴和方向

围绕 X、Y、Z 轴旋转的圆周进给坐标轴分别用 A、B、C 表示，其方向的正负由右手螺旋法则确定。如图 1-4(b)所示，以拇指指向 $+X$、$+Y$、$+Z$ 方向，则食指、中指等的指向分别是圆周进给运动的 $+A$、$+B$、$+C$ 方向。

如果在基本的直角坐标轴 X、Y、Z 之外，另有轴线平行于它们的坐标轴，则这些附加的直角坐标轴分别指定为 U、V、W 轴和 P、Q、R 轴。这些附加坐标轴的运动方向，可按决定基本坐标轴运动方向的方法来决定。

数控机床的进给运动，有的由主轴带着刀具运动来实现，有的由工作台带着工件运动来实现。为了使所编制的加工程序在不同配置的机床上都能使用，根据 ISO 标准规定：在编程中，坐标轴的方向总是刀具相对工件的运动方向，用 X、Y、Z、A、B、C 等表示。在实际应用中，对数控机床的坐标轴进行标注（不是编程）时，还可以根据坐标轴的实际运动情况，用工件相对刀具的运动方向进行标注，此时需用 X'、Y'、Z'、A'、B'、C' 等表示，以示区别。显然有

$$+X=-X',\quad +Y=-Y',\quad +Z=-Z'$$

$$+A=-A',\quad +B=-B',\quad +C=-C'$$

这个规定方便了编程，使编程人员在不知数控机床具体布局的情况下，也能正确编程。

1.2.2　机床坐标轴方位和方向的确定

机床坐标轴的方位和方向取决于机床的类型和各组成部分的布局，其确定顺序一般为

- 先确定 Z 坐标（轴）；
- 再确定 X 坐标（轴）；

◎ 然后由右手定则或右手螺旋法则确定 Y 坐标(轴)。

1. Z 坐标(轴)

(1) Z 坐标方位

◎ 若只有一个主轴,且主轴无摆动运动,则规定平行主轴轴线的坐标轴为 Z 轴,如图 1-5 至图 1-7 所示。

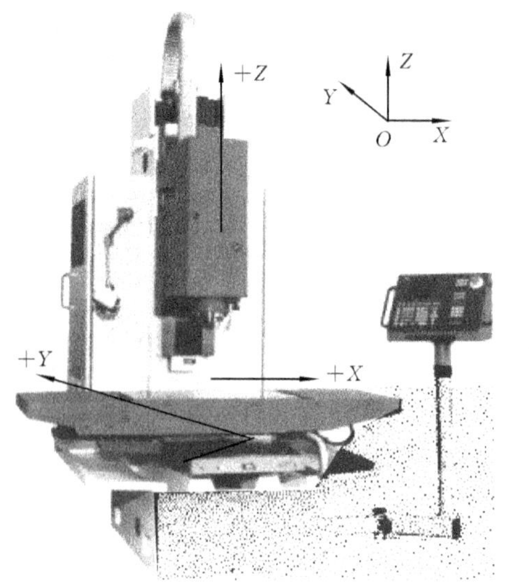

图 1-5 立式数控铣床的坐标系

图 1-6 卧式数控铣床的坐标系

图 1-7 卧式数控车床的坐标系

◎ 若没有主轴或有多个主轴,则规定垂直于工件装夹面的坐标轴为 Z 轴。

◎ 若主轴能摆动,且在摆动范围内只与标准坐标系中的某一坐标轴平行,则规定该坐标轴为 Z 轴,如图 1-8 所示。

◎ 若主轴能摆动,且在摆动范围内能与标准坐标系中的多个坐标轴平行,则规

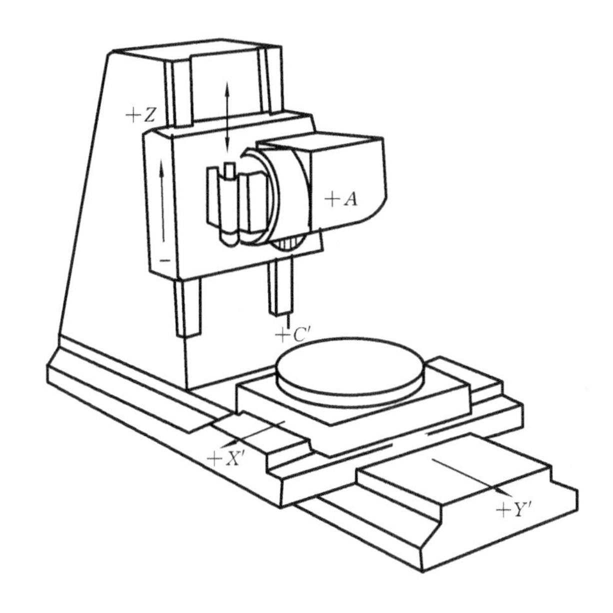

图 1-8　立式五轴数控铣床的坐标系

定垂直于工件装夹面的坐标轴为 Z 轴。

(2) Z 坐标正方向

刀具远离工件的方向为 Z 坐标正方向(+Z)。

2. X 坐标(轴)

(1) 在刀具旋转的机床上(铣床、钻床、镗床等)

- 对 Z 轴轴线水平的机床(如卧式数控铣床),规定由刀具(主轴)向工件看时,X 坐标的正方向指向右边,如图 1-6 所示。
- 对 Z 轴轴线竖直且为单立柱的机床(如立式数控铣床),规定由刀具向立柱看时,X 坐标的正方向指向右边,如图 1-5所示。
- 对 Z 轴轴线竖直且为双立柱的数控机床(如龙门铣床),规定由刀具向左立柱看时,X 坐标的正方向指向右边,如图 1-9 所示。

(2) 在工件旋转的机床上(车床、磨床等)

- X 坐标的方位在工件的径向并平行于横向拖板上。
- X 坐标正方向是刀具离开工件旋

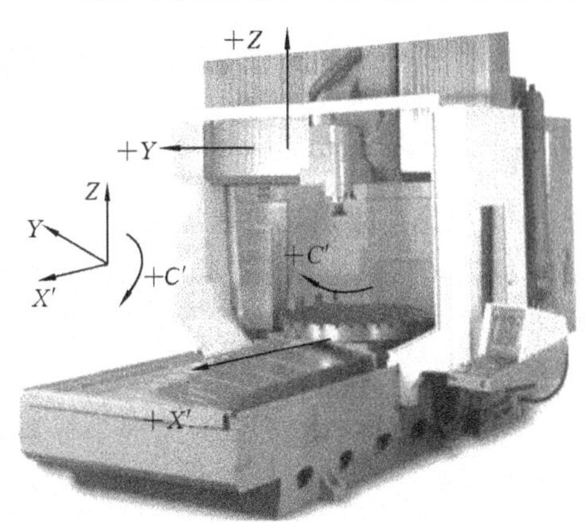

图 1-9　双立柱数控龙门铣床的坐标系

转中心的方向，如图 1-7 所示。

3. Y 坐标(轴)

利用已确定的 X、Z 坐标的正方向，用右手定则或右手螺旋法则确定 Y 坐标的正方向。

(1) 右手定则

拇指指向 $+X$，中指指向 $+Z$，则 $+Y$ 方向为食指指向，如图 1-10(a)所示。

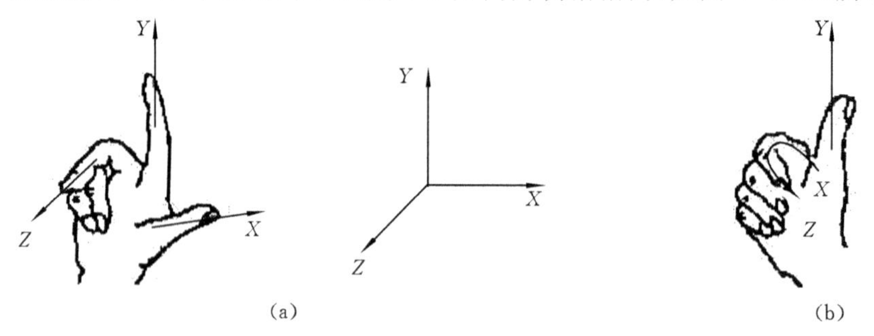

图 1-10　右手定则与右手螺旋法则

(2) 右手螺旋法则

在 XZ 平面，从 Z 至 X，拇指所指的方向为 $+Y$，如图 1-10(b)所示。

由上述法则确定的 Y 轴方位和正方向如图 1-5 至图 1-9 所示。

4. 回转坐标和附加坐标

(1) 回转坐标

用右手螺旋法则确定回转坐标轴 A、B、C 或 A'、B'、C' 的方位和方向，如图 1-8、图 1-9 所示。以拇指指向 $+X$、$+Y$、$+Z$ 方向，则食指、中指等的指向是圆周进给运动的 $+A$、$+B$、$+C$ 方向。

(2) 附加坐标

按平行于 X、Y、Z 坐标轴的原则，确定附加坐标轴 U、V、W 或坐标轴 U'、V'、W'。

1.2.3　机床坐标系、机床零点和机床参考点

1. 机床坐标系与机床零点

机床坐标系是用来确定工件坐标系的基本坐标系，机床坐标系的原点称为机床零点或机床原点。机床零点的位置一般由机床参数指定，但指定后，这个零点便被确定下来，维持不变。

机床坐标系一般不作为编程坐标系，仅作为编程坐标系——工件坐标系的参考坐标系。

2. 机床参考点与机床行程开关

数控装置上电时并不知道机床零点。为了正确地在机床工作时建立机床坐标

系，通常在每个坐标轴的行程范围内设置一个机床参考点（测量起点）。

机床零点可以与机床参考点重合，也可以不重合。不重合时可通过机床参数指定机床参考点到机床零点的距离。

机床坐标轴的机械行程范围是由最大和最小限位开关来限定的，机床坐标轴的有效行程范围是由机床参数（软件限位）来界定的。

在机床经过设计、制造和调整后，机床参考点和机床最大、最小行程限位开关便被确定下来，它们是机床上的固定点；而机床零点和有效行程范围是机床上不可见的点，其值由制造商通过参数来定义。

机床零点（O_M）、机床参考点（O_m）、机床坐标轴的机械行程及有效行程的关系如图 1-11 所示。

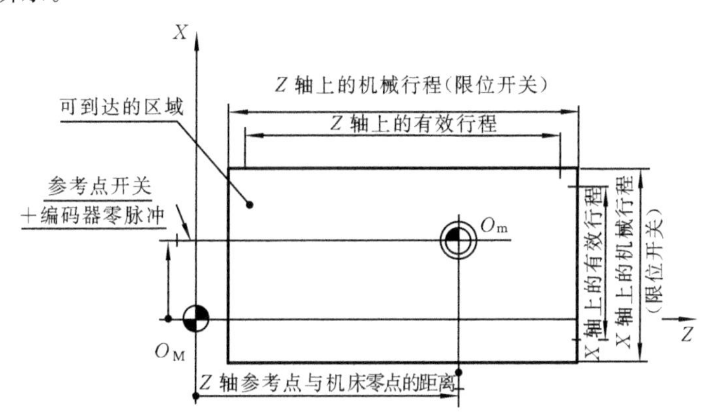

图 1-11　机床零点 O_M 和机床参考点 O_m 之间的关系

3. 机床回参考点与机床坐标系的建立

当机床坐标轴回到了参考点位置时，就知道了该坐标轴的零点位置，机床所有坐标轴都回到了参考点，此时数控机床就建立起了机床坐标系，即机床回参考点的过程实质上是机床坐标系的建立过程。因此，在数控机床启动时，一般要进行自动或手动回参考点操作，以建立机床坐标系。

提示：采用绝对式测量装置的数控机床，由于机床断电后实际位置不丢失，不必在每次启动机床时，都进行回参考点操作。

由于回参考点操作能确定机床零点位置，所以习惯上人们也称回参考点为回零（回机床零点）。

机床参考点的设置一般采用常开微动开关配合反馈元件的基准（标记）脉冲的方法确定。通常，光栅尺每 50 mm 产生一个基准脉冲，或在光栅尺的两端各有一个基准脉冲，而编码器每旋转一周产生一个基准脉冲。

数控机床回参考点的过程一般如下。

- 快速移向机床坐标轴的参考点开关（常开微动开关）。

◎ 压下开关后慢速运动，直到接收到第一个基准脉冲。

◎ 停止坐标轴移动，回参考点完毕。

这时的机床位置(或者加上机床参数设置的偏置值)就是机床参考点的准确位置。

数控机床回参考点操作除了用于建立机床坐标系外，还可用于消除由于漂移、变形等造成的误差。机床使用一段时间后，各种原因使工作台存在着一些漂移，使加工有误差，回一次机床参考点，就可以使机床的工作台回到准确位置，消除误差。所以在机床加工前，也常进行回机床参考点的操作。

1.2.4 工件坐标系、程序原点

工件坐标系是编程人员为编程方便，在工件、工装夹具上或其他地方选定某一已知点为原点，建立的一个编程坐标系。

工件坐标系的原点称为程序原点。当采用绝对坐标编程时，工件所有点的编程坐标值都是基于程序原点计量的(CNC 系统在处理零件程序时，自动将相对于程序原点的任意点的坐标统一转换为相对于机床零点的坐标)。

程序原点的选择要尽量满足编程简单，尺寸换算少，引起的加工误差小等条件。在一般情况下，对以坐标式尺寸标注的零件，程序原点应选在尺寸标注的基准点；对称零件或以同心圆为主的零件，程序原点应选在对称中心线或圆心上；Z 轴的程序原点通常选在工件的上表面。

在数控机床加工前，必须首先设置工件坐标系，编程时可以用 G 指令(一般为 G92)建立工件坐标系；也可用 G 指令(一般为 G54～G59)选择预先设置好的工件坐标系。

也可以根据需要，在加工过程中用 G 指令进行工件坐标系的切换，即工件坐标系是动态的，但工件坐标系一旦建立或选定便一直有效，直到被新的工件坐标系所取代。

1.3 数控机床的工作原理简述

CNC 机床的编程人员在编制好零件程序后，就可以由操作人员输入(包括 MDI 输入、由输入装置输入和通信输入)至数控装置，存储在数控装置的零件程序存储区内。加工时，操作者可用菜单命令，调入需要的零件程序到加工缓冲区，数控装置在采样到来自机床控制面板的“循环启动”指令后，即对加工缓冲区内的零件程序进行自动处理(如运动轨迹处理、机床输入输出处理等)，然后输出控制命令到相应的执行部件(伺服单元、驱动装置和 PLC 等)，加工出符合图样要求的零件。这个过程可以用图 1-12 表示。

由图 1-12 可知，零件程序调入到加工缓冲区后，下一步的任务就是进行插补

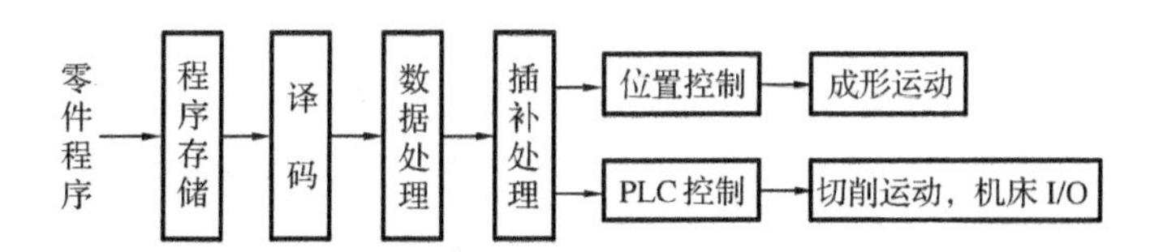

图 1-12　数控系统对零件程序的处理流程

运行前的各种准备，即插补预处理。插补预处理的内容主要包括译码、刀补处理及速度处理这三部分(其中刀补处理及速度处理也可合称数据处理)。

- 译码程序的功能是将输入的零件程序数据段翻译成数控装置所需的信息。
- 刀补处理是将编程轮廓轨迹转化为刀具中心轨迹，从而大幅减轻编程人员的工作量。
- 速度处理主要解决加工运动的速度问题。

执行一个零件程序段，在完成插补预处理后，接下来就是插补处理。

- 它将经过刀补处理的编程零件轮廓(直线、圆弧等)，按编程进给速度，实时分割为各个进给轴在每个插补周期内的位移指令，并将插补结果作为输入送位置控制程序处理。
- 它从插补预处理结果中分离出辅助功能、主轴功能、刀具功能等，并送 PLC 控制程序处理。

位置控制程序控制各进给轴按规定的轨迹和速度运行，即实现成形运动。

PLC 控制程序实现机床切削运动和机床 I/O 控制。

数控机床工作原理的详细描述请参考数控机床或数控原理相关课程。

1.4　数控加工工艺基础

在 CNC 机床上加工零件，编程之前，首先遇到的就是工艺编制问题。普通机床上零件加工的工艺过程实际上只是一个工艺过程卡，机床加工的切削用量、走刀路线、工序内的工步安排等，往往都是由操作者自行决定。CNC 机床是按照程序进行加工，加工过程是自动的，因此，在加工过程中的所有工序、工步，每道工序的切削用量、走刀路线、加工余量和所用刀具的尺寸、类型等都要预先确定好并编入程序中。为此，要求一个合格的编程员首先应该是一个很好的工艺员，他对 CNC 机床的性能、特点和应用、切削规范和标准刀具系统等要非常熟悉，否则就无法全面、周到地考虑零件加工的全过程并正确、合理地编制零件加工程序。

1.4.1　CNC 机床的选择

不同类型的零件应在不同的 CNC 机床上加工。CNC 车床适于加工形状比较复杂的轴类零件和由复杂曲线回转形成的模具型腔。CNC 立式镗铣床和立式加工中心适于加工箱体、箱盖、平面凸轮、样板、形状复杂的平面或立体零件，以及模具的型腔等。卧式镗铣床和卧式加工中心适于加工复杂的箱体类零件及泵体、阀体、壳体等。多坐标联动的卧式加工中心还可以用于加工各种复杂的曲线、曲面、叶轮、模具等。总之，对不同类型的零件，要选用相应的 CNC 机床加工，以发挥各种 CNC 机床的效率和特点。

1.4.2 加工工序的划分

在 CNC 机床上，特别是在加工中心上加工零件，工序十分集中，许多零件只需在一次装卡中就能完成全部工序。但是零件的粗加工，特别是铸、锻毛坯零件的基准平面、定位面等的加工应在普通机床上完成之后，再装卡到 CNC 机床上进行加工。这样可以发挥 CNC 机床的特点，保持 CNC 机床的精度，延长 CNC 机床的使用寿命，降低 CNC 机床的使用成本。

经过粗加工或半精加工的零件装卡到 CNC 机床上之后，机床便按规定的工序一步一步地进行半精加工和精加工。

常用的 CNC 机床加工零件的工序划分方法如下。

(1) 刀具集中分序法

就是按所用刀具划分工序，用同一把刀加工完零件上所有可以完成的部位，再用第二把、第三把刀等完成其他部位的加工。这样可以减少换刀次数，压缩空程时间，减少不必要的定位误差。

(2) 粗、精加工分序法

对单个零件要先粗加工、半精加工，而后精加工。或者一批零件，先全部进行粗加工、半精加工，最后再进行精加工。粗、精加工之间，最好隔一段时间，以使粗加工后的零件得以进行充分的时效处理，再进行精加工，以提高零件的加工精度。

(3) 加工部位分序法

一般先加工平面、定位面，后加工孔；先加工简单的几何形状，再加工复杂的几何形状；先加工精度较低的部位，再加工精度较高的部位。

总之，在 CNC 机床上加工零件，其加工工序的划分要视加工零件的具体情况做具体分析。许多工序的安排是按上述分序方法进行综合安排的。

1.4.3 工件的装卡方式

在 CNC 机床上加工零件，其工序集中，往往在一次装卡中就能完成全部工序。因此，对零件的定位、夹紧要注意以下几个方面。

◎ 应尽量采用组合夹具和标准化通用夹具。当工件批量较大、精度要求较高时，可以设计专用夹具，但结构应尽可能简单。

◎ 零件定位、夹紧部位应不妨碍零件各部位的加工、刀具更换及重要部位的测量。尤其要避免刀具与工件、刀具与夹具相撞的现象。

◎ 夹紧力(装卡点)应力求通过靠近主要支承点或在支承点所组成的三角形内,应力求靠近切削部位,并在刚度较好的地方。尽量不要在被加工孔径的上方装卡,以减少零件变形。

◎ 零件的装卡、定位要考虑到重复安装的一致性,以减少对刀时间,提高同一批零件加工的一致性。一般对同一批零件采用同一定位基准、同一装卡方式。

1.4.4 对刀点与换刀点的确定

1. 对刀点

对刀点是数控机床加工中刀具相对于工件运动的起点。由于加工程序也是从这一点开始执行,所以对刀点也可以称为加工起点。

2. 刀位点

所谓刀位点,是指刀具上用于确定刀具在机床坐标系中位置的特定点。

平头立铣刀刀位点一般为端面中心,球头铣刀刀位点一般为球心,车刀刀位点为刀尖,钻头刀位点为钻尖。如图 1-13 所示,图中的实心圆点为该类型刀具的刀位点。

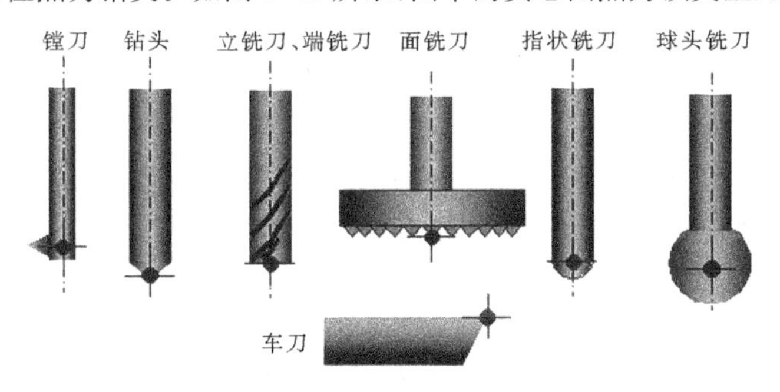

图 1-13 刀位点

3. 对刀

对刀就是使"对刀点"与"刀位点"重合的操作。该操作是工件加工前必需的步骤,即在加工前采用手动的办法,移动刀具或工件,使刀具的刀位点与工件的对刀点重合,如图 1-14 所示。

对刀的目的是确定程序原点在机床坐标系中的位置(工件原点偏置),或者说确定机床坐标系与工件坐标系的相对关系。

4. 对刀点的确定

对刀点可以设在零件上、夹具上或机床上,也可设在任何便于对刀之处,但该点必须与程序原点有确定的坐标联系。对于以孔定位的零件,可以取孔的中心作为对刀点,如图 1-15 所示。

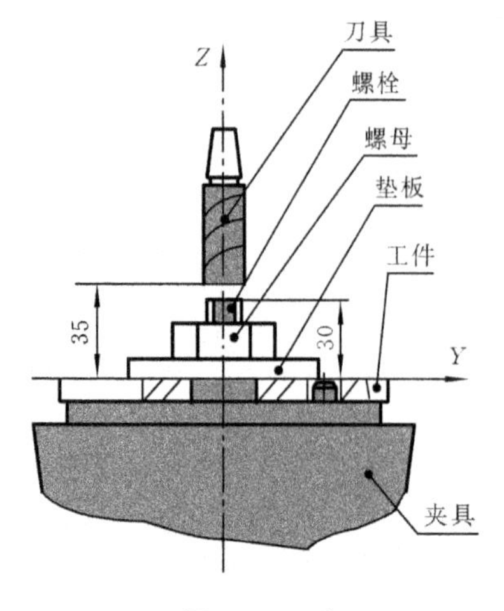

图 1-14　对刀

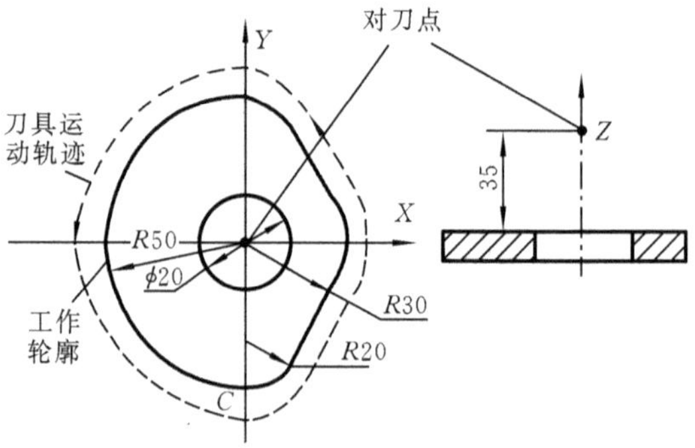

图 1-15　对刀点

以下是选择对刀点的原则。

- 选在零件的设计基准、工艺基准上，或与之相关的位置上，以保证工件的加工精度。
- 选在方便坐标计算的地方，以简化程序编制。
- 选在便于对刀、便于测量的地方，以保证对刀的准确性。

5. 换刀点的确定

换刀点是指在加工过程中进行换刀的地方。换刀点应根据工序内容合理安排。为了防止换刀时刀具碰伤工件，换刀点往往设在零件的外面。

1.4.5　选择走刀路线

走刀路线是指数控加工过程中刀具相对于工件的运动方向和轨迹。确定每道工序加工路线是非常重要的，因为它与零件的加工精度和表面质量密切相关。下面是确定走刀路线的一般原则。

- 保证零件的加工精度和表面粗糙度。
- 方便数值计算，减少编程工作量。
- 缩短走刀路线，减少进刀、退刀时间和其他辅助时间，以提高生产率。
- 尽量减少程序段数，减少所占用的存储空间。

1. 孔类加工(钻孔、镗孔)

由于孔的加工属于点位控制，在设计加工路线时，要重视孔的位置精度。对位置精度要求较高的孔，应考虑采用单边定位的方法，否则有可能把坐标轴的反向间隙带入，直接影响孔的位置精度。

图 1-16 所示为在一个零件上精镗 4 个孔的两种加工路线。从图中不难看出：

在图 1-16(a)中，由于Ⅳ孔与Ⅰ、Ⅱ、Ⅲ孔的定位方向相反，X 向的反向间隙会使定位误差增加，而影响Ⅳ孔与Ⅲ孔的位置精度；在图 1-16(b)中，加工完Ⅲ孔后不直接在Ⅳ孔处定位，而是多运动了一段距离，然后折回来在Ⅳ孔处进行定位，这样Ⅰ、Ⅱ、Ⅲ孔和Ⅳ孔的定位方向是一致的，Ⅳ孔就可以避免反向间隙误差的带入，从而提高了Ⅲ孔与Ⅳ孔的孔距精度。

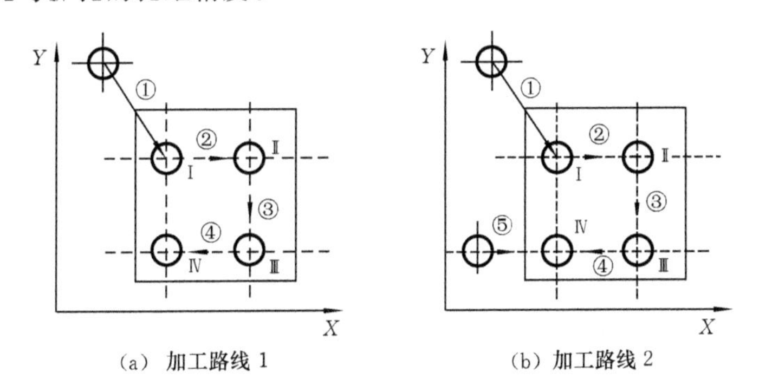

(a) 加工路线 1　　(b) 加工路线 2

图 1-16　镗孔精加工路线

2. 车削或铣削

在车削或铣削零件时，要选择合理的进、退刀位置和方向，尽量避免沿零件轮廓法向切入和进给中途停顿，进、退刀位置应选在不会产生干涉的位置。

在切入加工时，要安排刀具沿切向进入，在加工完毕后，要安排一段沿切线方向的退刀距离，这样可以避免径向切入(出)时，由于进给方向改变、速度减慢而造成的零件表面加工质量降低，以及在取消刀补时，刀具与工件相撞而造成的工件和刀具报废。

在铣削内圆时也应该遵循沿切向切入的原则，而且最好安排从圆弧过渡到圆弧的加工路线；切出时也应多安排一段过渡圆弧再退刀，这样可以减小接刀处的接刀痕，从而提高内圆的加工精度。

另外，设计加工路线时应考虑尽量减少程序段，应有利于工艺处理。

图 1-17 所示为铣削带岛槽型零件时的两种不同加工路线。图 1-17(a)所示为行切加工法，刀具沿着与坐标轴线平行(或成一定角度)的方向做往复运动，除在刀具下刀点有嵌入式切入外，在两个岛周围也有多处嵌入式切入，这是加工工艺所不允许的，除非先在每一点处钻一个工艺孔。图 1-17(b)所示为环切加工法，这种方法可以显著减少嵌入式切入点，是比较合理的加工路线。

3. 空间曲面的加工

图 1-18 所示为加工曲面时可能采取的 3 种走刀路线，即沿参数曲面的 U 向行切、沿 V 向行切和环切。

对于直母线类表面，采用图 1-18(b)所示的方案显然更有利。每次沿直线走

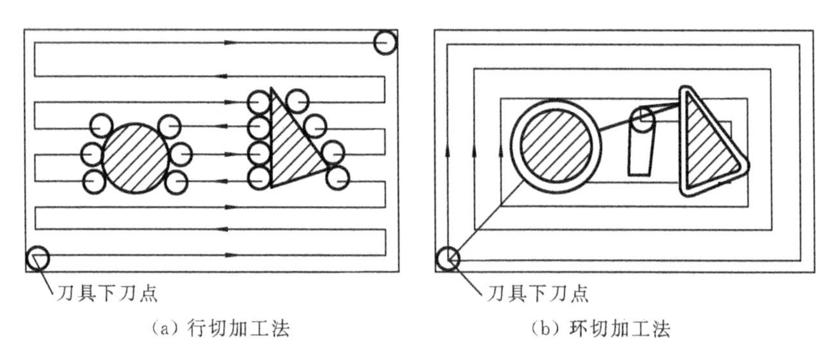

(a) 行切加工法　　(b) 环切加工法

图 1-17　槽型零件加工路线的选择

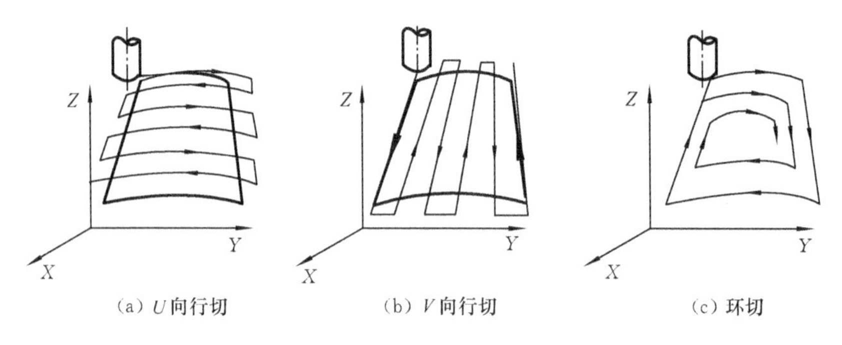

(a) U向行切　　(b) V向行切　　(c) 环切

图 1-18　曲面轮廓走刀路线

刀,刀位点计算简单,程序段少,而且加工过程符合直纹面的形成规律,可以准确保证母线的直线度。图 1-18(a)所示方案的优点是便于在加工后检验型面的准确度。因此实际生产中最好将以上两种方案结合起来。图 1-18(c)所示的环切方案主要应用在内槽加工中,在型面加工中由于编程麻烦一般不予采用。但在加工螺旋桨桨叶一类的零件时,工件刚度小,采用从里到外的环切,有利于减少工件在加工过程中的变形。

1.4.6　加工刀具选择

数控机床,特别是加工中心,其主轴转速较普通机床的主轴转速高 1～2 倍,某些特殊用途的数控机床、加工中心,主轴转速高达数万转/分钟,因此数控刀具的强度与耐用度至关重要。目前涂层刀具、立方氮化硼刀具等已广泛用于加工中心,陶瓷刀具与金刚石刀具也开始在加工中心上运用。一般说来,数控机床所用刀具应具有较高的耐用度和刚度,刀具材料的抗脆性应好,要有良好的断屑性能和可调、易更换等特点。

例如,在数控机床上进行铣削加工时,选择刀具要注意:平面铣削应选用不重磨硬质合金端铣刀或立铣刀。加工时一般采用二次走刀,第一次走刀最好用端铣刀粗铣，沿工件表面连续走刀，选好每次走刀宽度和铣刀直径，使接刀刀痕不影响精铣精度。因此加工余量大又不均匀时，铣刀直径要选小些。第二走刀，即精加工时铣刀直径要选大些，最好能包容加工面的整个宽度。

立铣刀和镶硬质合金刀片的端铣刀主要用于加工凸台、凹槽和箱口面。为了提高槽宽的加工精度，减少铣刀的种类，加工时可采用直径比槽宽小的铣刀，先铣槽的中间部分，然后用刀具半径补偿功能铣槽的两边。

在铣削平面零件的周边轮廓时一般采用立铣刀。刀具的结构参数可以参考如下。

- 刀具半径 R 应小于零件内轮廓的最小曲率半径 ρ，一般取 $R=(0.8\sim0.9)\rho$。
- 零件的加工高度 $H\leqslant(1/4\sim1/6)R$，以保证刀具有足够的刚度。
- 粗加工内型面时，刀具直径可按下述公式估算（见图 1-19），即

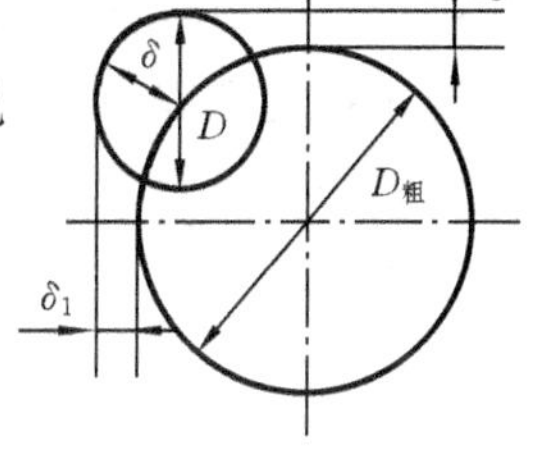

图 1-19　刀径估算

$$D_{粗}=\frac{2\left(\delta\sin\dfrac{\varphi}{2}-\delta_1\right)}{1-\sin\dfrac{\varphi}{2}}+D$$

式中：δ_1 为槽的精加工余量；δ 为加工内型面时的最大允许精加工余量；φ 为零件内壁的最小夹角。

数控机床加工型面和变斜角轮廓外形时常用球头刀、环形刀、鼓形刀和锥形刀，如图 1-20 所示。图中的 O 点表示刀位点，即编程时用来计算刀具位置的基准点。加工曲面时球头刀的应用最普遍，但是越接近球头刀的底部，切削条件越差，因此近来有用环形刀替代球头刀的趋势。鼓形刀和锥形刀都是用来加工变斜角零件。鼓形刀的刃口纵剖面磨成圆弧 R_1，在加工中控制刀具的上下位置，相应改变刀刃的切削部分，就可以在工件上切出从负到正的不同斜角值，圆弧半径 R_1 越小，刀具所能适应的斜角范围越广，但行切得到的工件表面质量越差。鼓形刀的缺点是刃磨困难、切削条件差，而且不适宜加工内缘表面。锥形刀的情况相反，刃磨

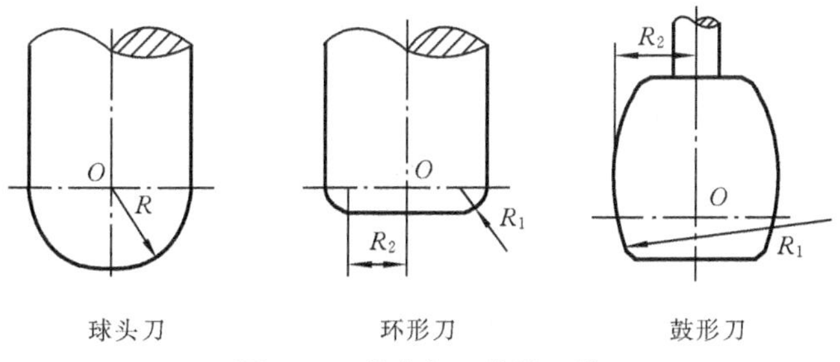

图 1-20　轮廓加工常用刀具

容易，切削条件好，加工效率高，工件表面粗糙度也较低，但是加工变斜角零件的灵活性小，当工件的斜角变化范围大需要中途分阶段换刀时，留下的金属残痕多，增大了手工锉修量。

1.4.7 切削用量的确定

编程人员编制程序时，必须确定每道工序的切削用量，它包括主轴转速、进给速度、切削深度和切削宽度等工艺参数。在确定切削用量时要根据机床说明书的规定和要求，以及刀具的耐用度去选择和计算，当然也可以结合实践经验，采用类比法来确定。在选择切削用量时要保证刀具能加工完一个零件。

切削深度主要受机床、工件和刀具的刚度限制。在刚度允许的情况下，尽可能使切削深度等于零件的加工余量，这样可以减少走刀次数，提高加工效率。

对于精度和表面粗糙度有较高要求的零件，应留有足够的加工余量。一般加工中心的精加工余量较普通机床的精加工余量小。

主轴转速 n 要根据允许的切削速度 v 来选择，即

$$n = \frac{1\,000v}{\pi D}$$

式中：n 为主轴转速（r/min）；D 为刀具直径（mm）；v 为切削线速度（m/min），它受刀具耐用度的限制。

进给速度 F(mm/min)或进给量(mm/r)是切削用量的主要参数。在主轴转速一定的情况下，进给速度 F 决定了切削厚度。进给速度一定要根据零件加工精度和表面粗糙度的要求，以及刀具和工件材料来选取，并兼顾加工效率。计算进给速度的公式为

$$F = nZt$$

式中：n 为主轴转速（r/min）；Z 为铣刀齿数；t 为每齿切削厚度(mm)。

现代 CNC 装置只需要操作者按零件的外形尺寸编制零件程序，由 CNC 装置内部计算出刀补轨迹，并把编程速度当做刀具中心运动的速度，这就造成在零件加工中的某些特殊情况下，刀具的切削速度会发生变化，因此在编程中，在选择进给量时需要注意。例如，当加工圆弧段时，切削点的实际进给速度 F^* 并不等于编程值 F，如图 1-21 所示。

当刀具中心的进给速度为 F，零件轮廓的圆弧半径为 R，刀具半径为 r 时，加工圆弧内表面（见图 a）的切削点实际进给速度为

$$F^* = \frac{R}{R-r}F \tag{1-1}$$

而在加工圆弧外表面（见图 b）时，切削点实际进给速度为

$$F^* = \frac{R}{R+r}F \tag{1-2}$$

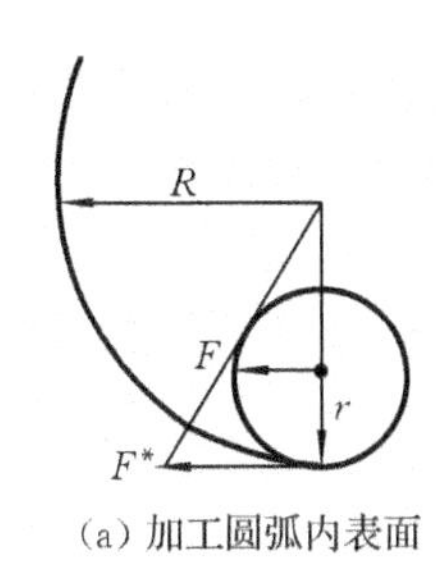

(a) 加工圆弧内表面

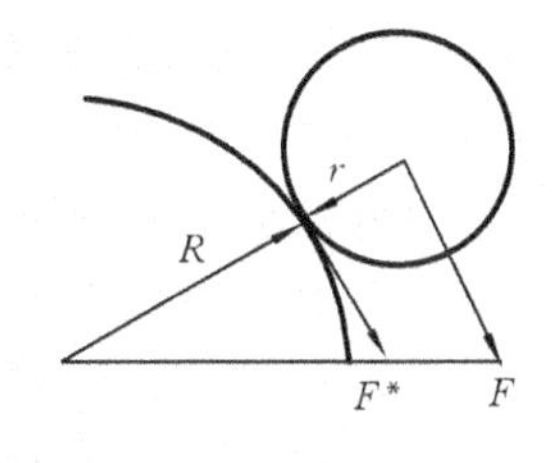

(b) 加工圆弧外表面

图 1-21 编程速度与实际速度的关系

由式(1-2)可知，实际速度 F^* 小于编程值 F；由式(1-1) 可知，实际速度 F^* 大于编程值 F，当 $R\approx r$ 时，切削点的实际进给速度将变得非常大，有可能引起损伤刀具或工件的严重后果。因此遇到这类情况，编程时应减小进给量。

此外，在轮廓加工中，当零件有突然的拐角时刀具容易产生“超程”。应在接近拐角前适当降低进给速度，过拐角后再逐渐增速。

数控机床的操作面板上都有一个进给速度倍率调节旋钮，在绝大多数情况下(除攻螺纹外)可对进给速度进行调节。因此编程值 F 可以取得大一些，然后在实际切削时使用倍率旋钮进行衰减。

1.4.8 程序编制中的误差控制

数控加工误差是由多种误差组成的，包括控制系统误差、机床进给系统误差、零件定位误差、对刀误差、刀具磨损误差、工件变形误差以及编程误差等，其中主要的是进给误差和定位误差。因此允许的编程误差较小，通常为零件公差的10%～20%。

当数控机床只具有直线插补和圆弧插补功能时，对于非圆曲线，只能用直线段或圆弧段来逼近零件轮廓，这个过程会造成编程误差(逼近误差)，如图 1-22 所示。

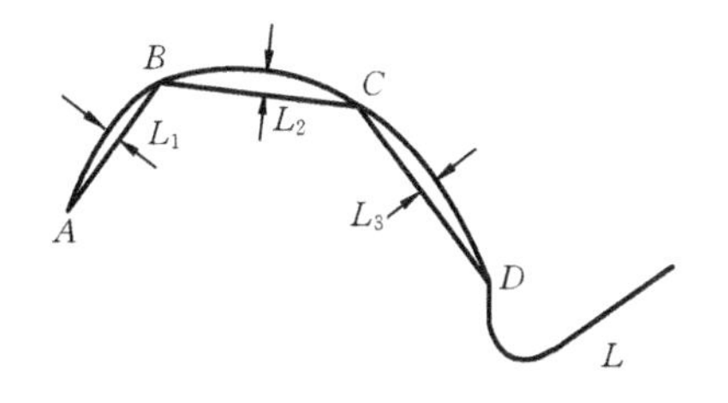

图 1-22 编程误差

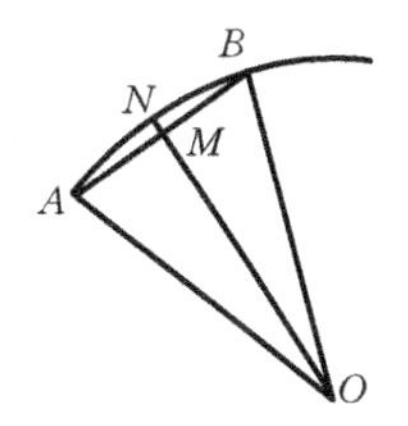

图 1-23 允许逼近弦长的计算

若已知编程允许的逼近误差 δ，曲线在 A 点处的曲率半径 ρ，参看图 1-23(图中 $\delta=MN$)，则 A 点处的允许逼近弦长$L_1(AB)$为

$$L_1 \leqslant \sqrt{8\rho\delta}$$

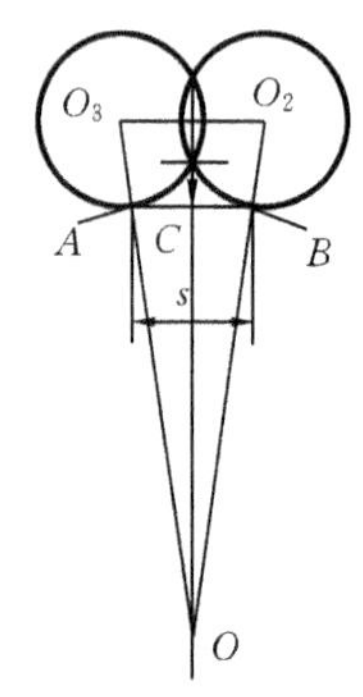

图 1-24　允许行距计算

运用此式，可以依次求出各点处的允许逼近弦长 L_2、L_3 等。

对于曲面加工，当用行切法加工时，应计算正确的行距，以保证加工表面的精度要求。

如图 1-24 所示，采用球头刀加工曲面，刀位点从 O_2 到 O_3 时，切点从 A 移动到 B，称 AB 为行距 s，行切加工过程中将产生高度为 H 的残留区域。

假定曲面在 A 点处的曲率半径为 $\rho(OA)$，球头刀的半径为 r，允许的残留高度为 H，则允许的加工行距 s 为

$$s \leqslant 2\sqrt{H(2r-H)} \times \frac{\rho}{\rho+r}$$

1.5　数控编程的数学处理

数控机床一般只具有直线、圆弧等插补功能，在编程时，数学处理的主要内容是根据零件图样和选定的走刀路线、编程误差等计算出以直线和圆弧组合描述的刀具轨迹。本书主要介绍二维轮廓的刀位计算。

1.5.1　直线-圆弧轮廓零件的基点计算

在二维轮廓的刀位计算中，直线-圆弧拼接的轮廓零件很常见。当铣切如图 1-25所示的零件轮廓时，必须向数控机床输入各个程序段的起点、终点和圆心位置。这就需要运用解析几何和矢量代数的方法求解直线与直线的交点、直线与圆弧的切点（统称为基点）等，得出图 1-25 中的 A、B、C、E、F、G、H、O_1、O_2 各点的坐标。

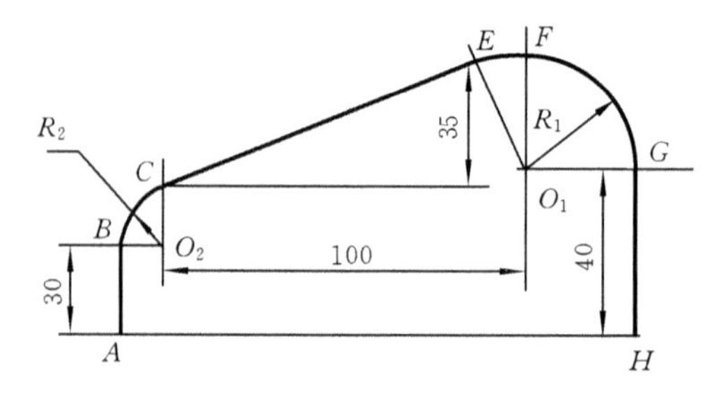

图 1-25　二维轮廓刀位计算

解析几何中的求交，一般采用联立求解代数方程的方法。已知直线方程的表达式为

$$aX + bY + c = 0$$

当圆的方程采用圆心位置(X_c, Y_c)和半径 R 表达时，其表达式为

$$(X - X_c)^2 + (Y - Y_c)^2 = R^2$$

求解图 1-25 中的 C 点和 E 点，相当于求解两个圆的公切点。这时两个二次方程联立，一般情况下共有 4 组解，对应于图 1-26(a) 中的 4 条公切线。为了求得 C、E 两点的位置，通常的程序处理步骤是首先解出全部 4 组解，然后进一步判断，从中选取需要的一组解。但是，如果对直线、圆，以至于曲线都赋以方向，则在很多情况下解是唯一的。例如，在图 1-26(b)中，假设 O_1 和 O_2 圆都是顺时针走向，则按照带轮法则，从 O_1 到 O_2 的公切线只能是 L_1，而从 O_2 到 O_1 的公切线只能是 L_2。图 1-26(c)表示了其他两种情况。下面介绍利用这种定向关系求解公切点的算法，其步骤比较简单。

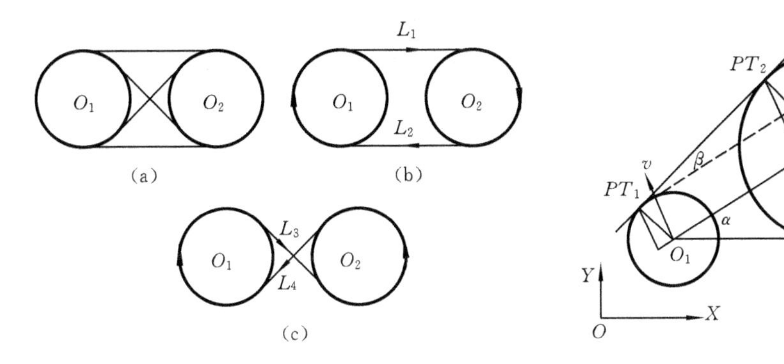

图 1-26　两圆的公切点

图 1-27　公切点的计算

如图 1-27 所示，已知 O_1 和 O_2 圆的中心距 H 为

$$H = \sqrt{(X_{O_2} - X_{O_1})^2 + (Y_{O_2} - Y_{O_1})^2}$$

$$\sin\beta = \frac{R_1 - R_2}{H}$$

$$\cos\beta = \sqrt{1 - \sin^2\beta}$$

上式中圆的半径带正、负号，规定顺时针圆的半径值为正，逆时针圆的半径值为负。在 u-v 局部坐标系内，切点 PT_1 的位置为

$$u_r = R_1 \sin\beta, \quad v_r = R_1 \cos\beta$$

转换到原坐标系后，切点 PT_1 的坐标为

$$X_{PT_1} = X_{O_1} + u_r \cos\alpha - v_r \sin\alpha$$

$$Y_{PT_1} = Y_{O_1} + u_r \sin\alpha + v_r \cos\alpha$$

切点 PT_2 的坐标可用类似的算法求得。

1.5.2　非圆曲线的离散逼近

当二维轮廓由非圆曲线方程 $Y=f(X)$ 表示时，需将其按编程误差离散成许多小直线段或圆弧段来逼近这些曲线。此时，离散点(节点)的数目主要取决于曲线的特性、逼近线段的形状及允许的逼近误差 $\delta_{允}$。根据这三方面的条件，可用数学方法求出各离散点的坐标。是用直线还是用圆弧作为逼近线段，则应考虑在保证逼近精度的前提下，使离散点数目少，也就是程序段数目少，计算简单。对于曲率半径大的曲线用直线逼近较为有利，若曲线某段接近圆弧，自然用圆弧逼近有利。常用的离散逼近方法有以下几种。

1. 等间距直线逼近法

等间距直线逼近法是使每一个程序段中的某一个坐标的增量相等的一种方法。在直角坐标系中可令 X 坐标的增量相等；在极坐标系中可令转角坐标的增量相等。图 1-28 所示为加工一个凸轮时，X 坐标按等间隔分段时离散点的分布情况。将 $X_1 \sim X_7$ 的值代入方程 $Y=f(X)$，可求出坐标值 $Y_1 \sim Y_{12}$，从而求得离散点 $A_1 \sim A_{12}$ 的坐标值。间距的大小一般根据零件加工精度要求凭经验选取。求出离散点坐标后，再验算由分段造成的逼近误差是否小于允许值，从图 1-28 可以看出，不必每一段都要验算。只需验算 Y 坐标增量值最大的线段（如 A_1A_2 段）和曲率比较大的线段（如 A_7A_8 段）以及有拐点的线段（如 A_5A_6 段），如果这些线段的逼近误差小于允许值，其他线段则一定能满足要求。

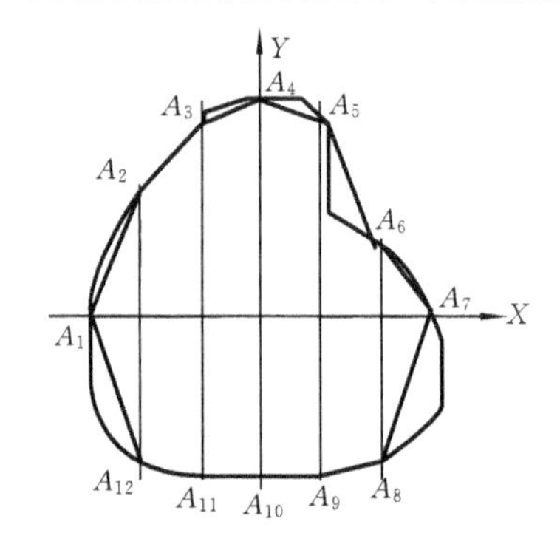

图 1-28　等间距直线逼近法示意图

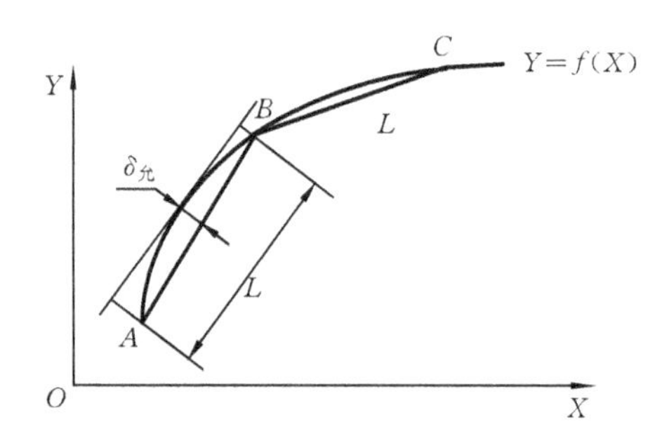

图 1-29　等弦长直线逼近法示意图

2. 等弦长直线逼近法

等弦长直线逼近法是使每个程序段的直线段长度相等的一种方法。由于零件轮廓曲线各处的曲率不同，因此各段的逼近误差也不相等，必须使最大误差小于 $\delta_{允}$。一般说来，零件轮廓曲线的曲率半径最小的地方，逼近误差最大。据此，先确定曲率半径最小的位置，然后在该处按照逼近误差小于或等于 $\delta_{允}$ 的条件求出逼近直线段的长度，用此弦长分割零件的轮廓曲线，即可求出各离散点的坐标，如图 1-29 所示。

在图 1-29 中，已知零件轮廓曲线的方程为 $Y=f(X)$，则曲线的曲率半径为

$$\rho = \frac{[1+(Y')^2]^{3/2}}{Y''}$$

将上式对 X 求导数，并令其值为零，有

$$\frac{\mathrm{d}\rho}{\mathrm{d}X}=\frac{3Y'Y''^{2}(1+(Y')^{2})^{1/2}-(1+(Y')^{2})^{3/2}Y''}{Y''^{2}}=0$$

求出 X 值，代入曲率半径计算式，便可得到最小曲率半径 $\rho_{\min}$。当允许逼近误差为 $\delta_{允}$ 时，半径为 $\rho_{\min}$ 的圆弧的最大允许逼近弦长为

$$L=2\sqrt{\rho_{\min}^{2}-(\rho_{\min}-\delta_{允})^{2}}\approx 2\sqrt{2\rho_{\min}\delta_{允}}$$

以曲线的起点 $A(X_A,Y_A)$ 为圆心、L 为半径作圆，其方程为

$$(X-X_A)^2+(Y-Y_A)^2=8\rho_{\min}\delta_{允}$$

将上式与 $Y=f(X)$ 联立求解，得交点 B 的坐标 (X_B,Y_B)。依次以点 B、C、D、…为圆心，L 为半径作圆，并按上述方法求交点，即可求得离散点 C、D、E、…的坐标值。

这种方法的计算过程比等间距法复杂，但程序段数目较少。

3. 等误差直线逼近法

等误差直线逼近法是使每个直线段的逼近误差相等的一种方法，其逼近误差小于或等于 $\delta_{允}$。所以此法比上面两种方法都合理，程序段数更少。对大型、复杂的零件轮廓采用这种方法较合理。

如图 1-30 所示，以曲线起点 $A(X_A,Y_A)$ 为圆心，逼近允差 $\delta_{允}$ 为半径，画出允差圆，然后作允差圆与轮廓曲线的公切线 T，再通过点 A 作直线 T 的平行线，该平行线与轮廓曲线的交点 B 就是所求的离散点。再以 $B(X_B,Y_B)$ 为圆心作允差圆并重复上述的步骤，便可依次求出各节点。

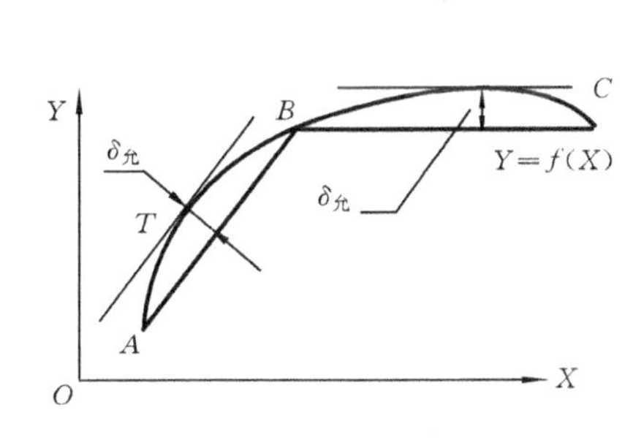

图 1-30 等误差法示意图

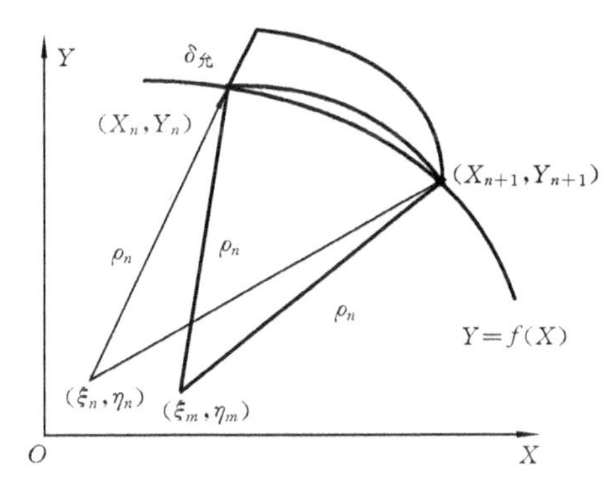

图 1-31 圆弧逼近法示意图

4. 圆弧逼近法

如果数控系统有圆弧插补功能，则可以用圆弧段去逼近工件的轮廓曲线，此时，需求出每段圆弧的圆心、起点、终点的坐标值以及圆弧段的半径。计算离散点的依据仍然是使圆弧段与工件轮廓曲线间的误差小于或等于允许的逼近误差 $\delta_{允}$。如图 1-31 所示，计算步骤如下。

① 求轮廓曲线 $Y=f(X)$ 在起点 (X_n,Y_n) 处的曲率中心坐标 (ξ_n,η_n) 和曲率半径 ρ_n，有

$$\rho_n = \frac{[1+(Y'_n)^2]^{3/2}}{|Y''_n|}$$

$$\xi_n = X_n - Y'_n \frac{1+(Y'_n)^2}{Y''_n}$$

$$\eta_n = Y_n - \frac{1+(Y''_n)^2}{Y''_n}$$

② 以点 (ξ_n,η_n) 为圆心、$\rho_n \pm \delta_{允}$ 为半径作圆，与曲线相交，其交点为 (X_{n+1},Y_{n+1})。圆的方程为

$$(X-\xi_n)^2+(Y-\eta_n)^2=(\rho_n \pm \delta_{允})^2$$

将该圆的方程与曲线方程 $Y=f(X)$ 联立求解，即得所求离散点 (X_{n+1},Y_{n+1})。

③ 以 (X_n,Y_n) 为起点、(X_{n+1},Y_{n+1}) 为终点、半径为 ρ_n 的圆弧段就是所要求的逼近圆弧段。由以下两个方程

$$(X-X_n)^2+(Y-Y_n)^2=\rho_n^2$$

$$(X-X_{n+1})^2+(Y-Y_{n+1})^2=\rho_n^2$$

联立求解，可以求得圆弧段的圆心坐标为 (ξ_m,η_m)。

④ 重复上述步骤可依次求出其他逼近圆弧段。

1.5.3 列表曲线的拟合与刀位计算

某些零件的表面形状只能用离散型值点来描述，这时要用插值的方法将型值点加密，或者求出拟合曲线，然后再进行逼近。例如采用牛顿插值法，先将相邻三个列表点(即型值点)建立二次抛物线方程，再按方程进行插值，加密节点。此法计算简单，但相邻抛物线连接处的一阶导数往往不连续，求出的曲线整体上并不光滑，现在已很少采用这种方法。

某些零件，如机翼外形、内燃机进/排气门的凸轮曲线等，对外形的光顺性要求较高，曲线的光顺性意味着曲线的导数要连续。如果要求曲线的一阶和二阶导数都是连续的，则可用三次样条曲线。下面介绍三次参数样条曲线。

设在平面上给定了 n 个型值点 (X_j,Y_j)，$j=1,2,3,\cdots,n$。用分段三次参数样条连接这 n 个点，有 $n-1$ 段三次曲线。由于样条曲线是由分段的三次曲线构成，因此先建立某一段三次曲线的方程。

如图 1-32 所示，以参数 t 表示的单参数三次样条曲线的方程式一般可写成

$$\boldsymbol{P}(t)=\boldsymbol{B}_0+\boldsymbol{B}_1 t+\boldsymbol{B}_2 t^2+\boldsymbol{B}_3 t^3$$

式中：$\boldsymbol{P}(t)=\{\boldsymbol{X}(t),\boldsymbol{Y}(t)\}$ 为样条曲线上任一点的位置向量，它有两个分量(空间一点则有三个分量)，$\boldsymbol{X}(t)$、$\boldsymbol{Y}(t)$ 可以看做位置向量的坐标值。参数 t 在两个端点 t_j

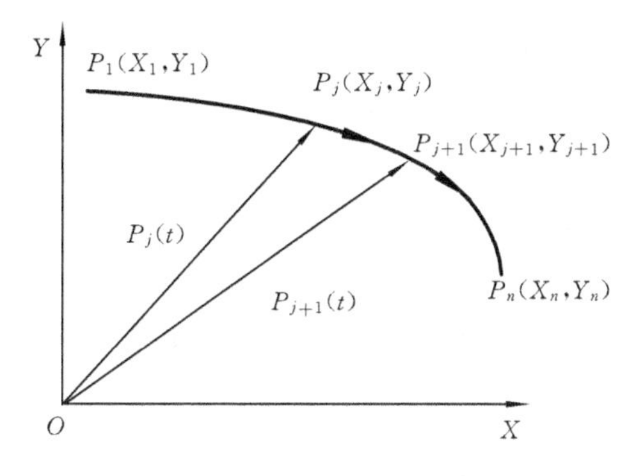

图 1-32 参数样条曲线

和 t_{j+1} 之间变化，为了简化计算，可以指定 $t_j=0$。$\boldsymbol{P}(t)$ 表达式中有 4 个未知数 $\boldsymbol{B}_0 \sim \boldsymbol{B}_3$，可以利用三次曲线的两个已知端点函数值和两个端点处的切向量来得到，即

$$\boldsymbol{P}(t_j)=\boldsymbol{P}_j,\quad \boldsymbol{P}'_j=\left.\frac{\mathrm{d}\boldsymbol{P}}{\mathrm{d}t}\right|_{t=t_j}=\boldsymbol{0}$$

$$\boldsymbol{P}(t_{j+1})=\boldsymbol{P}_{j+1},\quad \boldsymbol{P}'(t_{j+1})=\left.\frac{\mathrm{d}\boldsymbol{P}}{\mathrm{d}t}\right|_{t=t_{j+1}}=\boldsymbol{0}$$

求得系数 $\boldsymbol{B}_0 \sim \boldsymbol{B}_3$ 分别为

$$\begin{aligned}
\boldsymbol{B}_0 &= \boldsymbol{P}_j \\
\boldsymbol{B}_1 &= \boldsymbol{P}'_j \\
\boldsymbol{B}_2 &= \frac{3(\boldsymbol{P}_{j+1}-\boldsymbol{P}_j)}{t_{j+1}^2}-\frac{2\boldsymbol{P}'_j}{t_{j+1}}-\frac{\boldsymbol{P}'_{j+1}}{t_{j+1}} \\
\boldsymbol{B}_3 &= \frac{2(\boldsymbol{P}_j-\boldsymbol{P}_{j+1})}{t_{j+1}^3}+\frac{\boldsymbol{P}'_j}{t_{j+1}^2}+\frac{\boldsymbol{P}'_{j+1}}{t_{j+1}^2}
\end{aligned} \tag{1-3}$$

可见 $\boldsymbol{P}(t)$ 所描述的三次参数样条曲线的 4 个系数，取决于型值点的位置向量 $\boldsymbol{P}_j$、$\boldsymbol{P}_{j+1}$、$\boldsymbol{P}'_j$、$\boldsymbol{P}'_{j+1}$。位置向量为已知，利用相邻两线段在节点处曲率连续，即它的二阶导数 $\boldsymbol{P}''(t)$ 在节点处连续的条件，可以求出 $\boldsymbol{P}'_j$。

从 $\boldsymbol{P}(t)$ 表达式得出

$$\boldsymbol{P}''(t)=2\boldsymbol{B}_2+6\boldsymbol{B}_3 t$$

在第 j 段曲线的终端 $t=t_{j+1}$，有

$$\boldsymbol{P}''_{j+1}=2\boldsymbol{B}_2+6\boldsymbol{B}_3 t_{j+1}$$

在第 $j+1$ 段曲线的始端 $t=t_{j+1}=0$，有

$$\boldsymbol{P}''_{j+1}=2\boldsymbol{B}_2$$

使上两式右边相等（注意两式中的 $\boldsymbol{B}_2$ 是不相等的），代入式(1-3)，可得节点处的切向量的关系为

$$t_{j+2}\boldsymbol{P}'_j+2(t_{j+2}+t_{j+1})\boldsymbol{P}'_{j+1}+t_{j+1}\boldsymbol{P}'_{j+2}=\frac{3[t_{j+1}^2(\boldsymbol{P}_{j+2}-\boldsymbol{P}_{j+1})+t_{j+2}^2(\boldsymbol{P}_{j+1}-\boldsymbol{P}_j)]}{t_{j+1}t_{j+2}}$$

上式可递推应用于所有样条曲线段，因此可得到分段三次参数样条曲线各节点处切向量的线性方程组共有 $n-2$ 个方程，但有 n 个未知的切向量 $\boldsymbol{P}'_j$（$j=1,2,\cdots,n$），故要求考虑边界条件（如两个端点的切向量 $\boldsymbol{P}'_1$ 和 $\boldsymbol{P}'_n$ 为已知等），才能求出 n 个切向量。有了各型值点（即节点）值及其切向量 $\boldsymbol{P}'_j$，可求得各分段三次参数样条曲线的系数和方程，然后再通过直线或圆弧逼近，即可编制出列表曲线的加工程序。

1.6 数控加工程序的格式与组成

一个数控加工零件程序是一组被传送到数控装置中的指令和数据。

一个零件程序是由遵循一定结构、句法和格式规则的若干个程序段组成的，而每个程序段是由若干个指令字组成的，如图 1-33 所示。

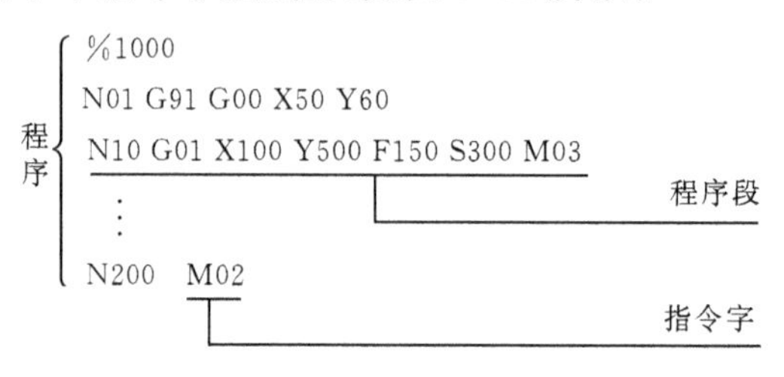

图 1-33 程序的结构

1.6.1 指令字的格式

在现代装置中，指令字一般是由地址符（或称指令字符）和带符号（如定义尺寸的字）或不带符号（如准备功能字 G 指令）的数字组成的，这些指令字在数控装置中完成特定的功能。

在数控程序段中包含的主要指令字符及其含义如表 1-1 所示。

表 1-1 指令字符一览表

功　　能	地　　址	意　　义
零件程序号	%或 O	程序编号
程序段号	N	程序段编号
准备机能	G	指令动作方式（直线、圆弧等）

续表

功　能	地　址	意　义
尺寸字	X,Y,Z A,B,C U,V,W	坐标轴的移动命令值
	R	圆弧的半径,固定循环的参数
	I,J,K	圆心参数,固定循环的参数
进给速度	F	进给速度的指定
主轴机能	S	主轴旋转速度的指定
刀具机能	T	刀具编号的指定
辅助机能	M	机床开/关控制的指定
补偿号	H,D	刀具补偿号的指定
暂停	P,X	暂停时间的指定
程序号的指定	P	子程序号的指定
重复次数	L	子程序及固定循环的重复次数
参数	P,Q,R	固定循环的参数

1.6.2　程序段格式

一个程序段(行)定义一个将由数控装置执行的指令行。

程序段的格式是指在一个程序段中字母、数字和符号等各信息指令的排列顺序和含义。

数控装置使用的程序段格式有固定程序段格式、带分隔符 TAB 的固定程序段格式和使用地址符的可变程序段格式三种。

其中前两种格式的指令字均无指令字符,各指令字的顺序决定了其功能。由于其书写烦琐,现在基本被淘汰。现代数控系统广泛使用第三种格式,即使用地址符的可变程序段格式。

可变程序段格式表示的程序段,每个指令字前都有指令字符,用以指示其功能,如图 1-34 所示。因此对不需要的指令字或与上一程序段相同的指令字,均可

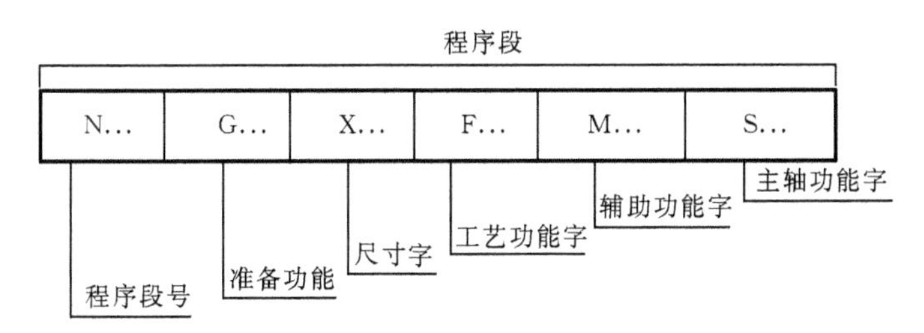

图 1-34　程序段格式

省略;程序段内各指令字也可不按顺序排列,编程直观、灵活。

1.6.3 零件程序的一般结构

一个完整的零件程序必须包括起始部分、中间部分和结束部分。

零件程序的起始部分一般由程序起始符%(或O)后跟程序号组成,如图1-33所示的第一行。

零件程序的中间部分是整个程序的核心,由若干程序段组成,表示数控机床要完成的全部动作。一般常用程序段号来区分不同的程序段,程序段号是可选项,一般只在重要的程序段前书写,以便检索或作为条件转移的目标及子程序调用的入口等。

一个零件程序是按程序段的输入顺序执行的,而不是按程序段号的顺序执行的,但书写程序时,建议按升序编写程序段号。

零件程序的结束部分常用M02或M30构成程序的最后一段。

除上述零件程序的正文部分外,有些数控系统可在每个程序段后用程序注释符加入注释文字,如括号"()"内或分号";"后的内容为注释文字。

第2章　数控铣床与铣削中心的编程

在所有的数控机床中，以数控铣床、数控车床和加工中心使用最为广泛，其他还有数控坐标磨床、数控镗床、数控电火花机床和线切割机床等。虽然数控机床是多种多样的，所使用的数控系统更是种类繁多，但其编程方法和所使用的指令却是大同小异，只要掌握了最基本的指令和编程方法，无论何种机床的编程都不难理解和掌握。

对数控编程中所用的输入指令，即程序段格式、准备功能指令、坐标位移指令、辅助动作指令、主运动和进给运动速度指令、刀具指令和坐标系设定等，ISO (International Organization of Standardization)组织和我国有关部门都已制定了一些相应的标准，编程时必须首先予以了解和遵守。还有个别非标准部分，编程人员可通过仔细阅读生产厂家提供的编程手册，了解有关规定，以便编制的程序能被数控系统执行。

数控铣床是一种用途十分广泛的机床，主要用于各种较复杂的曲面和壳体类零件的加工，如各类凸轮、模具、连杆、叶片、螺旋桨和箱体等零件的铣削加工，同时还可以进行钻、扩、锪、铰、攻螺纹、镗孔等加工。

本章以配置华中数控世纪星数控装置(HNC-21M)的铣床为例，介绍编程的一些标准和规范。该系统所用指令与日本 FANUC 装置的指令兼容，也基本与 ISO 标准规定的指令一致。

2.1　辅助功能 M 指令

辅助功能由地址字 M 和其后的 1 或 2 位数字(M0～M99)组成，主要用于控制零件程序的走向，以及机床各种辅助功能的开关动作(如主轴的旋转、冷却液的开关等)。

M 功能有非模态 M 功能和模态 M 功能两种形式。

- 非模态 M 功能(当段有效指令)：只在书写了该指令的程序段中有效。
- 模态 M 功能(续效指令)：一组可相互注销的 M 功能，这些功能在被同一组的另一个功能注销前一直有效。

模态 M 功能组中包含一个缺省功能(见表 2-1)，系统上电时将被初始化为该功能。

另外，M 功能还可分为前作用 M 功能和后作用 M 功能两类。

- 前作用 M 功能：在程序段编制的轴运动之前执行该 M 功能。
- 后作用 M 功能：在程序段编制的轴运动之后执行该 M 功能。

HNC-21M 数控系统的基本 M 功能指令如表 2-1 所示（标记▶者为缺省值）。

表 2-1　M 指令及功能

指令	模态	功能说明	指令	模态	功能说明
M00	非模态	程序暂停	M03	模态	主轴正转启动
M02	非模态	程序结束	M04	模态	主轴反转启动
M30	非模态	程序结束并返回程序起点	M05	▶模态	主轴停止转动
			M06	非模态	换刀
M98	非模态	调用子程序	M07	模态	切削液打开
M99	非模态	子程序结束	M09	▶模态	切削液停止

其中：

- M00、M02、M30、M98、M99 用于控制零件程序的走向，是 CNC 系统内定的辅助功能，不由机床制造商设计决定，也就是说，与 PLC 程序无关；
- 其余 M 指令用于控制机床各种辅助功能的开关动作，其功能不由 CNC 内定，而是由 PLC 程序指定，所以有可能因机床制造厂不同而有差异（即各机床的 M 指令个数可能不同，同一指令实现的功能也可能不同，表 2-1 所示为标准 PLC 指定的功能）。

具体使用时请使用者参考机床使用说明书。

2.1.1　CNC 内定的辅助功能

1. 程序暂停 M00

当 CNC 执行到 M00 指令时，将暂停执行当前程序，以方便操作者进行刀具和工件的尺寸测量、工件掉头、排屑、手动变速等操作。

在暂停时，机床的主轴、进给及冷却液停止，而全部现存的模态信息保持不变，欲继续执行后续程序段，再按操作面板上的“循环启动”按钮即可。例如：

```
N10 G01 X100 Y100
N20 M00
N30 G02 X300 Y400 R20
⋮
```

当 CNC 执行到 N20 程序段时，进入暂停状态。当操作者完成必要的手动操作后，按操作面板上的“循环启动”按钮，程序将从 N30 程序段开始继续执行。

M00 为非模态后作用 M 功能。

2. 程序结束 M02

通常,M02 编在主程序的最后一个程序段中。

当 CNC 执行到 M02 指令时,机床的主轴、进给、冷却液全部停止运行,加工结束。

使用 M02 的程序结束后,若要重新执行该程序,就得重新调用该程序,或在自动加工子菜单下,按 F4 键(请参考第 4 章中相关的内容),然后再按操作面板上的"循环启动"键即可。

M02 为非模态后作用 M 功能。

3. 程序结束并返回到零件程序起点 M30

M30 和 M02 功能基本相同,只是 M30 指令还兼有控制返回到零件程序头(%)的作用。

使用 M30 的程序结束后,若要重新执行该程序,只需再次按操作面板上的"循环启动"键即可。

4. 子程序调用 M98 **及从子程序返回** M99

M98 用来调用子程序。

M99 表示子程序结束,执行 M99 使控制返回到主程序。

(1) 子程序的格式

%××××

⋮

M99

在子程序开头,必须规定子程序号,作为调用入口地址。在子程序的结尾用 M99,以控制执行完该子程序后返回主程序。

(2) 调用子程序的格式

M98 P __ L __

其中:

P 为被调用的子程序号;

L 为重复调用次数。

提示:这里的 P 和 L 指下画线中填入的内容,后面叙述类同。

为了进一步简化程序,子程序还可调用另一个子程序,以及子程序的嵌套。HNC-21M 数控系统还支持带参数的子程序调用,子程序更详细的使用方法请参见2.4节。

2.1.2 PLC 设定的辅助功能

1. 主轴控制指令 M03、M04、M05

M03 启动主轴,主轴以程序中编制的主轴速度正转(从 Z 轴正向朝 Z 轴负向看是顺时针方向）旋转。

M04 启动主轴，主轴以程序中编制的主轴速度反转（从 Z 轴正向朝 Z 轴负向看是逆时针方向）旋转。

M05 使主轴停止旋转。

M03、M04 为模态前作用 M 功能；M05 为模态后作用 M 功能，M05 为缺省值。

M03、M04、M05 可相互注销。

2. 换刀指令 M06

M06 用在加工中心上进行换刀操作，欲安装的刀具由刀具功能字 T 指定。

使用 M06 后，刀具将被自动地安装在主轴上。

M06 为非模态后作用 M 功能。

3. 冷却液打开、停止指令 M07、M09

M07 指令将打开冷却液管道。

M09 指令将关闭冷却液管道。

M07 为模态前作用 M 功能；M09 为模态后作用 M 功能，M09 为缺省功能。

2.2 主轴功能、进给功能和刀具功能

2.2.1 主轴功能 S

主轴功能 S 用来控制主轴转速，其后的数值表示主轴速度(由于铣床的刀具安装在主轴上，主轴转速即为刀具转速)，单位为转/分钟(r/min)。

S 是模态指令，S 功能只有在主轴速度可调节时才有效。

2.2.2 进给速度 F

F 指令用来控制加工工件时刀具相对于工件的合成进给速度，F 的单位取决于 G94(每分钟进给量，单位为 mm/min)或 G95(每转进给量，单位为 mm/r)。

当工作在 G01、G02 或 G03 方式时，编程的 F 值一直有效，直到被新的 F 值所取代为止。当工作在 G00、G60 方式时，快速定位的速度是各轴的最高速度，与所指定的 F 值无关。

借助操作面板上的倍率选择开关，F 值可在一定范围内进行倍率修调。当执行攻螺纹循环 G84、螺纹切削 G33 时，倍率开关失效，进给倍率固定在 100%。

2.2.3 刀具功能 T

T 指令用于选刀，其后的数值表示选择的刀具号，T 指令与刀具的关系是由机

床制造厂规定的。

在加工中心上执行 T 指令时，首先刀库转动并选择所需的刀具，然后等待，直到 M06 指令作用时自动完成换刀。

T 指令同时调入刀补寄存器中的刀补值(刀补长度和刀补半径)。T 指令为非模态指令，但被调用的刀补值一直有效，直到再次换刀调入新的刀补值。

2.3 准备功能指令

准备功能 G 指令由 G 后面的 1 位或 2 位数组成，它用来规定刀具和工件的相对运动轨迹、机床坐标系、坐标平面、刀具补偿、坐标偏置等多种加工操作。

HNC-21M 数控系统的 G 功能指令参见本书附录 A。

G 功能有非模态 G 功能和模态 G 功能之分。

- 非模态 G 功能：只在所规定的程序段中有效，程序段结束时被注销。
- 模态 G 功能：一组可相互注销的 G 功能，其中某一 G 功能一旦被执行，则一直有效，直到被同一组的另一 G 功能注销为止。

模态 G 功能组中包含一个缺省 G 功能(附录 A 中有▶标记者)，上电时将被初始化为该功能。

没有共同参数的不同组 G 指令可以放在同一程序段中，而且与顺序无关。例如，G90、G17 可与 G01 放在同一程序段中，G24、G68、G51 等虽与 G01 不同组，但由于有共同参数，因而不能放在同一程序段中。

下面介绍数控编程指令书写的一般顺序。

- 选定/设置编程单位。
- 选定/设置编程基准坐标系(即工件坐标系)。
- 选定编程方式(绝对坐标编程/相对坐标编程)和坐标平面。
- 建立刀具的半径补偿、长度补偿。
- 指令刀具和工件的相对运动轨迹。
- 撤销刀具的半径补偿、长度补偿。
- 程序结束。

当然，在程序中还可能会用到回参考点指令、简化编程指令等。

下面我们按数控编程的一般顺序来分类介绍 HNC-21M 数控装置的 G 功能指令。

2.3.1 单位的设定

1. 尺寸单位选择 G20、G21、G22

格式：G20

G21

G22

说明:G20、G21、G22 用于指定尺寸字的输入制式(即单位)。

其中:

G20 为英制输入制式;

G21 为米制输入制式;

G22 为脉冲当量输入制式。

3 种制式下的线性轴、旋转轴的尺寸单位如表 2-2 所示。

表 2-2　尺寸输入制式及其单位

制　　式	线　性　轴	旋　转　轴
英制(G20)	英寸(in)	度(°)
米制(G21)	毫米(mm)	度(°)
脉冲当量(G22)	移动轴脉冲当量	旋转轴脉冲当量

G20、G21、G22 为模态指令,可相互注销,G21 为缺省值。

2. 进给速度单位的设定 G94、G95

格式:G94 [F __]

　　G95 [F __]

说明:G94/G95 用来指定进给速度 F 的单位。

其中:

G94 为每分钟进给;

G95 为每转进给,即主轴旋转一周时刀具的进给量。

用 G94 编程时,对于线性轴,F 的单位依 G20、G21、G22 的设定而为mm/min、in/min或脉冲当量/分;对于旋转轴,F 的单位为(°)/min 或脉冲当量/分。

用 G95 编程时,对于线性轴,F 的单位依 G20、G21、G22 的设定而为 mm/r、in/r 或脉冲当量/每转;对于旋转轴,F 的单位为(°)/r 或脉冲当量/转。此功能只在主轴装有编码器时才有效。

G94、G95 为模态指令,可相互注销,G94 为缺省值。

2.3.2　坐标系的设定与选择

1. 工件坐标系设定 G92

格式:G92 X __ Y __ Z __ A __

说明:G92 通过设定对刀点到工件坐标系原点的相对位置建立工件坐标系。

其中:

X、Y、Z、A 为设定的工件坐标系原点到对刀点的有向距离。

提示：HNC-21M 的最大联动轴数为 4。本书中，假设第四轴用 A 表示。

G92 指令为非模态指令，但其建立的工件坐标系在被新的工件坐标系取代前一直有效，G92 指令段一般放在一个零件程序的第一段。

例 2-1 使用 G92 编程，建立如图 2-1 所示的工件坐标系。

用 G92 编程的程序段为

G92 X30.0 Y30.0 Z20.0

执行此程序段只建立工件坐标系，并不产生刀具与工件的相对运动。

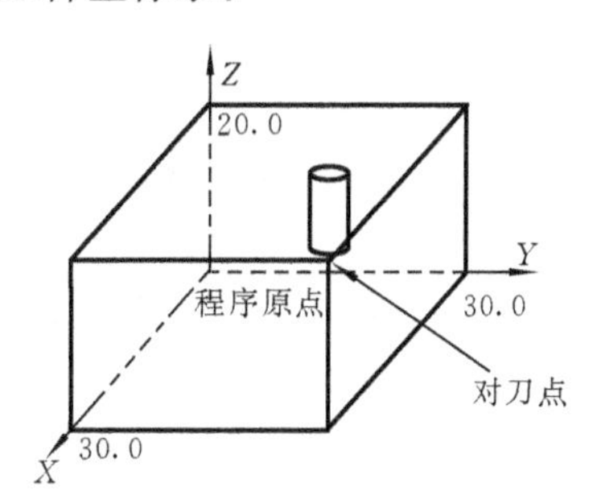

图 2-1 工件坐标系的建立

执行该指令时，若刀具当前点恰好在对刀点位置上，此时建立的坐标系即为工件坐标系，加工原点与程序原点重合；若刀具当前点不在对刀点位置上，则加工原点与程序原点不一致，加工出的产品就有误差或报废，甚至出现危险。因此执行该指令时，刀具当前点必须恰好在对刀点上，即加工前必须进行准确地对刀。

2. 工件坐标系选择 G54～G59

格式：$\left\{\begin{matrix} G54 \\ G55 \\ G56 \\ G57 \\ G58 \\ G59 \end{matrix}\right\}$

说明：G54～G59 用来指定数控系统预定的 6 个工件坐标系（如图 2-2 所示），任选其一。

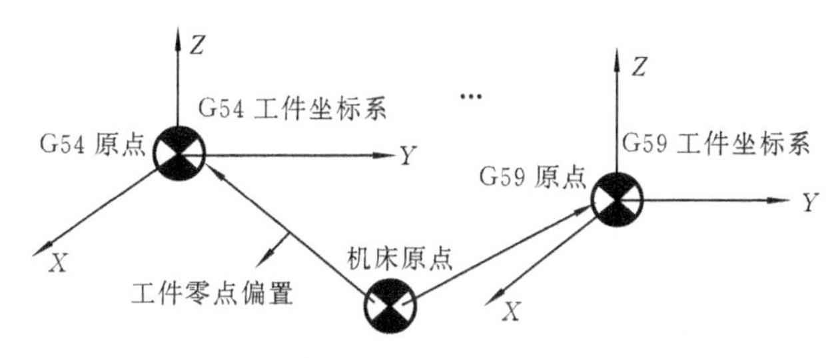

图 2-2 工件坐标系选择(G54～G59)

这 6 个预定工件坐标系的原点在机床坐标系中的值（工件零点偏置值）可用 MDI 方式输入，数控装置自动记忆。

G54～G59 为模态指令，可相互注销，G54 为缺省值。

提示：使用该组指令前，要先用 MDI 方式输入各坐标系的坐标原点在机床坐标系中的坐标值。

3. 局部坐标系设定 G52

格式:G52 X __ Y __ Z __ A __

说明:G52 能在所有的工件坐标系(G92、G54～G59)中形成子坐标系,即局部坐标系,如图 2-3 所示。

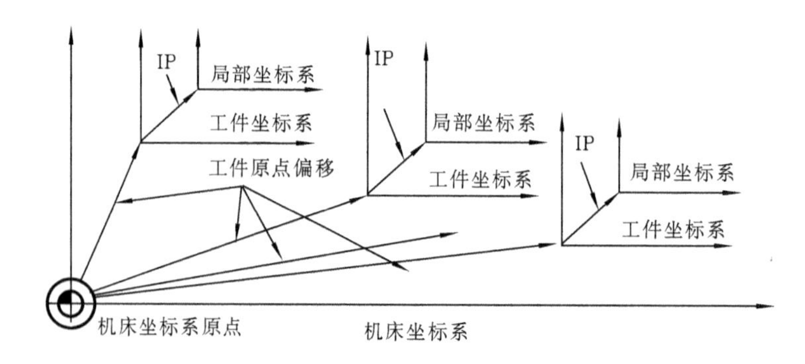

图 2-3 局部坐标系的设定G52

其中:

X、Y、Z、A 分别为局部坐标系原点在当前工件坐标系中的坐标值。

G52 指令为非模态指令,但其设定的局部坐标系在被取代或注销前一直有效。

设定局部坐标系后,工件坐标系和机床坐标系保持不变。

要注销局部坐标系,可用 G52 X0 Y0 Z0 A0 来实现。

在缩放及旋转功能下,不能使用 G52 指令,但在 G52 下能进行缩放及坐标系旋转。

4. 直接机床坐标系编程 G53

格式:G53

说明:G53 表示使用机床坐标系编程。

G53 指令为非模态指令。

2.3.3 坐标平面和编程方式的选定

1. 坐标平面选择 G17、G18、G19

格式:G17

G18

G19

说明:该组指令用来选择进行圆弧插补和刀具半径补偿的平面。

其中:

G17 为选择 *XY* 平面;

G18 为选择 ZX 平面；

G19 为选择 YZ 平面。

G17、G18、G19 为模态指令，可相互注销，G17 为缺省值。

提示：进给指令与平面选择无关，例如使用指令 G17 G01 Z10 时，Z 轴照样会移动。

2. 绝对值编程 G90 与相对值编程 G91

格式：G90

G91

说明：该组指令用来选择编程方式。

其中：

G90 为绝对值编程；

G91 为相对值编程。

用 G90 编程时，每个编程坐标轴上的编程值是相对于程序原点（G92 建立的工件坐标系原点，或 G54～G59 选定的工件坐标系原点，或 G52 指令的局部坐标系原点，或 G53 指令的机床坐标系原点）的。

用 G91 编程时，每个编程坐标轴上的编程值是相对于前一位置而言的，该值等于沿轴移动的距离，与当前编程坐标系无关。

G90、G91 为模态指令，可相互注销，G90 为缺省值。

G90、G91 可用于同一程序段中，但要注意其顺序所造成的差异。

例 2-2 如图 2-4 所示，使用 G90、G91 编程，要求刀具由原点按顺序移动到 1、2、3点。

G90 编程

	X	Y
N01	X20	Y15
N02	X40	Y45
N03	X60	Y25

G91 编程

	X	Y
N01	X20	Y15
N02	X20	Y30
N03	X20	Y－20

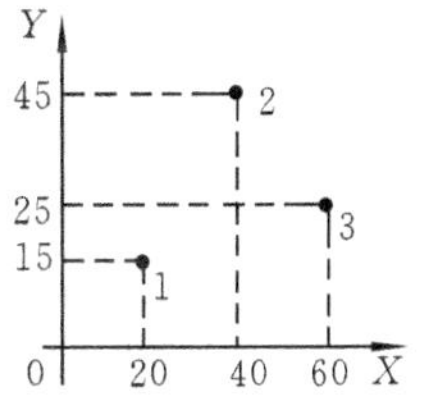

图 2-4 G90/G91 编程

选择合适的编程方式可使编程简化。当图样尺寸给定一个固定基准时，采用绝对方式编程较为方便；当图样尺寸是以轮廓顶点之间的间距给出时，采用相对方式编程较为方便。

例 2-3 如图 2-5 所示，使用工件坐标系编程，要求刀具从当前点移动到 A 点，再从 A 点移动到 B 点。

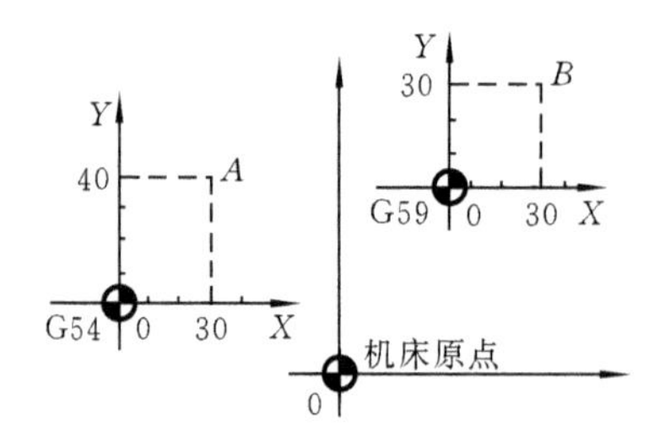

当前点→A→B

%1000

N01 G54 G00 G90 X30 Y40

N02 G59

N03 G00 X30 Y30

⋮

图 2-5　使用工件坐标系编程

2.3.4　进给控制指令

1. 快速定位 G00

格式:G00 X__ Y__ Z__ A__

说明:G00 指定刀具以预先设定的快移速度,从当前位置快速移动到程序段指定的定位终点(目标点)。

其中:

X、Y、Z、A 分别为快速定位终点。在 G90 时为定位终点在工件坐标系中的坐标;在 G91 时为定位终点相对于起点的位移量。

G00 一般用于加工前快速定位趋近加工点或加工后快速退刀,以缩短加工辅助时间,不能用于加工过程。

G00 的快移速度由机床参数栏中的"最高快移速度"分别对各轴设定,不能用进给速度指令 F 设定。快移速度可由机床控制面板上的快速修调旋钮修正。

G00 为模态指令,可由 G01、G02、G03 或 G33 功能注销。

提示:在执行 G00 指令时,由于各轴以各自速度移动,不能保证各轴同时到达终点,因而联动直线轴的合成轨迹不一定是直线。此时,操作者必须格外小心,以免刀具与工件发生碰撞。常见的做法是先将 *Z* 轴移动到安全高度,然后再执行 G00 指令。

例 2-4　如图 2-6 所示,使用 G00 编程,要求刀具从 *A* 点快速定位到 *B* 点。

从 *A* 到 *B* 快速定位

绝对值编程:

G90 G00 X90 Y45

增量值编程:

G91 G00 X70 Y30

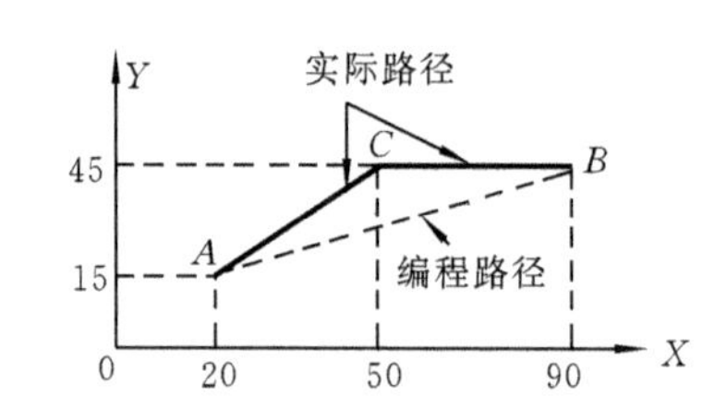

图 2-6　G00 编程

假设 *X* 轴和 *Y* 轴的快进速度相同,则从 *A* 点到 *B* 点的快速定位路线为 *A*→*C*→*B*,即以折线的方式到达 *B* 点,而不是以直线方式从 *A* 点到 *B* 点。

2. 单方向定位 G60

格式：G60 X __ Y __ Z __ A __

说明：G60 指定刀具相对于工件先以 G00 速度快速定位到一中间点，然后以一固定速度单方向移动到定位终点，如图 2-7 所示。

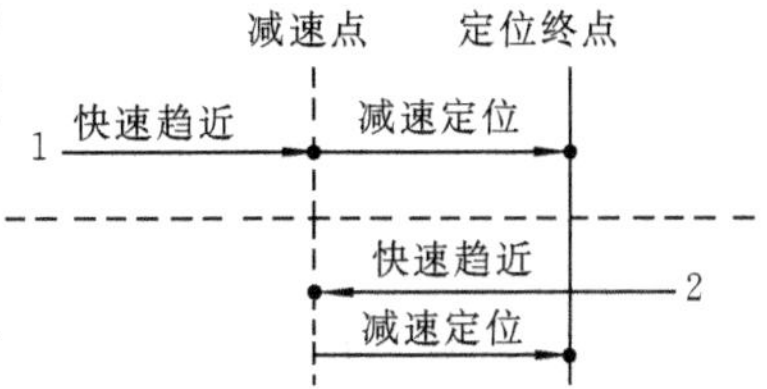

图 2-7 G60 **定位过程**

其中：

X、Y、Z、A 分别为单向定位终点，在 G90 时为定位终点在工件坐标系中的坐标；在 G91 时为定位终点相对于起点的位移量。

用 G60 编程时，各轴的定位方向（从中间点到定位终点的方向）以及中间点与定位终点的距离由机床参数“单向定位偏移值”设定。当该参数值小于 0 时，定位方向为负；当该参数值大于 0 时，定位方向为正。

G60 指令仅在其被规定的程序段中有效。

3. 线性进给 G01

格式：G01 X __ Y __ Z __ A __ F __

说明：G01 指定刀具以联动的方式，按 F 规定的合成进给速度，从当前位置按线性路线（联动直线轴的合成轨迹为直线）移动到程序段指令的终点。

其中：

X、Y、Z、A 分别为线性进给终点，在 G90 时为终点在工件坐标系中的坐标；在 G91 时为终点相对于起点的位移量；F 为合成进给速度。

G01 为模态指令，可由 G00、G02、G03 或 G33 功能注销。

例 2-5 如图 2-8 所示，使用 G01 编程，要求从 *A* 点线性进给到 *B* 点。

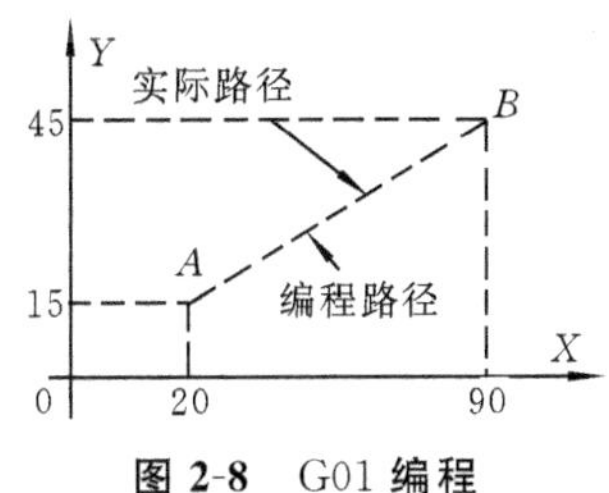

图 2-8 G01 **编程**

从 *A* 到 *B* 线性进给

绝对值编程：

G90 G01 X90 Y45 F800

增量值编程：

G91 G01 X70 Y30 F800

可以看出，此时的实际进给路线与编程路径是一致的（从 *A* 点到 *B* 点的直线）。

4. 圆弧进给 G02/G03

格式：$G17\begin{Bmatrix}G02\\G03\end{Bmatrix}X\_\ Y\_\begin{Bmatrix}I\_\ J\_\\R\_\end{Bmatrix}F\_$

$G18\begin{Bmatrix}G02\\G03\end{Bmatrix}X\_\ Z\_\begin{Bmatrix}I\_\ K\_\\R\_\end{Bmatrix}F\_$

$G19\begin{Bmatrix}G02\\G03\end{Bmatrix}Y\_\ Z\_\begin{Bmatrix}I\_\ K\_\\R\_\end{Bmatrix}F\_$

说明：G02/G03 指定刀具以联动的方式，按 F 规定的合成进给速度，在 G17/G18/G19规定的平面内，从当前位置按顺/逆时针圆弧路线（联动轴的合成轨迹为圆弧）移动到程序段指令的终点。

其中：

G02 为顺时针圆弧插补（如图 2-9 所示）；

G03 为逆时针圆弧插补（如图 2-9 所示）；

G17 为 XY 平面的圆弧；

G18 为 ZX 平面的圆弧；

G19 为 YZ 平面的圆弧；

X、Y、Z 分别为圆弧终点，在 G90 时为圆弧终点在工件坐标系中的坐标；在 G91 时为圆弧终点相对于圆弧起点的位移量；

I、J、K 分别为圆心相对于圆弧起点的偏移值（等于圆心的坐标减去圆弧起点的坐标，如图 2-10 所示），在 G90/G91 时都是以增量方式来指定；

R 为圆弧半径，当圆弧圆心角小于 180°时，R 为正值，否则 R 为负值；

F 为被编程的两个轴的合成进给速度。

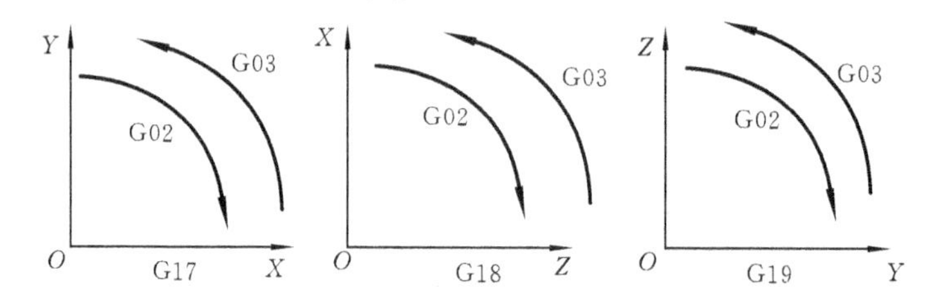

图 2-9　不同平面的 G02 与 G03 的选择

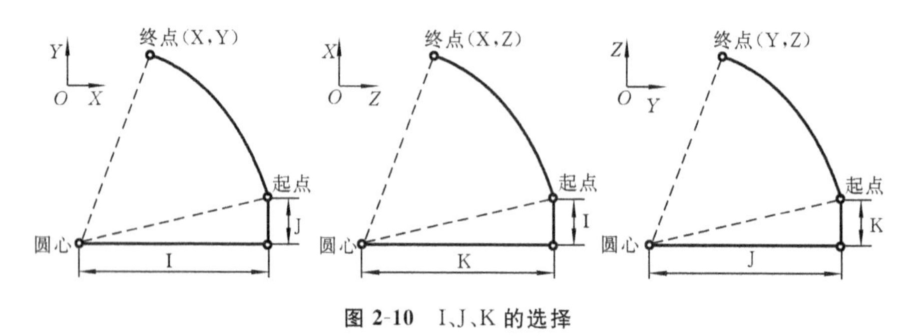

图 2-10　I、J、K 的选择

例 2-6　使用 G02 对图 2-11 所示的劣弧 a 和优弧 b 编程。

(1) 劣弧 a 的 4 种编程方法

G91 G02 X30 Y30 R30 F300

G91 G02 X30 Y30 I30 J0 F300

G90 G02 X0 Y30 R30 F300

G90 G02 X0 Y30 I30 J0 F300

(2) 优弧 b 的 4 种编程方法

G91 G02 X30 Y30 R−30 F300

G91 G02 X30 Y30 I0 J30 F300

G90 G02 X0 Y30 R−30 F300

G90 G02 X0 Y30 I0 J30 F300

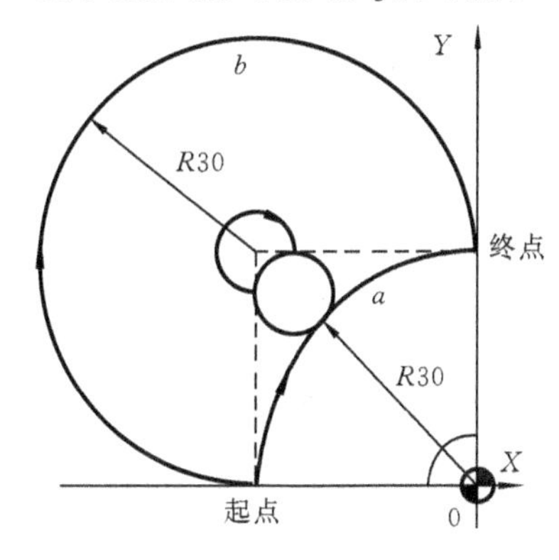

图 2-11　圆弧编程

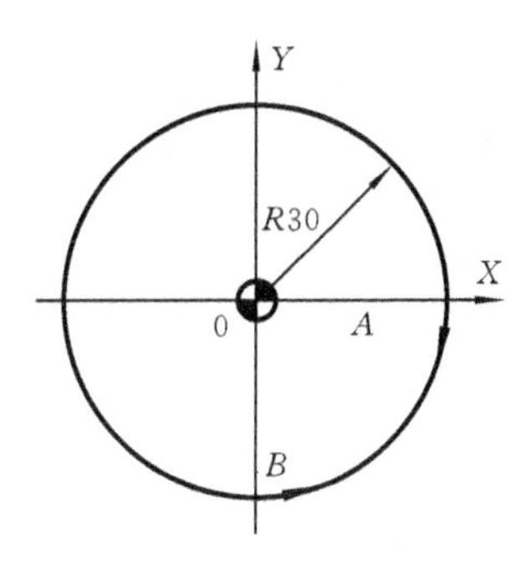

图 2-12　整圆编程

例 2-7　使用 G02/G03 对图 2-12 所示的整圆编程。

(1)从 A 点顺时针转一周时

G90 G02 X30 Y0 I−30 J0 F300

G91 G02 X0 Y0 I−30 J0 F300

(2) 从 B 点逆时针转一周时

G90 G03 X0 Y−30 I0 J30 F300

G91 G03 X0 Y0 I0 J30 F300

提示:

① 顺时针或逆时针是指从垂直于圆弧所在平面的坐标轴的正方向看到的回转方向;

② 整圆编程时不可以使用 R,只能用 I、J、K;

③ 当同时编入 R 和 I、J、K 时,R 有效。

5. 螺旋线进给 G02/G03

格式:$G17\begin{Bmatrix}G02\\G03\end{Bmatrix}X\_\ Y\_\begin{Bmatrix}I\_\ J\_\\R\_\end{Bmatrix}Z\_\ F\_$

$G18\begin{Bmatrix}G02\\G03\end{Bmatrix}X\_\ Z\_\begin{Bmatrix}I\_\ K\_\\R\_\end{Bmatrix}Y\_\ F\_$

$G19\begin{Bmatrix}G02\\G03\end{Bmatrix}Y\_\ Z\_\begin{Bmatrix}J\_\ K\_\\R\_\end{Bmatrix}X\_\ F\_$

说明：当 G02/G03 指定刀具相对于工件圆弧进给的同时，对另一不在圆弧平面上的坐标轴施加运动指令，则联动轴的合成轨迹为螺旋线。

其中：

X、Y、Z 为由 G17/G18/G19 平面选定的两个坐标为螺旋线投影圆弧的终点，第 3 坐标是与选定平面相垂直轴的终点；其余参数的意义同圆弧进给。

该指令对于任何小于 360°的圆弧，可附加任一数值的第 3 轴指令，实现螺旋线进给。

例 2-8 使用 G03 对图 2-13 所示的螺旋线编程。

6. 虚轴指定 G07 **及正弦线进给**

格式：G07 X __ Y __ Z __ A __

说明：G07 为虚轴指定和取消指令。

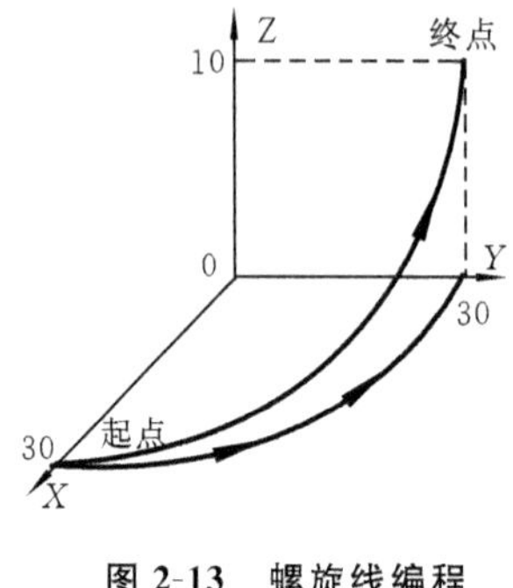

图 2-13 螺旋线编程

其中：

X、Y、Z、A 可被指定为虚轴，若被指定轴后跟数字 0，则该轴为虚轴；若后跟数字 1，则该轴为实轴。

G91 编程时：

G91 G17 F300

G03 X－30 Y30 R30 Z10

G90 编程时：

G90 G17 F300

G03 X0 Y30 R30 Z10

若一轴为虚轴，则此轴只参加插补计算，并不运动。

虚轴仅对自动操作有效，对手动操作无效，也就是说，在程序中被指定为虚轴的轴，仍可手动控制其运动。

使用 G07 指令，可实现正弦线进给，即在螺旋线进给指令前，将参加圆弧插补的某一轴指定为虚轴（控制此轴不运动），则剩余两轴的合成运动为正弦线。

例 2-9 使用 G07 对图 2-14 所示的正弦线编程。

⋮

G90 G00 X－50 Y0 Z0

G07 X0 G91

G03 X0 Y0 I0 J50 Z60 F800

⋮

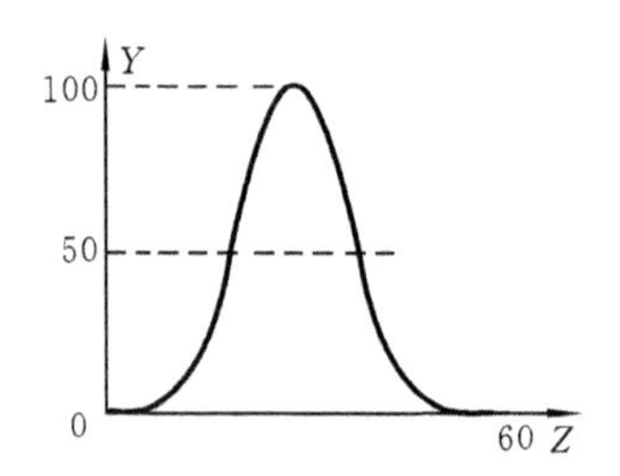

图 2-14 正弦线插补编程

2.3.5 回参考点控制指令

1. 自动返回参考点 G28

格式:G28 X__ Y__ Z__ A__

说明:G28 指令首先使所有的编程轴都快速定位到中间点,然后再从中间点快速返回到参考点,G28 指令的执行情况请参考本章例 2-10。

其中:

X、Y、Z、A 分别为回参考点时经过的中间点(非参考点)的参数,在 G90 时为中间点在工件坐标系中的坐标;在 G91 时为中间点相对于起点的位移量。

在电源接通、手动返回参考点后,若程序需要返回参考点时,可使用 G28 指令控制编程轴经过中间点自动返回参考点。这时从中间点到参考点的方向应与机床参数"回参考点方向"设定的方向一致。

在一般情况下,G28 指令用于自动更换刀具或者消除机械误差时,在执行该指令之前应取消刀具半径补偿和刀具长度补偿。

执行 G28 程序段,不仅产生坐标轴移动指令,而且记忆中间点坐标值,以供 G29 使用。

G28 指令仅在其被规定的程序段中有效。

2. 自动从参考点返回 G29

格式:G29 X__ Y__ Z__ A__

说明:G29 可使所有编程轴快速经过由 G28 指令定义的中间点,然后再快速到达指定点。

通常该指令紧跟在 G28 指令之后。

其中:

X、Y、Z、A 为返回的定位终点的参数,在 G90 时为定位终点在工件坐标系中的坐标;在 G91 时为定位终点相对于 G28 定义的中间点的位移量。

G29 指令仅在其被规定的程序段中有效。

例 2-10 用 G28、G29 对图 2-15 所示的路径编程:要求由 *A* 点经过中间点 *B* 并返回参考点,然后从参考点经由中间点 *B* 返回到 *C* 点,并在 *C* 点换刀。

从 *A* 点经过 *B* 点回参考点,再从参考点经过 *B* 点到 *C* 点,然后换刀。

```
⋮
G91 G28 X100 Y20
G29 X50 Y-40
M06 T02
⋮
```

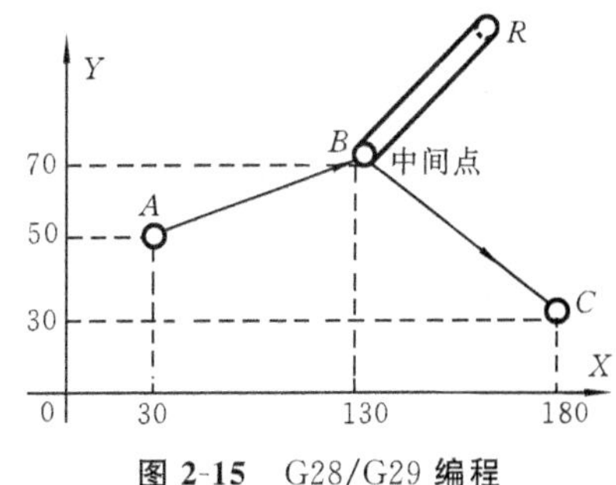

图 2-15 G28/G29 编程

本例表明，编程员不必计算从中间点到参考点的实际距离。

2.3.6 刀具补偿功能指令

1. 铣削加工刀具补偿功能介绍

1）刀具半径补偿

（1）刀具半径补偿的目的

在数控铣床上进行轮廓的铣削加工时，由于刀具半径的存在，刀具中心（刀心）轨迹与工件轮廓不重合。如果数控系统不具备刀具半径自动补偿功能，则只能按刀心轨迹进行编程，即在编程时给出刀具的中心轨迹，如图 2-16 所示的虚线轨迹，其计算相当复杂。尤其当刀具磨损、重磨或换新刀而使刀具半径变化时，必须重新计算刀心轨迹，修改程序，这样既烦琐，又不易保证加工精度。

当数控系统具备刀具半径补偿功能时，数控编程只需按工件轮廓编程即可，如图 2-16 中的实线轨迹。此时，数控系统会自动计算刀心轨迹，使刀具偏离工件轮廓一个半径值 R（补偿量，也称偏置量），即进行刀具半径补偿。

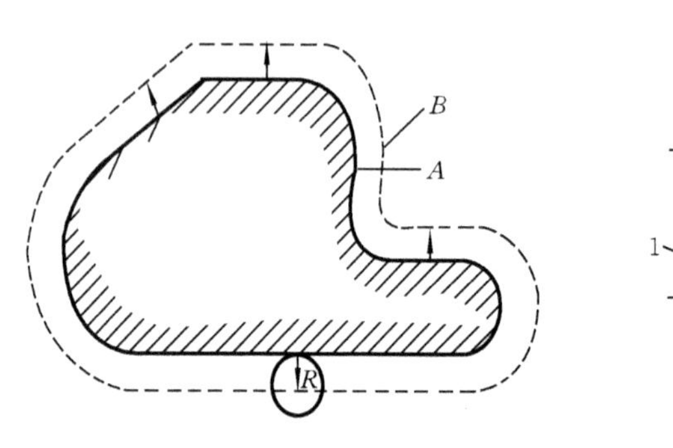

图 2-16　刀具半径补偿示意图

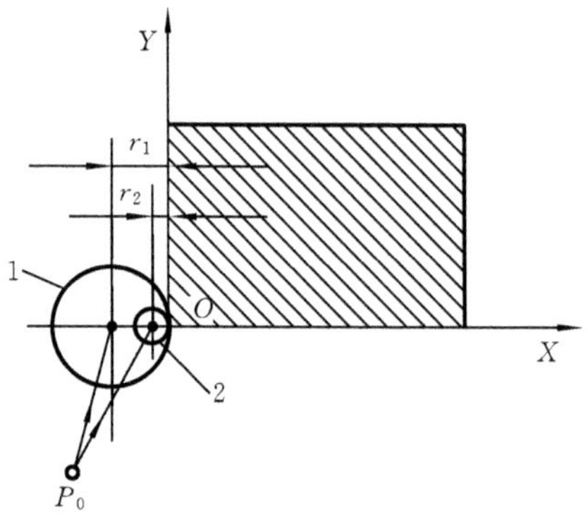

图 2-17　刀具直径变化

（2）刀具半径补偿的应用

刀具半径补偿功能的主要应用场合如下。

◎ 刀具因磨损、重磨、换新刀而引起刀具直径改变后，不必修改程序，只需在刀具参数设置中输入变化后的刀具直径。如图 2-17 所示，1 为未磨损刀具，2 为磨损后刀具，两者直径不同，只需将刀具参数表中的刀具半径 r_1 改为 r_2，即可适用同一程序。

◎ 通过有意识地改变刀具半径补偿量，便可用同一刀具、同一程序和不同的切削余量完成粗、半精、精加工，如图 2-18 所示。从图中可以看出，当设定补偿量为 ac 时，刀具中心按 cc' 运动，当设定补偿量为 ab 时，刀具中心按 bb' 运动完成切削。

(3) 刀具半径补偿的方式

刀具半径补偿方式有B功能刀具半径补偿和C功能刀具半径补偿等两种。

① B功能刀具半径补偿。早期的数控系统在确定刀具中心轨迹时，都采用读一段、算一段、再走一段的B功能刀具半径补偿（简称B刀补）控制方法，它仅根据本程序段的编程轮廓尺寸进行刀具半径补偿。对于直线而言，刀补后的刀具中心轨迹为平行于轮廓直线的直线段；对于圆弧而言，刀补后的刀具中心轨迹为轮廓圆弧的同心圆弧段，如图2-19所示。因此，B刀补要求编程轮廓间以圆弧连接，并且连接处轮廓线必须相切；对于内轮廓的加工，为了避免刀具干涉，必须合理地选择刀具的半径（应小于过渡圆弧的半径）。

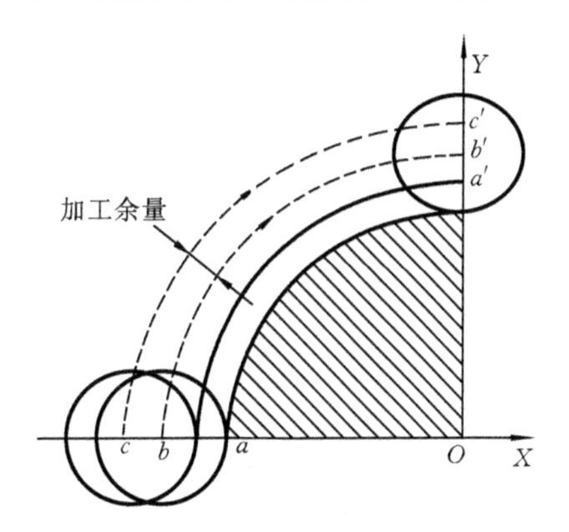

图2-18 利用刀具半径补偿进行粗、精加工

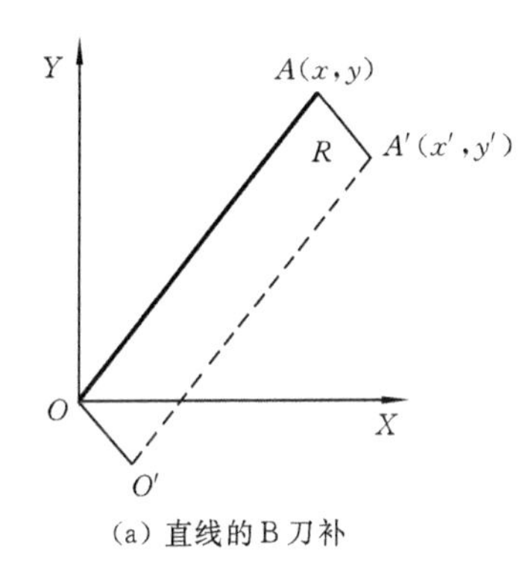

(a) 直线的B刀补

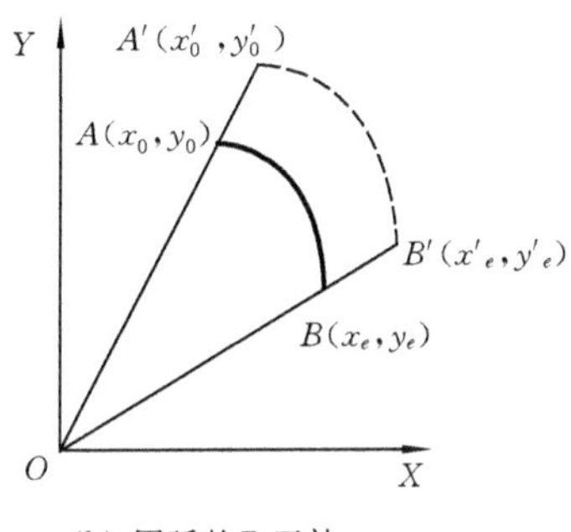

(b) 圆弧的B刀补

图2-19 直线和圆弧的B刀补

B刀补仅根据本程序段的编程轮廓尺寸进行刀具半径补偿，无法预计由于刀具半径所造成的下一段加工轨迹对本段加工轨迹的影响，不能自动解决程序段间的过渡问题，需要编程人员在相邻程序段转接处插入恰当的过渡圆弧作圆角过渡。显而易见，这样的处理存在着致命的弱点：一是编程复杂；二是工件尖角处工艺性不好。

随着计算机技术的发展，因此，现代CNC系统已不再采用B功能刀具半径补偿，而采用C功能刀具半径补偿。

② C功能刀具半径补偿。C功能刀具半径补偿（简称C刀补）在计算本程序段刀具中心轨迹时，除了读入本程序段编程轮廓轨迹外，还提前读入下一程序段编程轮廓轨迹，然后根据它们之间转接的具体情况，计算出本段刀具中心轨迹。

C 刀补能自动处理两个程序段刀具轨迹的转接，编程人员完全可以按工件轮廓编程而不必插入转接圆弧，因而在现代 CNC 系统中得到了广泛的应用。

本书将以 C 刀补为例，介绍刀具半径补偿的编程及实现方法。

(4) 刀具半径补偿轨迹转接类型

常见的数控系统一般只具有直线和圆弧两种插补功能，因而编程轨迹程序段间的过渡方式有如下 4 种情况：

- 直线接直线；
- 直线接圆弧；
- 圆弧接直线；
- 圆弧接圆弧。

根据两个要进行刀补的编程轨迹在转接处工件内侧(非加工侧)所形成的角度 α 的不同(如果是圆弧轨迹，则以圆弧在转接点处的切线来判断)，有以下 3 种刀补转接类型：

- $\pi \leqslant \alpha < 2\pi$，缩短型；
- $\pi/2 \leqslant \alpha < \pi$，伸长型；
- $0 \leqslant \alpha < \pi/2$，插入型。

对于插入型刀补，可以插入一个圆弧段来转接过渡。插入圆弧的半径为刀具半径；也可以插入 1～3 个直线段转接过渡。前者使转接路径最短，但尖角加工的工艺性比较差；后者能保证尖角加工的工艺性问题。C 刀补轨迹过渡方式和转接类型如图 2-20 所示。

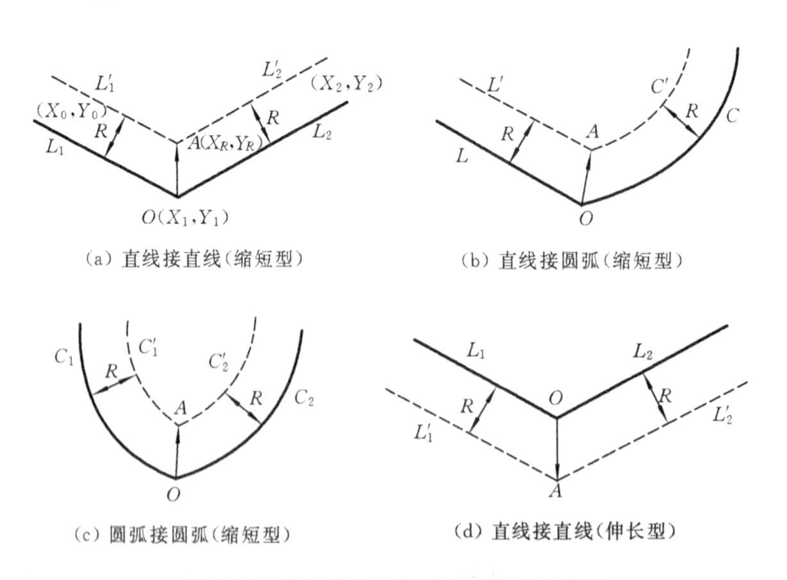

图 2-20　C 刀补轨迹过渡方式和转接类型

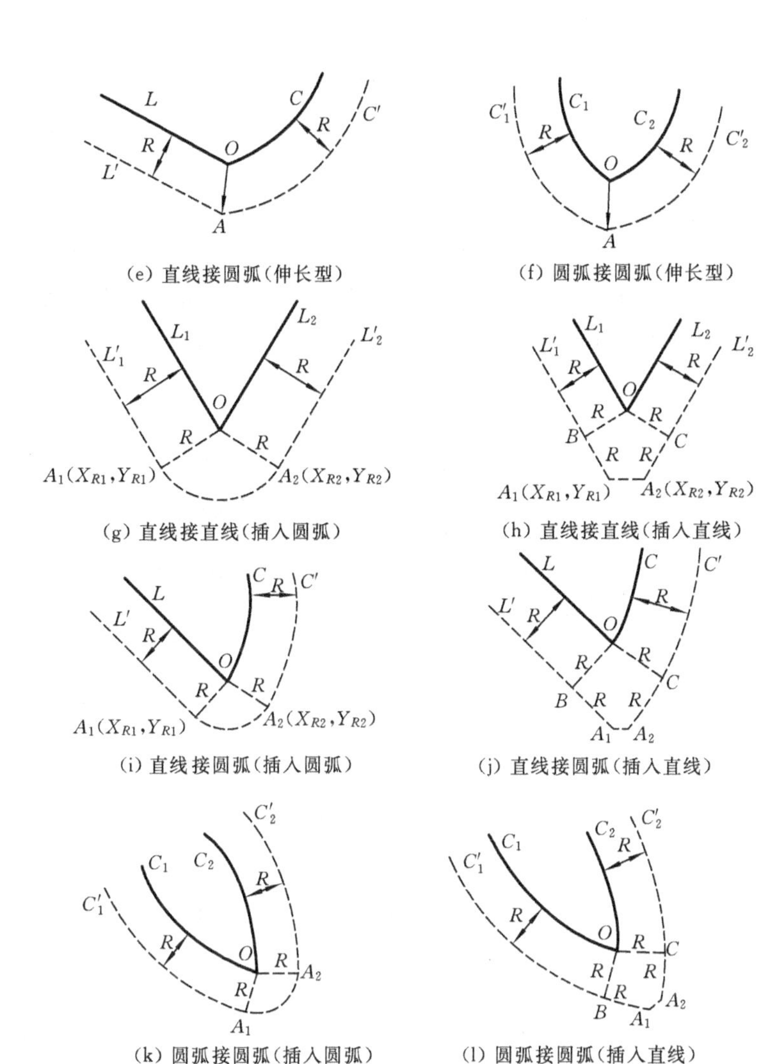

(e) 直线接圆弧(伸长型)　(f) 圆弧接圆弧(伸长型)

(g) 直线接直线(插入圆弧)　(h) 直线接直线(插入直线)

(i) 直线接圆弧(插入圆弧)　(j) 直线接圆弧(插入直线)

(k) 圆弧接圆弧(插入圆弧)　(l) 圆弧接圆弧(插入直线)

续图 2-20　C 刀补轨迹过渡方式和转接类型

(5) 刀具半径补偿的执行过程

数控系统的刀具半径补偿就是将计算刀具中心轨迹的过程交由 CNC 系统执行。编程人员假设刀具的半径为零,直接根据零件的轮廓形状进行编程,因此,这种编程方法也称为对零件的编程。实际的刀具半径存放在一个可编程刀具半径偏置寄存器中,在加工过程中,CNC 系统根据零件程序和刀具半径,自动计算刀具中心轨迹,完成对零件的加工。当刀具半径发生变化时,不需要修改零件程序,只需修改存放在刀具半径偏置寄存器中的刀具半径值或者选用存放在另一个刀具半径偏置寄存器中的刀具半径所对应的刀具即可。

现代 CNC 系统一般都设置有若干个可编程刀具半径偏置寄存器,并对其进行编号，专供刀具补偿之用。可将刀具补偿参数(刀具长度、刀具半径等)存入这些寄存器中，在进行数控编程时，只需调用所需刀具半径补偿参数所对应的寄存器编号即可。

铣削加工刀具半径补偿分为刀具半径左补偿(用 G41 定义)和刀具半径右补偿(用 G42 定义)，使用非零的 D♯♯指令选择正确的刀具半径偏置寄存器号。根据 ISO 标准，当刀具中心轨迹沿前进方向位于零件轮廓右边时称为刀具半径右补偿；反之称为刀具半径左补偿。如图 2-21 所示。当不需要进行刀具半径补偿时，则用 G40 取消刀具半径补偿。

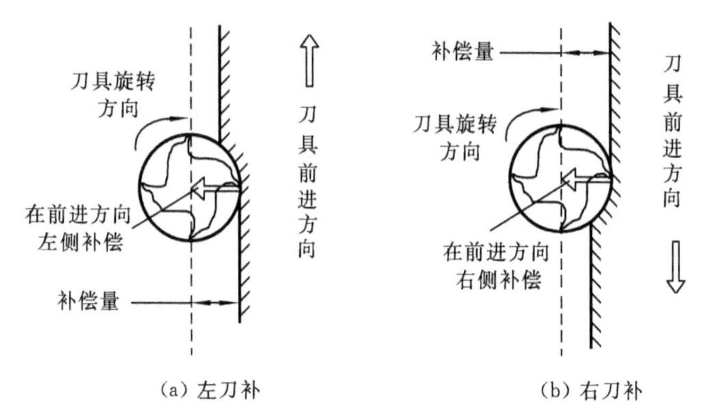

图 2-21　刀具半径补偿方向

刀具半径补偿的执行过程一般可分为以下三步。

① 建立刀具半径补偿。刀具由起刀点(位于零件轮廓及零件毛坯之外，距离加工零件轮廓切入点较近)接近工件，刀具半径补偿偏置方向由 G41/G42 确定，如图 2-22 所示。

在刀补建立程序段中，动作指令只能用 G00 或 G01，不能用 G02 或 G03。刀补建立过程中不能进行零件加工。

② 进行刀具半径补偿。在刀具半径补偿进行状态下，G01、G00、G02、G03 都可使用。它根据读入的相邻两段编程轨迹，判断转接处工件内侧所形成的角度，自动计算刀具中心的轨迹。

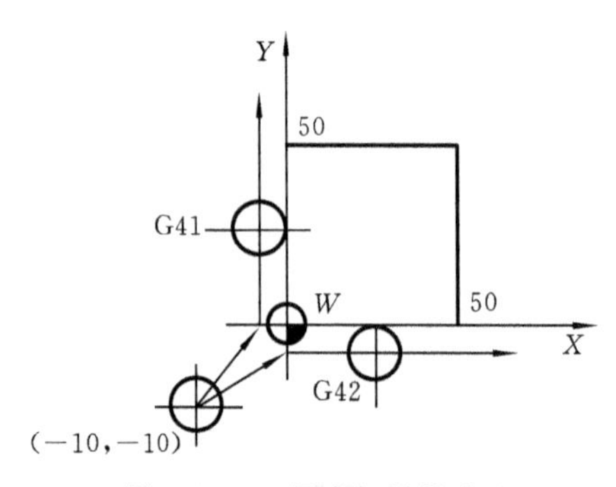

图 2-22　刀具半径补偿建立

在刀补进行状态下，刀具中心轨迹与编程轨迹始终偏离一个刀具半径的距离。

③ 撤销刀具半径补偿。当刀具撤离工件，回到退刀点后，要取消刀具半径补偿。与建立刀具半径补偿过程类似，退刀点也应位于零件轮廓之外。退刀点距离

加工零件轮廓较近，可与起刀点相同，也可以不相同。

刀补撤销也只能用 G01 或 G00，而不能用 G02 或 G03。同样，在该过程中不能进行零件加工。

2）刀具长度补偿

根据加工情况，有时不仅需要对刀具半径进行补偿，而且还需要对刀具长度进行补偿。

铣刀的长度补偿与控制点有关。假如以一把标准刀具的刀头作为控制点，则此刀被称为零长度刀具，即无须长度补偿。如果加工时用到长度不一样的非标准刀具，则要进行刀具长度补偿。长度补偿值等于所用刀具与零长度刀具（标准刀具）的长度差。

另一种情况是把刀具长度的测量基准面作为控制点，则铣刀长度补偿始终存在。不论用哪把刀具，都要进行刀具的绝对长度补偿才能加工出正确的零件表面。

另外，铣刀用过一段时间后，由于磨损，长度会变短，这时也需要进行长度补偿。

刀具长度补偿是对垂直于主平面的坐标轴实施的。例如采用 G17 编程时，主平面为 XY 平面，则刀具长度补偿对 Z 轴实施。

刀具长度补偿用 G43、G44 指令指定偏置的方向，其中 G43 为正向偏置，G44 为反向偏置。G43、G44 后用 H××指示偏置号。在加工过程中，CNC 系统根据偏置号从偏置存储器中取出相应的长度补偿值，自动计算刀具中心轨迹，完成对零件的加工。要取消刀具长度补偿用指令 G49 或 H00。

2. 刀具半径补偿指令 G40、G41、G42

格式：$\begin{Bmatrix} \text{G17} \\ \text{G18} \\ \text{G19} \end{Bmatrix} \begin{Bmatrix} \text{G40} \\ \text{G41} \\ \text{G42} \end{Bmatrix} \begin{Bmatrix} \text{G00} \\ \text{G01} \end{Bmatrix}$ X＿ Y＿ Z＿ D＿

说明：该组指令用于建立/取消刀具半径补偿。

其中：

G40 为取消刀具半径补偿；

G41 为建立左刀补，如图 2-21(a)所示；

G42 为建立右刀补，如图 2-21(b)所示；

G17 为在 XY 平面建立刀具半径补偿平面；

G18 为在 ZX 平面建立刀具半径补偿平面；

G19 为在 YZ 平面建立刀具半径补偿平面；

X、Y、Z 为 G00/G01 的参数，即刀补建立或取消的终点（注：投影到补偿平面上的刀具轨迹受到的补偿）；

D 为 G41/G42 的参数，即刀补号码(D00～D99)，它代表了刀补表中对应的半径补偿值。

G40、G41、G42 都是模态指令，可相互注销。

提示：

① 刀具半径补偿平面的切换 G17/G18/G19 必须在补偿取消方式下进行；

② 刀具半径补偿的建立与取消只能用 G00 或 G01 指令，不能用 G02 或 G03。

例 2-11 考虑刀具半径补偿，编制图 2-23 所示零件的加工程序。要求建立如图 2-23 所示的工件坐标系，按箭头所指示的路径进行加工。设加工开始时刀具距离工件上表面 50 mm，切削深度为 10 mm。

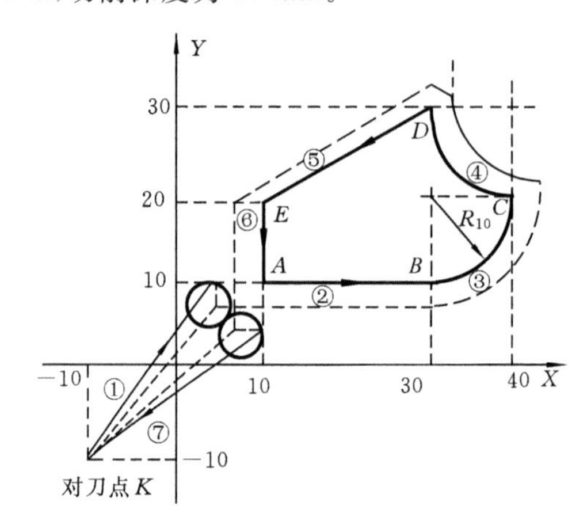

图 2-23 刀具半径补偿编程

编程：

```
%1008
G92 X−10 Y−10 Z50       ;建立工件坐标系，对刀点坐标(−10，−10，50)
G90 G17                 ;绝对坐标编程，刀具半径补偿平面为 XY 平面
G42 G00 X4 Y10 D01      ;建立右刀补，刀补号码 01，快移到工件切入点
Z2 M03 S900             ;Z 向快移接近工件上表面，主轴正转
G01 Z−10 F800           ;Z 向切入工件，切深 10 mm，进给速度 800 mm/min
X30                     ;加工 AB 段直线
G03 X40 Y20 I0 J10      ;加工 BC 段圆弧
G02 X30 Y30 I0 J10      ;加工 CD 段圆弧
G01 X10 Y20             ;加工 DE 段直线
Y5                      ;加工 EF 段直线
G00 Z50 M05             ;Z 向快移离开工件上表面，主轴停转
```

G40 X－10 Y－10 M02 ；取消刀补，快移到对刀点

提示：

① 加工前应先用手动方式对刀，将刀具移动到相对于编程原点(－10，－10，50)的对刀点处；

② 图 2-23 中带箭头的实线为编程轮廓，不带箭头的虚线为刀具中心的实际路线。

3. 刀具长度补偿指令 G43、G44、G49

格式：$\begin{Bmatrix} G17 \\ G18 \\ G19 \end{Bmatrix} \begin{Bmatrix} G43 \\ G44 \\ G49 \end{Bmatrix} \begin{Bmatrix} G00 \\ G01 \end{Bmatrix}$ X＿ Y＿ Z＿ H＿

说明：该组指令用于建立/取消刀具长度补偿。

其中：

G43 为建立正向偏置(补偿轴终点加上偏置值)；

G44 为建立负向偏置(补偿轴终点减去偏置值)；

G49 为取消刀具长度补偿；

G17 为刀具长度补偿轴(*Z* 轴)；

G18 为刀具长度补偿轴(*Y* 轴)；

G19 为刀具长度补偿轴(*X* 轴)；

X、Y、Z 分别为 G00/G01 的参数，即刀补建立或取消的终点；

H 为 G43/G44 的参数，即刀具长度补偿偏置号(H00～H99)，它代表了刀补表中对应的长度补偿值。

G43、G44、G49 都是模态指令，可相互注销。

例 2-12 考虑刀具长度补偿，编制如图 2-24 所示零件的加工程序。要求建立如图 2-24 所示的工件坐标系，按箭头所指示的路径进行加工。

编程：

```
%1050
G92 X0 Y0 Z0                 ;建立工件坐标系，对刀点坐标(0,0,0)
G91 G00 X120 Y80 M03 S600    ;①相对坐标编程，快速移到孔＃1 上方
G43 Z－32 H01                ;②建立刀长补偿，正向偏置号 01，快移接近
                              孔＃1
G01 Z－21 F300               ;③加工孔＃1
G04 P2                       ;④＃1 孔底暂停
G00 Z21                      ;⑤快速退出孔＃1
X30 Y－50                    ;⑥快移接近孔＃2
G01 Z－41                    ;⑦加工孔＃2
```

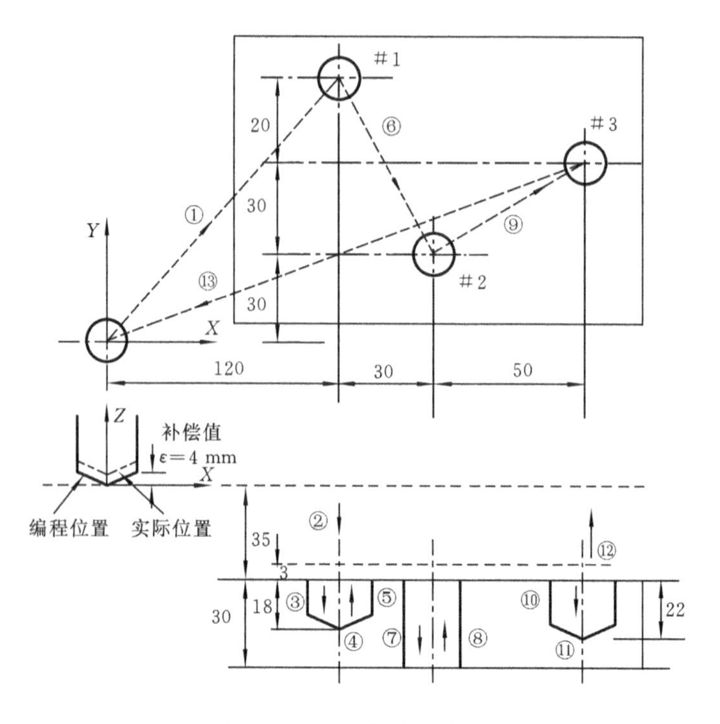

图 2-24　刀具长度补偿加工

G00 Z41	;⑧快速退出孔#2
X50 Y30	;⑨快移接近孔#3
G01 Z−25	;⑩加工孔#3
G04 P2	;⑪#3孔底暂停
G00 G49 Z57	;⑫快速退出孔#3,取消刀长补偿
X−200 Y−60 M05 M30	;⑬快速移到对刀点

提示:

① 垂直于G17/G18/G19所选平面的轴得到长度补偿;

② 偏置号改变时,新的偏置值并不加到旧的偏置值上,例如,设H01的偏置值为20,H02的偏置值为30,则

G90 G43 Z100 H01　　;Z将达到120

G90 G43 Z100 H02　　;Z将达到130

2.3.7　简化编程指令

1. 镜像功能 G24、G25

格式:G24 X __ Y __ Z __ A __

M98 P __

G25 X __ Y __ Z __ A __

说明:该组指令用于建立/取消镜像。

其中:

G24 为建立镜像;

G25 为取消镜像;

X、Y、Z、A 为镜像位置的参数。

当工件相对于某一轴具有对称形状时,可以利用镜像功能和子程序。只对工件的一部分进行编程,而能加工出工件的对称部分,就称为镜像功能。

当某一轴的镜像有效时,该轴执行与编程方向相反的运动。

G24、G25 为模态指令,可相互注销,G25 为缺省值。

例 2-13 使用镜像功能编制如图 2-25 所示轮廓的加工程序。设刀具起点距工件上表面 100 mm,切削深度 5 mm。

编程:

```
%0024                 ;主程序
G92 X0 Y0 Z0
G91 G17 M03 S600
M98 P100              ;加工①
G24 X0                ;Y 轴镜像,镜像位置为 X=0
M98 P100              ;加工②
G24 Y0                ;X、Y 轴镜像,镜像位置为(0,0)
M98 P100              ;加工③
G25 X0                ;X 轴镜像继续有效,取消 Y 轴镜像
M98 P100       ;加工④
G25 Y0         ;取消镜像
M30
%100           ;子程序(①的加工程序)
N100 G41 G00 X10 Y4 D01
N120 G43 Z-98 H01
N130 G01 Z-7 F300
N140 Y26
N150 X10
N160 G03 X10 Y-10 I10 J0
N170 G01 Y-10
N180 X-25
```

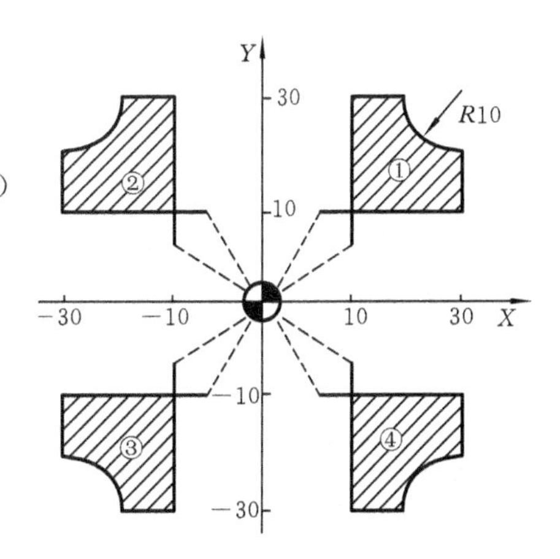

图 2-25 镜像功能

N185 G49 G00 Z105

N200 G40 X－5 Y－10

N210 M99

2. 缩放功能 G50、G51

格式:G51 X __ Y __ Z __ P __

M98 P __

G50

说明:该组指令用于建立/取消缩放。

其中:

G51 为建立缩放;

G50 为取消缩放;

X、Y、Z 为缩放中心的坐标值;

P 为缩放倍数。

G51 既可指定平面缩放,也可指定空间缩放。

在 G51 后,运动指令的坐标值以(X,Y,Z)为缩放中心,按 P 规定的缩放比例进行计算。

在有刀具补偿的情况下,先进行缩放,然后才进行刀具半径补偿、刀具长度补偿。

G51、G50 为模态指令,可相互注销,G50 为缺省值。

例 2-14 使用缩放功能编制如图 2-26 所示轮廓的加工程序。已知三角形 ABC 的顶点为 A(10, 30)、B(90, 30)、C(50, 110),三角形 $A'B'C'$ 是缩放后的图形,其中缩放中心为 D(50, 50),缩放系数为 0.5,设刀具起点距工件上表面 50 mm。

%0051　　;主程序

G92 X0 Y0 Z60

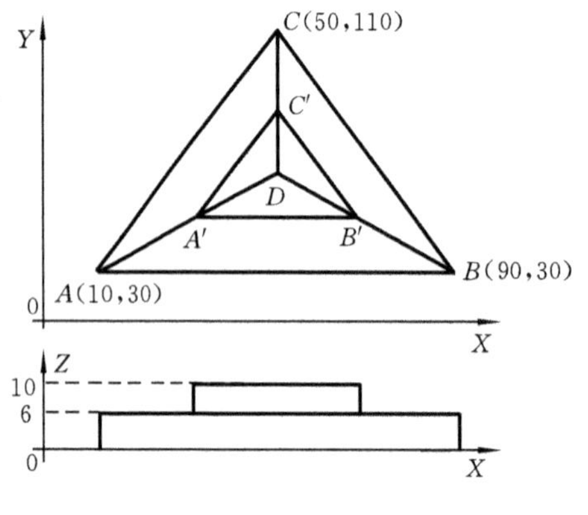

图 2-26　三角形 ABC 缩放示意图

G91 G17 M03 S600 F300

G43 G00 X50 Y50 Z－46 H01

#51＝14

M98 P100　　;加工三角形 ABC

#51＝8

G51 X50 Y50 P0.5　　;缩放中心(50, 50),缩放系数 0.5

M98 P100　　;加工三角形 $A'B'C'$

G50　　;取消缩放

G49 Z46

M05 M30

```
%100                          ;子程序(三角形ABC的加工程序)
G42 G00 X-44 Y-20 D01
Z[-#51]
G01 X84
X-40 Y80
X-44 Y-88
Z[#51]
G40 G00 X44 Y28
M99
```

3. 旋转变换 G68、G69

格式:G17 G68 X __ Y __ P __
　　G18 G68 X __ Z __ P __
　　G19 G68 Y __ Z __ P __
　　M98 P __
　　G69

说明:该组指令用于建立/取消旋转变换。

其中:

G68 为建立旋转变换;

G69 为取消旋转变换;

X、Y、Z 为旋转中心的坐标值;

P 为旋转角度,单位是"°",0°≤P≤360°。

在有刀具补偿的情况下,先旋转变换后进行刀补(刀具半径补偿、长度补偿);在有缩放功能的情况下,先缩放变换后旋转变换。

G68、G69 为模态指令,可相互注销,G69 为缺省值。

例 2-15 使用旋转功能编制如图 2-27 所示轮廓的加工程序。设刀具起点距工件上表面 50 mm,切削深度 5 mm。

```
%0068                         ;主程序
G92 X0 Y0 Z50
G90 G17 M03 S600
G43 Z-5 H02
M98 P200                      ;加工①
G68 X0 Y0 P45                 ;旋转45°
M98 P200                      ;加工②
G68 X0 Y0 P90                 ;旋转90°
M98 P200                      ;加工③
```

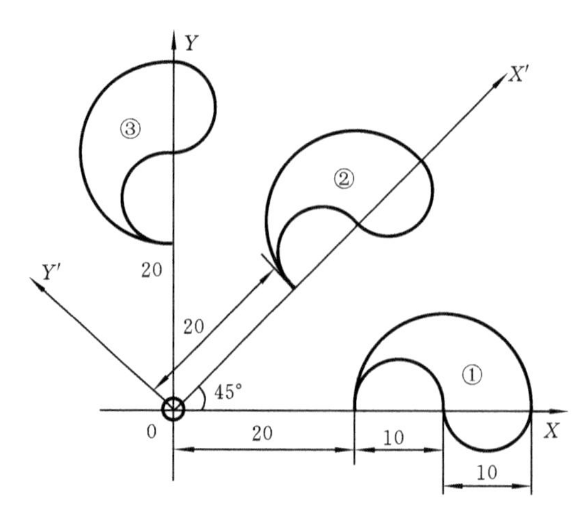

图 2-27　旋转变换功能

```
G49 Z50
G69 M05 M30                ;取消旋转
%200                       ;子程序（①的加工程序）
G41 G01 X20 Y－5 D02 F300
Y0
G02 X40 I10
X30 I－5
G03 X20 I－5
G00 Y－6
G40 X0 Y0
M99
```

2.3.8　其他功能指令

1. 暂停指令 G04

格式:G04 P＿

说明:G04 指令用于暂停程序执行一段时间。

其中:

P 为暂停时间,单位为 s。

G04 可使刀具作短暂停留,以获得圆整而光滑的表面。在对不通孔作深度控制时,在刀具进给到规定深度后,用暂停指令使刀具作非进给光整切削,然后退刀,以保证孔底平整。

在执行含 G04 指令的程序段时,先执行暂停功能。

G04 为非模态指令，仅在其被规定的程序段中有效。

例 2-16 编制图 2-28 所示零件的钻孔加工程序。

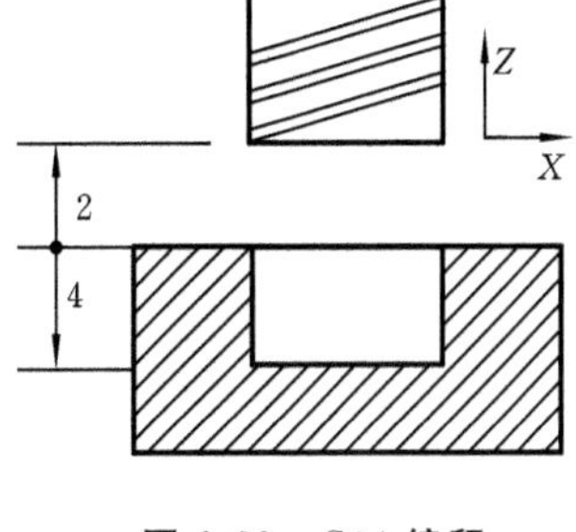

图 2-28 G04 编程

```
%0004
G92 X0 Y0 Z0
G91 F200 M03 S500
G43 G01 Z-6 H01
G04 P5
G49 G00 Z6 M05 M30
```

2. 准停检验 G09

格式：G09

说明：G09 用来控制程序段在继续执行下个程序段前，准确停止在本程序段的终点。

该功能用于加工尖锐的棱角。

G09 为非模态指令，仅在其被规定的程序段中有效。

3. 段间过渡方式 G61、G64

格式：$\begin{Bmatrix} \text{G61} \\ \text{G64} \end{Bmatrix}$

说明：该组指令用于控制程序段间的过渡方式。

其中：

G61 为精确停止检验；

G64 为连续切削方式。

在 G61 后的各程序段编程轴都要准确停止在程序段的终点，然后再继续执行下一程序段。因而采用 G61 方式的编程轮廓与实际轮廓相符。

G61 与 G09 的区别在于 G61 为模态指令。

在 G64 之后的各程序段编程轴刚开始减速时（未到达所编程的终点），就开始执行下一程序段。但在有定位指令（G00、G60）或有准停校验（G09）的程序段中，以及在不含运动指令的程序段中，进给速度仍减小到零时才执行定位校验。

G64 方式的编程轮廓与实际轮廓不同。其不同程度取决于 F 值的大小及两路径间的夹角。F 值越大，其区别越大。

G61、G64 为模态指令，可相互注销，G64 为缺省值。

例 2-17 编制如图 2-29 所示轮廓的加工程序。要求编程轮廓与实际轮廓相符。

```
%0061
```

```
G92 X0 Y0 Z0
G91 G00 G43 Z-10 H01
G41 X50 Y20 D01
G01 G61 Y80 F300
X100
⋮
```

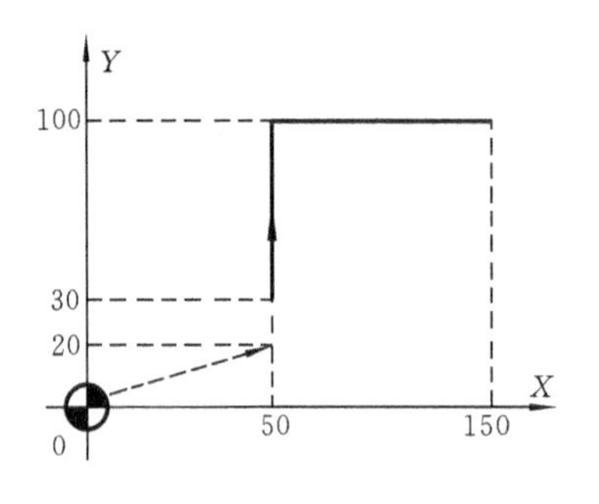

图 2-29 G61 编程

图 2-30 G64 编程

例 2-18 编制如图 2-30 所示轮廓的加工程序。要求程序段间不停顿。

```
%0064
G92 X0 Y0 Z0
G91 G00 G43 Z-10 H01
G41 X50 Y20 D01
G01 G64 Y80 F300
X100
⋮
```

2.3.9 固定循环

在数控加工中，某些加工动作循环已经典型化。例如，钻孔、镗孔的动作是由孔位平面定位、快速进给、工作进给、快速退回等组成，这样一系列典型的加工动作可以预先编好程序，存储在内存中，可用称为固定循环的一个 G 指令程序段调用，从而简化编程工作。

孔加工固定循环指令有 G73、G74、G76、G80～G89，通常由下述六个动作构成（见图 2-31）。通常，带箭头实线表示切削进给，带箭头虚线表示快速移动。

① X、Y 轴定位。

② 定位到 R 点(定位方式取决于上次是 G00 还是 G01)。

③ 孔加工。

④ 在孔底的动作。

⑤ 退回到 R 点(参考点)。

⑥ 快速返回到初始点。

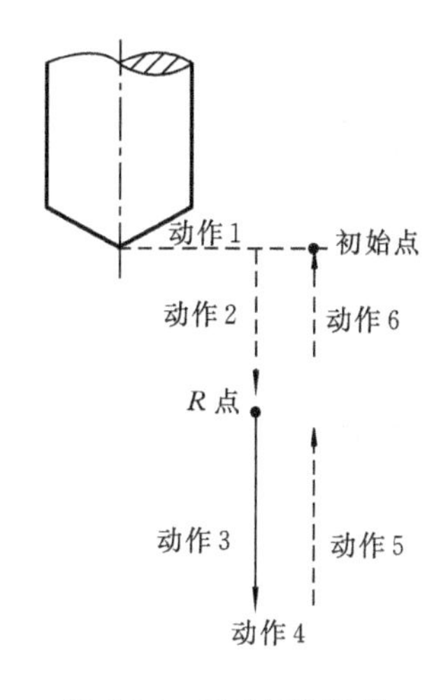

图 2-31　固定循环动作

实线—切削进给;虚线—快速移动

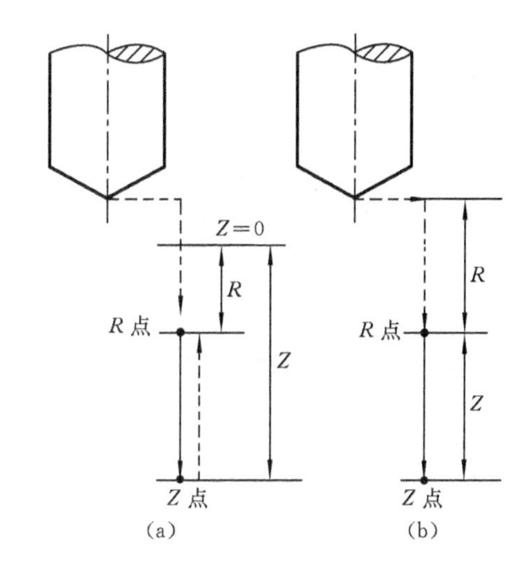

图 2-32　固定循环的数据形式

固定循环的数据表达形式可以用绝对坐标(G90)和相对坐标(G91)表示。如图 2-32 所示,其中图 2-23(a)是采用 G90 的表示,图 2-23(b)是采用 G91 的表示。

固定循环的程序格式包括数据形式、返回点平面、孔加工方式、孔位置数据、孔加工数据和循环次数。数据形式(G90 或 G91)在程序开始时就已指定,因此,在固定循环程序格式中可不注出。固定循环的程序格式如下。

格式:$\begin{Bmatrix} \text{G98} \\ \text{G99} \end{Bmatrix}$G__X__Y__Z__R__Q__P__I__J__K__F__L__

说明:该组指令用于控制孔加工固定循环。

其中:

G98 为返回初始平面;

G99 为返回 R 点平面;

G 为固定循环指令 G73、G74、G76 和 G81～G89 中之一;

X、Y 在 G91 时为加工起点到孔位的距离,在 G90 时为孔位坐标值;

Z 在 G91 时为 R 点到孔底的距离,在 G90 时为孔底坐标值;

R 在 G91 时为初始点到 R 点的距离,在 G90 时为 R 点的坐标值;

Q 为每次进给深度(G73/G83);

P 为刀具在孔底的暂停时间;

I、J 为刀具在轴反向的位移增量(G76/G87);

K 为固定循环的次数,若没有指定 K,则只进行一次循环;

F 为切削进给速度;

L 为固定循环的次数。

G73、G74、G76 和 G81～G89 是同组的模态指令。其中定义的 Z、R、P、F、Q、I、J、K 参数在各个指令中是模态值,改变指令后可重新定义。G80、G01～G03 等指令可以取消固定循环。

1. 高速深孔加工循环 G73

格式:$\left\{\begin{matrix}G98\\G99\end{matrix}\right\}$G73 X__ Y__ Z__ R__ Q__ P__ K__ F__ L__

说明:G73 用于高速深孔加工循环,其指令动作循环见图 2-33。

其中:

Q 为每次进给深度;

K 为每次退刀距离。

G73 用于 Z 轴的间歇进给,使深孔加工时容易排屑,减少退刀量,可以进行高效率的加工。

提示:当 Z、K、Q 移动量为零时,该指令不执行。

例 2-19 使用 G73 指令编制如图 2-33 所示的深孔加工程序。设刀具起点距工件上表面 42 mm,距孔底 80 mm,在距工件上表面 2 mm 处(R 点)由快进转换为工进,每次进给深度 10 mm,每次退刀距离 5 mm。

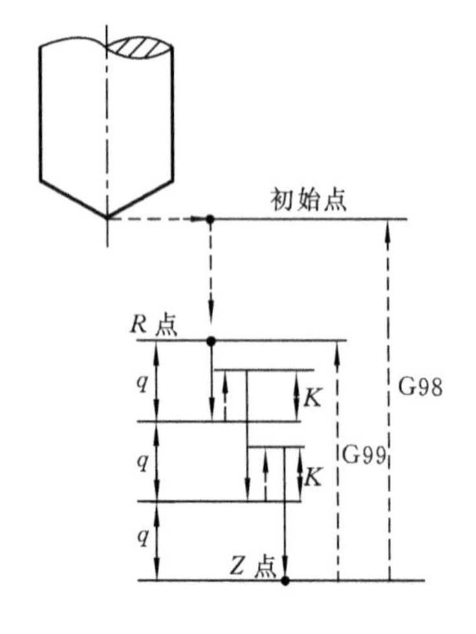


```
%0073
G92 X0 Y0 Z80
G00 G90 G98 M03 S600
G73 X100 R40 P2 Q－10 K5 Z0 F200
G00 X0 Y0 Z80
M05
M30
```

图 2-33 G73 **指令动作图及** G73 **编程**

2. 反攻螺纹循环 G74

格式：$\begin{Bmatrix} G98 \\ G99 \end{Bmatrix}$G74 X__ Y__ Z__ R__ P__ F__ L__

说明：G74 用于反攻螺纹循环，其指令动作循环见图 2-34。

G74 反攻螺纹时，首先主轴反转攻入，到孔底后，然后主轴正转退回。

提示：

① 攻螺纹时速度倍率、进给保持均不起作用；

② R 点应选在距工件表面 7 mm 以上的地方；

③ 如果 Z 的移动量为零，该指令不执行。

例 2-20 使用 G74 指令编制如图 2-34 所示反攻螺纹加工程序。设刀具起点距工件上表面 48 mm，距孔底 60 mm，在距工件上表面 8 mm处（R 点）由快进转换为工进。

```
%0074
G92 X0 Y0 Z60
G91 G00 F200 M04 S500
G98 G74 X100 R－40 P4 G90 Z0
G0 X0 Y0 Z60
M05
M30
```

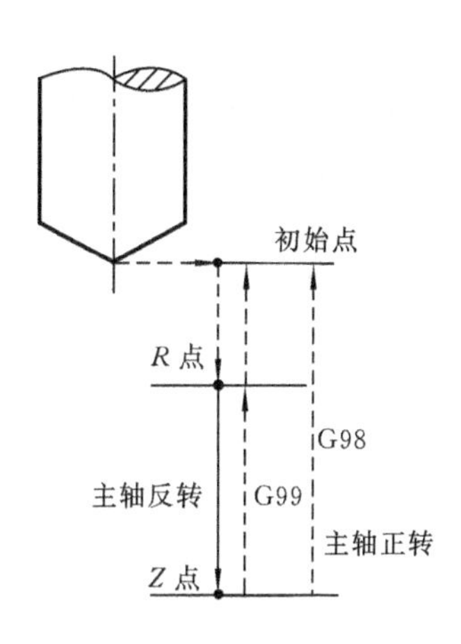

图 2-34 G74 **指令动作图及** G74 **编程**

3. 精镗循环 G76

格式：$\begin{Bmatrix} G98 \\ G99 \end{Bmatrix}$G76 X__ Y__ Z__ R__ P__ I__ J__ F__ L__

说明：G76 用于精镗循环，其指令动作循环见图 2-35。

其中：

I 为 X 轴刀尖反向位移量；

J 为 Y 轴刀尖反向位移量。

采用 G76 精镗时，主轴在孔底定向停止后，它会向刀尖反方向移动，然后快速退刀。这种带有让刀的退刀不会划伤已加工平面，保证了镗孔精度。

提示：如果 Z 的移动量为零，该指令不执行。

例 2-21 使用 G76 指令编制如图 2-35 所示精镗加工程序。设刀具起点距工件上表面 42 mm，距孔底 50 mm，在距工件上表面 2 mm 处（R 点）由快进转换为工进。

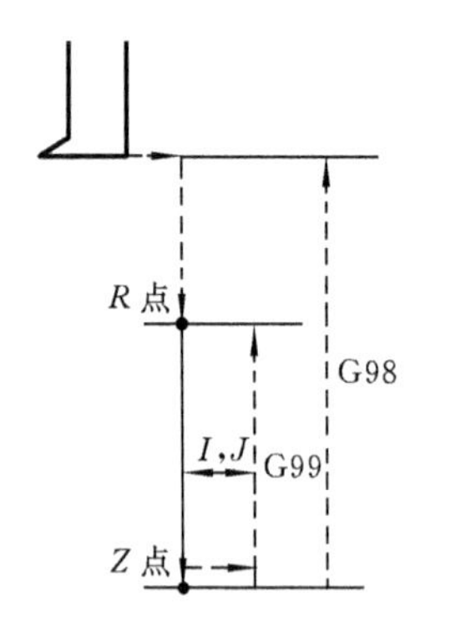


```
%0076
G92 X0 Y0 Z50
G00 G91 G99 M03 S600
G76 X100 R—40 P2 I—6 Z—10 F200
G00 X0 Y0 Z40
M05
M30
```

图 2-35 G76 指令动作图及 G76 编程

4. 钻孔循环(中心钻) G81

格式：$\begin{Bmatrix} G98 \\ G99 \end{Bmatrix}$G81 X__ Y__ Z__ R__ F__ L__

说明：G81 用于钻孔循环，其指令动作循环见图 2-36。

```
%0081
G92 X0 Y0 Z50
G00 G90 M03 S600
G99 G81 X100 R10 Z0 F200
G90 G00 X0 Y0 Z50
M05
M30
```

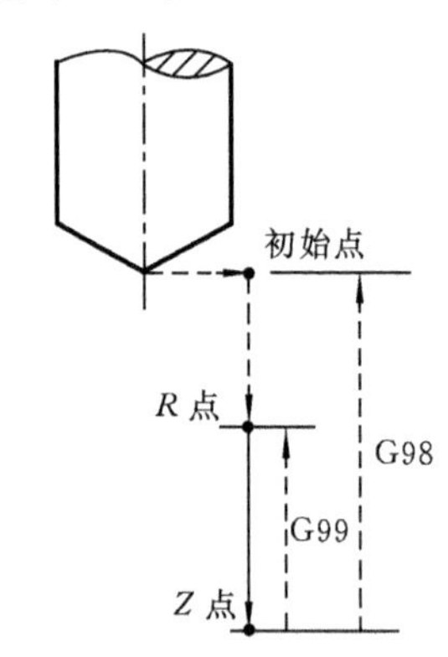

图 2-36 G81 指令动作图及 G81 编程

G81 钻孔动作循环，包括 *X*、*Y* 坐标定位，快进、工进和快速返回等动作。

提示：如果 Z 的移动量为零，该指令不执行。

例 2-22 使用 G81 指令编制如图 2-36 所示钻孔加工程序。设刀具起点距工件上表面42 mm，距孔底 50 mm，在距工件上表面 2 mm 处(*R* 点)由快进转换为工进。

5. 带停顿的钻孔循环 G82

格式：$\begin{Bmatrix} G98 \\ G99 \end{Bmatrix}$G82 X__ Y__ Z__ R__ P__ F__ L__

说明：G82 用于带停顿的钻孔循环，其指令动作循环同 G81。

G82 指令除了要在孔底暂停外，其他动作与 G81 相同。暂停时间由 P 给出。

G82 指令主要用于加工盲孔，以提高孔深精度。

提示：如果 Z 的移动量为零，该指令不执行。

6. 深孔加工循环 G83

格式：$\begin{Bmatrix} G98 \\ G99 \end{Bmatrix}$ G83 X＿ Y＿ Z＿ R＿ Q＿ P＿ K＿ F＿ L＿

说明：G83 用于深孔加工循环，其指令动作循环见图 2-37。

其中：

Q 为每次进给深度；

K 为每次退刀后，再次进给时，由快速进给转换为切削进给时距上次加工面的距离。

提示：当 Z、K、Q 移动量为零时，该指令不执行。

例 2-23 使用 G83 指令编制如图 2-37 所示深孔加工程序。设刀具起点距工件上表面 42 mm，距孔底 80 mm，在距工件上表面 2 mm 处（*R* 点）由快进转换为工进，每次进给深度 10 mm，每次退刀后，再由快速进给转换为切削进给时距上次加工面的距离为 5 mm。

```
%0083
G92 X0 Y0 Z80
G00 G99 G91 F200
M03 S500
G83 X100 G90 R40 P2 Q－10 K5 Z0
G90 G00 X0 Y0 Z80
M05
M30
```

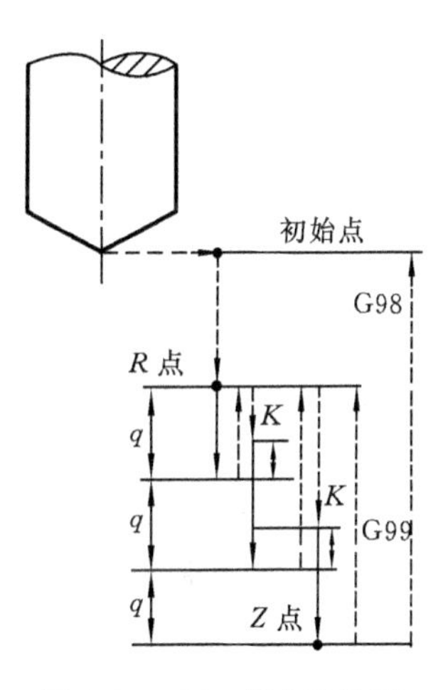

图 2-37 G83 **指令动作图及** G83 **编程**

7. 攻螺纹循环 G84

格式：$\begin{Bmatrix} G98 \\ G99 \end{Bmatrix}$ G84 X＿ Y＿ Z＿ R＿ P＿ F＿ L＿

说明：G84 用于攻螺纹循环，其指令动作循环见图 2-38。

G84 攻螺纹时从 *R* 点到 *Z* 点主轴正转，在孔底暂停后，然后主轴反转退回。

提示：① 攻螺纹时速度倍率、进给保持均不起作用；

② *R* 点应选在距工件表面 7 mm 以上的地方；

③ 如果 Z 的移动量为零，该指令不执行。

例 2-24 使用 G84 指令编制如图 2-38 所示攻螺纹加工程序。设刀具起点距工件上表面 48 mm,距孔底 60 mm,在距工件上表面 8 mm 处(*R* 点)由快进转换为工进。

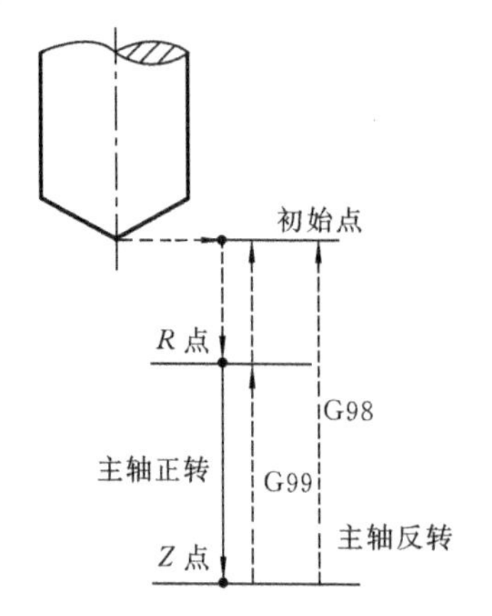


```
%0084
G92 X0 Y0 Z60
G90 G00 F200 M03 S600
G98 G84 X100 R20 P10 G91
Z—20
G00 X0 Y0
M05
M30
```

图 2-38 G84 指令动作图及 G84 编程

8. 镗孔循环 G85

G85 指令与 G84 指令相同,但在孔底时主轴不反转。

9. 镗孔循环 G86

G86 指令与 G81 相似,但在孔底时主轴停止,然后快速退回。

提示:

① 如果 Z 的移动量为零,该指令不执行;

② 调用此指令之后,主轴将保持正转。

10. 反镗循环 G87

格式:$\begin{Bmatrix} \text{G98} \\ \text{G99} \end{Bmatrix}$G87 X__ Y__ Z__ R__ P__ I__ J__ F__ L__

说明:G87 用于反镗循环,其指令动作循环见图 2-39。

其中:

I 为 *X* 轴刀尖反向位移量;

J 为 *Y* 轴刀尖反向位移量。

G87 指令动作循环描述如下。

- 在 *X*、*Y* 轴定位。
- 主轴定向停止。
- 在 *X*、*Y* 方向分别向刀尖的反方向移动 I、J 值。
- 定位到 *R* 点(孔底)。
- 在 *X*、*Y* 方向分别向刀尖方向移动 I、J 值。

◎ 主轴正转。

◎ 在 Z 轴正方向上加工至 Z 点。

◎ 主轴定向停止。

◎ 在 X、Y 方向分别向刀尖反方向移动 I、J 值。

◎ 返回到初始点(只能用 G98)。

◎ 在 X、Y 方向分别向刀尖方向移动 I、J 值。

◎ 主轴正转。

提示:如果 Z 的移动量为零,该指令不执行。

例 2-25 使用 G87 指令编制如图 2-39 所示反镗加工程序。设刀具起点距工件上表面 40 mm,距孔底(R 点)80 mm。

```
%0087
G92 X0 Y0 Z80
G00 G91 G98 F300
G87 X50 Y50 I-5 G90 R0 P2 Z40
G00 X0 Y0 Z80 M05
M30
```

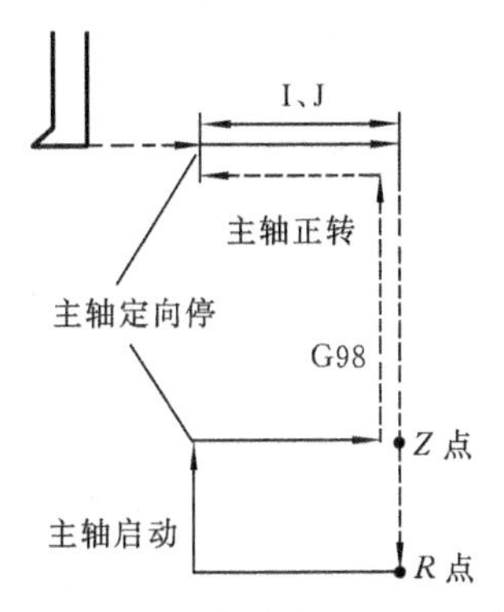

图 2-39 G87 指令动作图及 G87 编程

11. 镗孔循环 G88

格式:$\begin{Bmatrix} G98 \\ G99 \end{Bmatrix}$G88 X_ Y_ Z_ R_ P_ F_ L_

G88 指令动作循环见图 2-40。动作循环描述如下。

◎ 在 X、Y 轴定位。

◎ 定位到 R 点。

◎ 在 Z 轴方向上加工至 Z 点(孔底)。

◎ 暂停后主轴停止。

◎ 转换为手动状态,手动将刀具从孔中退出。

◎ 返回到初始平面。

◎ 主轴正转。

提示:如果 Z 的移动量为零,该指令不执行。

例 2-26 使用 G88 指令编制如图 2-40 所示镗孔加工程序。设刀具起点距 R 点40 mm,距孔底 80 mm。

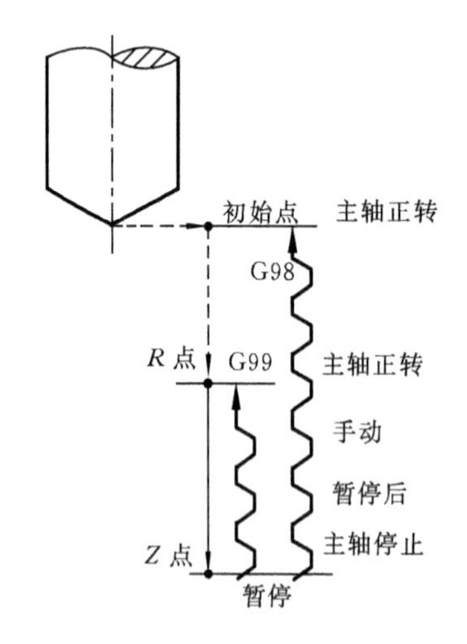


```
%0088
G92 X0 Y0 Z80
M03 S600
G90 G00 G98 F200
G88 X60 Y80 R40 P2 Z0
G00 X0 Y0
M05
M30
```

图 2-40 G88 指令动作图及 G88 编程

12. 镗孔循环 G89

G89 指令与 G86 指令相同,但在孔底有暂停。

提示:如果 Z 的移动量为零,G89 指令不执行。

13. 取消固定循环 G80

该指令能取消固定循环,同时 *R* 点和 *Z* 点也被取消。

这一节我们讨论了固定循环,在使用固定循环指令时应注意以下几点。

① 在使用固定循环指令前应使用 M03 或 M04 指令使主轴旋转。

② 在固定循环程序段中,X、Y、Z、R 数据应至少指定一个才能进行孔加工。

③ 在使用控制主轴回转的固定循环(G74、G84、G86)中,如果连续加工一些孔间距比较小,或者初始平面到 *R* 点平面的距离比较短的孔时,会出现在进入孔的切削动作前,主轴还没有达到正常转速的情况。遇到这种情况时,应在各孔的加工动作之间插入 G04 指令,等待主轴转速上来。

④ 当用 G00~G03 指令注销固定循环时,若 G00~G03 指令和固定循环出现在同一程序段,则按后出现的指令运行。

⑤ 在固定循环程序段中,如果指定了 M,则在最初定位时送出 M 信号,等待 M 信号完成,才能进行孔加工循环。

例 2-27 使用 G88 指令编制如图 2-41 所示的攻螺纹加工程序。设刀具起点距工作表面 100 mm,切削深度为 10 mm。

(1) 先用 G81 钻孔

```
%1000
G92 X0 Y0 Z0
G91 G00 M03 S600
```

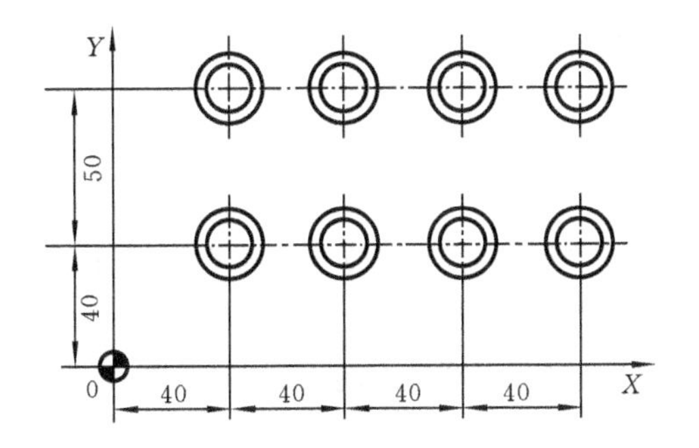

图 2-41　螺纹加工

```
G99 G81 X40 Y40 G90 R-98 Z-110 F200
G91 X40 L3
Y50
X-40 L3
G90 G80 X0 Y0 Z0 M05
M30
```

(2) 再用 G84 攻螺纹

```
%2000
G92 X0 Y0 Z0
G91 G00 M03 S600
G99 G84 X40 Y40 G90 R-93 Z-110 F100
G91 X40 L3
Y50
X-40 L3
G90 G80 X0 Y0 Z0 M05
M30
```

2.4　极坐标编程与宏程序、子程序编程

2.4.1　极坐标编程

在通常情况下，编程人员一般使用直角坐标（X，Y，Z）编程，但当一个工件或一个部件的尺寸以到一个固定点（极点）的半径和角度来设定时，往往使用极坐标编程会更方便。正因为如此，现代数控系统大多具备极坐标编程功能。华中数控世纪星数控装置也提供了极坐标编程功能。

1. 极点和极平面定义

格式:G38 X __ Y __

G38 Y __ Z __

G38 X __ Z __

说明:用 G38 指令定义极坐标系的极点位置和极平面。

其中:

X、Y、Z 为极点相对于当前工件坐标系零点的位置。

被 G38 定义的极点两个坐标决定极平面,如 G38 X20 Y20,则表示当前极坐标编程平面为 *XY* 平面。

2. 极半径和极角定义

在采用极坐标编程时,数控系统会把用极坐标编程的位置转化为直角坐标位置后运行。因此极半径和极角一般紧跟在 G00/G01/G02/G03 后面,取代直角坐标编程时的 X __ Y __ Z __。

格式:G __ RP= __ AP= __

说明:极半径和极角的含义如图 2-42 所示。

其中:

RP=为极半径,即坐标点到极点的距离;

AP=为极角,即与所在平面的横坐标轴之间的夹角(比如 *XY* 平面中的 *X* 轴),该角度可以是正角,也可以是负角。

RP、AP 值为模态值,在更改前一直有效。

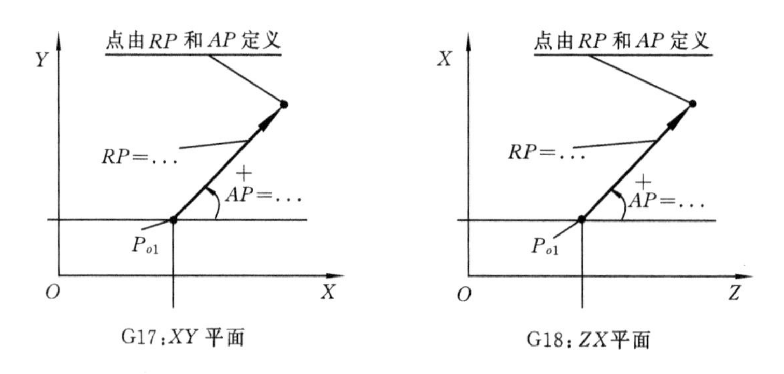

图 2-42 在不同平面中正方向的极半径和极角

3. 编程举例

例 2-28 使用极坐标编程。

%0001

G92 X0 Y0 Z0

```
M03 S1000
G00 X40 Y40
G38 X0 Y0                     ;定义极点(X0,Y0)和极平面XY
G42 D01 G01 AP=45 RP=20;进给到(AP=45,RP=20)处的同时建立刀补
AP=135                        ;进给到(AP=135,RP=20)处
AP=-135                       ;进给到(AP=-135,RP=20)处
AP=315 RP=20                  ;进给到(AP=315,RP=20)处
AP=45                         ;进给到(AP=45,RP=20)处
G40 G91 Y20                   ;进给到(X20cos45°,Y20)处的同时取消刀补
G00 X0 Y0
M05
M30
```

2.4.2 宏程序编程

HNC-21M除了具有子程序编程功能外，还配备了强有力的类似于高级语言的宏程序功能。编程人员可以使用变量进行算术运算、逻辑运算和函数的混合运算，此外宏程序还提供了循环语句、分支语句和子程序调用语句，利于编制各种复杂的零件加工程序，减少乃至免除手工编程时进行繁琐的数值计算，以及精简程序量。

为方便编程人员使用子程序编程和宏程序编程，HNC-21M(T)定义了如下宏变量、常量、运算符、函数与语句。

1. 宏变量及常量

(1) 宏变量

＃0～＃899为编程人员可使用变量，＃1000以后为非编程人员使用变量。

其中：

＃0～＃49为当前局部变量；

＃50～＃199为全局变量；

＃200～＃249为0层局部变量；

＃250～＃299为1层局部变量；

＃300～＃349为2层局部变量；

＃350～＃399为3层局部变量；

＃400～＃449为4层局部变量；

＃450～＃499为5层局部变量；

＃500～＃549为6层局部变量；

＃550～＃599为7层局部变量；

＃600～＃699 为刀具长度寄存器 H0～H99；

＃700～＃799 为刀具半径寄存器 D0～D99；

＃800～＃899 为刀具寿命寄存器；

＃1000～＃1199 为系统模态变量。

之所以定义多层局部变量，是因为 HNC-21M(T)的子程序可嵌套调用，每一层子程序都有自己独立的局部变量(变量个数为 50)。当前局部变量为＃0～＃49，第 1 层局部变量为＃200～＃249，第 2 层局部变量为＃250～＃299，第 3 层局部变量为＃300～＃349 等等。

(2) 常量

常量有：PI 为圆周率 π；TRUE 为条件成立(真)；FALSE 为条件不成立(假)。

2. 运算符与表达式

(1) 算术运算符

＋；－；*；/。

(2) 条件运算符

EQ(＝)；NE(≠)；GT(>)；GE(≥)；LT(<)；LE(≤)。

(3) 逻辑运算符

AND(逻辑与)；

OR(逻辑或)；

NOT(逻辑非)。

(4) 函数

SIN[X]　计算输入值 X(用弧度表示)的正弦值；

COS[X]　计算输入值 X(用弧度表示)的余弦值；

TAN[X]　计算输入值 X(用弧度表示)的正切值；

ATAN[X]　计算输入值 X(用弧度表示)的反正切值；

ATAN2[Y,X]　计算输入值 Y/X(用弧度表示)的余弦值；

ABS[X]　计算输入值 X 的绝对值；

INT[X]　求输入值 X 的整数部分；

SIGN[X]　求输入值 X 的符号；

SQRT[X]　计算输入值 X 的平方根；

EXP[X]　计算输入值 X 的指数值，即 EX。

(5) 表达式

用运算符连接起来的常数、宏变量构成表达式。

例如：　175/SQRT[2] * COS[55 * PI/180]；

＃3 * 6 GT 14；

3. 语句

(1) 赋值语句

格式:宏变量=常数或表达式

将常数或表达式的值送给一个宏变量称为赋值。

```
例如:#2 = 175/SQRT[2] * COS[55 * PI/180 ];
     #3 = 124.0;
```

(2) 条件判别语句 IF、ELSE-ENDIF

```
格式 (i): IF 条件表达式
          ⋮
          ELSE
          ⋮
          ENDIF
格式(ii) : IF 条件表达式
           ⋮
           ENDIF
```

(3) 循环语句 WHILE-ENDW

```
格式:WHILE 条件表达式
     ⋮
     ENDW
```

4. 宏程序编程举例

例 2-29 切圆台与斜方台,各自加工 3 个循环,要求倾斜 10°的斜方台与圆台相切,圆台在方台之上,圆台阶和方台阶高度均为 10 mm,顶视图见图 2-43。

```
%1002
#10=10.0                  ;圆台阶高度
#11=10.0                  ;方台阶高度
#12=124.0                 ;圆外定点的 X 坐标值
#13=124.0                 ;圆外定点的 Y 坐标值
N01 G92 X0.0 Y0.0 Z0.0
N05 G00 Z10.0
#0=0
N06 G00 X[-#12] Y[-#13]
N07 Z[-#10] M03 S600
WHILE #0 LT 3               ;加工圆台
N[08+#0*6] G01 G42 X[-#12/2]
Y[-175/2] F280.0 D[#0+1]
```

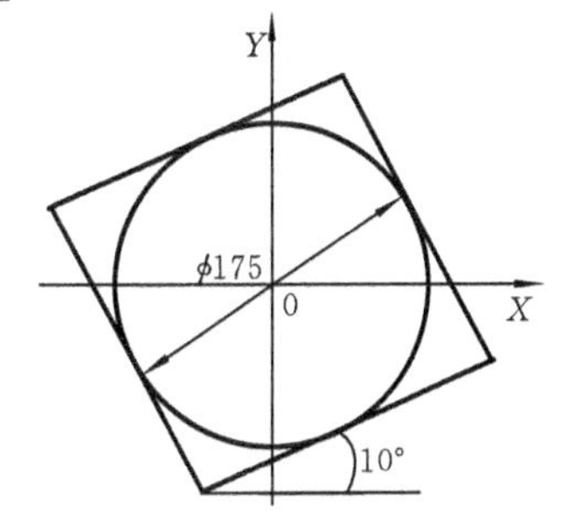

图 2-43 宏程序编程实例

```
N[09+#0*6] X[0] Y[-175/2]
N[10+#0*6] G03 J[175/2]
N[11+#0*6] G01 X[#12/2] Y[-175/2]
N[12+#0*6] G40 X[#12] Y[-#13]
N[13+#0*6] G00 X[-#12] Y[-#13]
#0=#0+1
ENDW
N100 Z[-#10-#11]
#2=175/SQRT[2]*COS[55*PI/180]
#3=175/SQRT[2]*SIN[55*PI/180]
#4=175*COS[10*PI/180]
#5=175*SIN[10*PI/180]
#0=0
WHILE #0 LT 3                ;加工斜方台
N[101+#0*6] G01 G90 G42 X[-#2] Y[-#3] F280.0 D[#0+1]
N[102+#0*6] G91 X[+#4] Y[+#5]
N[103+#0*6] X[-#5] Y[+#4]
N[104+#0*6] X[-#4] Y[-#5]
N[105+#0*6] X[+#5] Y[-#4]
N[106+#0*6] G00 G90 G40 X[-#12] Y[-#13]
#0=#0+1
ENDW
G00 X0 Y0 M05
M30
```

2.4.3 子程序编程

子程序的编程格式和调用格式在2.1节已作描述。这里着重介绍HNC-21M带参数的子程序调用及子程序的嵌套调用。

当前程序在调用带参数的子程序时，系统会将当前程序段各字段(A～Z)的内容拷贝到子程序执行时的局部变量#0～#25中去，同时拷贝调用子程序时当前通道上9个轴的绝对位置(机床绝对坐标)到宏执行时的局部变量#30～#38中去。

表2-3列出了子程序当前局部变量#0～#38所对应的子程序调用者传递的字段参数名。

表 2-3　子程序当前局部变量的传递

子程序当前局部变量	子程序调用时所传递的字段名或系统变量
#0	A
#1	B
#2	C
#3	D
#4	E
#5	F
#6	G
#7	H
#8	I
#9	J
#10	K
#11	L
#12	M
#13	N
#14	O
#15	P
#16	Q
#17	R
#18	S
#19	T
#20	U
#21	V
#22	W
#23	X
#24	Y
#25	Z
#26	固定循环指令初始平面 Z 模态值
#27	不用
#28	不用
#29	不用
#30	调用子程序时轴 0 的绝对坐标
#31	调用子程序时轴 1 的绝对坐标
#32	调用子程序时轴 2 的绝对坐标
#33	调用子程序时轴 3 的绝对坐标
#34	调用子程序时轴 4 的绝对坐标
#35	调用子程序时轴 5 的绝对坐标
#36	调用子程序时轴 6 的绝对坐标
#37	调用子程序时轴 7 的绝对坐标
#38	调用子程序时轴 8 的绝对坐标

对于每个局部变量，都可用系统宏 AR[ ]来判别该变量是否被定义，来判别是被定义为增量方式还是绝对方式。该系统宏的调用格式如下。

AR[＃变量号]

返回

其中，在“＃变量号”中

“＃0”　表示该变量没有被定义；

“＃90”　表示该变量被定义为绝对方式 G90；

“＃91”　表示该变量被定义为相对方式 G91。

例 2-30　下面的主程序％1000 在调用子程序％9990 时，设置了 I、J、K 之值，子程序％9990 可分别通过当前局部变量＃8、＃9、＃10 来访问主程序的 I、J、K 之值。

```
%1000
G92 X0 Y0 Z0
M98 P9990 I20 J30 K40
M30
%9990
IF [AR[#8] EQ 0] OR [AR[#9] EQ 0] OR [AR[#10] EQ 0]
                    ；如果没有定义 I、J、K 值则返回
M99
ENDIF
N10 G91             ；用增量方式编写子程序
IF AR[#8] EQ 90     ；如果 I 值是绝对方式 G90
   #8=#8-#30；将 I 值转换为增量方式，#30 为 X 轴的绝对坐标
ENDIF
⋮
M99
```

HNC-21M 子程序嵌套调用的深度最多可以有 9 层，每一层子程序都有自己独立的局部变量（变量个数为 50）。当前局部变量为＃0～＃49；第 1 层局部变量为＃200～＃249；第 2 层局部变量为＃250～＃299；第 3 层局部变量为＃300～＃349等。

在子程序中如何确定上层的局部变量，要依上层的层数而定，例如：

```
%0099
G92 X0 Y0 Z0
N100 #10=98
M98 P100
M30
```

```
%100
N200 #10=100        ;此时 N100 所在段的局部变量#10 为#210
M98 P110
M99

%110
N300 #10=200        ;此时 N200 所在段的局部变量#10 为#260
                    ;N100 所在段的局部变量#10 为#210
M99
```

例 2-31　为了更深入地了解 HNC-21M 的子程序功能，这里给出一个利用小直线段逼近整圆的数控加工程序。

```
%1000
G92 X0 Y0 Z0
M98 P2 X-50 Y0 R50            ;子程序调用，加工整圆
M30

                              ;加工整圆子程序，圆心为(X,Y)，半径为 R
%2                            ;X→#23   Y→#24   R→#17
IF [AR[#17] EQ 0] OR [#17 EQ 0]              ;如果没有定义 R
M99
ENDIF

IF [ AR[#23] EQ 0 ] OR [ AR[#24] EQ 0 ]      ;如果没有定义圆心
M99
ENDIF

#45=#1162      ;记录第 12 组模态码#1162，是 G61 或 G64
#46=#1163      ;记录第 13 组模态码#1163，是 G90 或 G91

G91 G64             ;用相对编程 G91 及连续插补方式 G64
IF [ AR[#23] EQ 90 ]         ;如果 X 为绝对编程方式
  #23=#23-#30                ;则转为相对编程方式
ENDIF
```

```
IF [ AR[#24] EQ 90 ]          ; 如果 Y 为绝对编程方式
  #24 = #24-#31               ;则转为相对编程方式
ENDIF

#0=#23+#17*COS[0];
#1=#24+#17*SIN[0];
G01 X[#0] Y[#1];

#10=1
WHILE [#10 LE 100]            ;用 100 段小直线逼近圆
  #0 = #17*[ COS[#10*2*PI/100]-COS[[#10-1]*2*PI/100] ]
  #1 = #17*[ SIN[#10*2*PI/100]-SIN[[#10-1]*2*PI/100] ]
  G01 X[#0] Y[#1]
  #10=#10+1
ENDW

G[#45] G[#46]                 ;恢复第 12 组、第 13 组模态
M99
```

2.5 FANUC-0M 数控装置编程简介

FANUC 数控装置是我国目前在企业中应用得最广泛的数控装置之一。其编程指令与 HNC-21M 基本兼容,但也有一些细微差别。为方便与 HNC-21M 编程指令对比,本节以 FANUC-0M 数控装置为例,简单介绍其常用编程指令。

2.5.1 FANUC-0M 的基本编程指令

1. 单位的选定

(1)尺寸单位选择 G20、G21

格式:G20

G21

说明:G20 为英制输入制式,尺寸字的输入为 inch;

G21 为米制输入制式,尺寸字的输入为 mm。

(2)进给速度单位设定

FANUC-0M 没有使用 G94/G95 指令,它认为进给速度 F 的单位为每分钟进

给，即相当于 G94 一直有效。

2. 坐标系的设定与选择

(1) 工件坐标系设定 G92

格式：G92 X __ Y __ Z __

说明：G92 通过设定工件坐标系原点到刀具起点的有向距离建立工件坐标系。

其中：X、Y、Z 分别为刀具起点在设定的工件坐标系下的坐标值。

(2) 工件坐标系选择 G54～G59

格式：$\begin{Bmatrix} \text{G54} \\ \text{G55} \\ \text{G56} \\ \text{G57} \\ \text{G58} \\ \text{G59} \end{Bmatrix}$

说明：用于在预定的六个工件坐标系中任选其一，作为后续绝对值编程(G90)的基准。

(3) 局部坐标系设定 G52

格式：G52 X __ Y __ Z __

说明：G52 能在所有的工件坐标系(G92、G54～G59)内形成局部坐标系。

其中：X、Y、Z 分别为局部坐标系原点在当前工件坐标系中的坐标值。

(4) 直接机床坐标系编程 G53

格式：G53

说明：G53 表示直接使用机床坐标系编程，即后续绝对值编程的基准为机床坐标系。

3. 坐标平面编程方程的选定 G17、G18、G19

格式：G17
G18
G19

说明：该组指令用来选择进行圆弧插补和刀具半径补偿的平面。

其中：

G17 为选择 XY 平面；

G18 为选择 ZX 平面；

G19 为选择 YZ 平面。

4. 绝对值编程 G90 **与相对值编程** G91

格式：G90
G91

说明：该组指令选择编程方式。

其中：

G90 为绝对值编程；

G91 为相对值编程。

5. 进给控制指令 G00、G01、G02 **和** G03

(1)快速定位 G00

格式：G00 X __ Y __ Z __

说明：G00 指定刀具以各轴预先设定的快移速度，从当前位置快速移动到定位终点。

其中：

X、Y、Z 分别为各轴定位终点。在 G90 时为定位终点在工件坐标系中的坐标；在 G91 时为定位终点相对于起点的位移量。

(2)线性进给 G01

格式：G01 X __ Y __ Z __(F __)

说明：G01 指定刀具以联动的方式，按 F 规定的合成进给速度，从当前位置按线性路线移动到程序段指令的终点。

其中：

X、Y、Z 分别为线性进给终点；F 为合成进给速度。

(3)圆弧进给 G02/G03

格式：

$$\text{G17}\begin{Bmatrix}\text{G02}\\ \text{G03}\end{Bmatrix}\text{X}\_\ \text{Y}\_\begin{Bmatrix}\text{I}\_\ \text{J}\_\\ \text{R}\_\end{Bmatrix}\text{F}\_$$

$$\text{G18}\begin{Bmatrix}\text{G02}\\ \text{G03}\end{Bmatrix}\text{X}\_\ \text{Z}\_\begin{Bmatrix}\text{I}\_\ \text{K}\_\\ \text{R}\_\end{Bmatrix}\text{F}\_$$

$$\text{G19}\begin{Bmatrix}\text{G02}\\ \text{G03}\end{Bmatrix}\text{Y}\_\ \text{Z}\_\begin{Bmatrix}\text{J}\_\ \text{K}\_\\ \text{R}\_\end{Bmatrix}\text{F}\_$$

说明：G02/G03 指定刀具以联动的方式，按 F 规定的合成进给速度，在 G17/G18/G19 规定的平面内，从当前位置按顺/逆时针圆弧路线移动到程序段指令的终点。

其中：

G02 为顺时针圆弧插补；

G03 为逆时针圆弧插补；

G17 为 XY 平面的圆弧；

G18 为 ZX 平面的圆弧；

G19 为 YZ 平面的圆弧；

X、Y、Z 分别为圆弧终点；

I、J、K 分别为圆心相对于圆弧起点的偏移值，在 G90/G91 时都是以增量方式指定；

R 为圆弧半径，当圆弧圆心角$<180^{\circ}$时，R 为正值，否则 R 为负值；

F 为被编程的两个轴的合成进给速度。

6. 刀具补偿功能指令

(1)刀具半径补偿指令 G40、G41、G42

格式：$\left\{\begin{matrix}G17\\G18\\G19\end{matrix}\right\}\left\{\begin{matrix}G40\\G41\\G42\end{matrix}\right\}\left\{\begin{matrix}G00\\G01\end{matrix}\right\}$ X__ Y__ Z__ H__

说明：用于在 G17/G18/G19 规定的补偿平面内，建立/取消刀具半径补偿。

其中：

G41 为建立刀具半径左补偿(左刀补)；

G42 为建立刀具半径右补偿(右刀补)；

G40 为取消刀具半径补偿；

H 为 G41/G42 的参数，即刀具半径补偿偏置号(H00～H99)；

X、Y、Z 分别为 G00/G01 的参数，即刀补建立或取消的终点。

(2)刀具长度补偿指令 G43、G44、G49

格式：$\left\{\begin{matrix}G17\\G18\\G19\end{matrix}\right\}\left\{\begin{matrix}G43\\G44\\G49\end{matrix}\right\}\left\{\begin{matrix}G00\\G01\end{matrix}\right\}$ X__ Y__ Z__ H__

说明：该组指令用于在与 G17/G18/G19 平面垂直的补偿轴上，建立/取消刀具长度补偿。

其中：

G43 为建立刀具长度正向补偿(或称正向偏置，补偿轴终点加上偏置值)；

G44 为建立刀具长度负向补偿(或称负向偏置，补偿轴终点减去偏置值)；

G49 为取消刀具长度补偿；

H 为 G43/G44 的参数，即刀具长度补偿偏置号(H00～H99)；

X、Y、Z 分别为 G00/G01 的参数，即刀补建立或取消的终点。

7. 回参考点控制指令 G28、G29

(1)自动返回参考点 G28

格式：G28 X__ Y__ Z__

说明：G28 指令首先使所有的编程轴都快速定位到中间点，然后再从中间点快速返回至参考点。

其中：

X、Y、Z 分别为返回参考点时经过的中间点(非参考点)的参数。

(2)自动从参考点返回 G29

格式:G29 X __ Y __ Z __

说明:G29 指令首先使所有编程轴快速经过由 G28 指令定义的中间点,然后再快速到达 G29 指令指定的返回点。

其中:

X、Y、Z 分别为返回的定位终点的参数。

8. 暂停指令 G04

格式:G04 P __

说明:G04 指令用于暂停程序执行一段时间。

其中:

P 为暂停时间,单位为 s。

2.5.2 FANUC-0M 的固定循环

FANUC-0M 的固定循环的程序格式包括数据形式(G90 或 G91)、返回点平面、孔加工方式、孔位置数据、孔加工数据和循环次数。数据形式可在前面的程序段中指定,也可在固定循环程序段中指定。固定循环的程序格式如下。

$$\begin{Bmatrix} G98 \\ G99 \end{Bmatrix} \begin{Bmatrix} G90 \\ G91 \end{Bmatrix} G\_\ X\_\ Y\_\ Z\_\ R\_\ Q\_\ P\_\ F\_\ K\_$$

说明:该组指令用于控制孔加工固定循环。

其中:

G98 为返回初始平面;

G99 为返回 R 点平面;

G90/G91 为指定数据形式;

G 为固定循环代码 G73、G74、G76 和 G81～G89 之一;

X、Y 在 G91 时为刀具当前点到孔位的距离,在 G90 时为孔位坐标值;

Z 在 G91 时为 R 点到孔底的距离,在 G90 时为孔底 Z 向坐标值;

R 在 G91 时为初始点到 R 点的距离,在 G90 时为 R 点的 Z 向坐标值;

Q 为在 G73/G83 循环中指定每次进给深度;

P 为刀具在孔底的暂停时间;

F 为切削进给速度;

K 为固定循环的次数,若没指定 K,则只进行一次循环。

G73、G74、G76 和 G81～G89 是同组的模态指令。G80、G01～G03 等指令可以取消固定循环。

固定循环中的参数 Z、R、P、F、Q 是模态的,当变更固定循环指令时,可用的参数可继续使用,无须重设。

提示：FANUC-0M 的固定循环的程序格式、参数和循环动作大部分与 HNC-21M 相同。本节将逐一列出各循环的程序格式、参数，但只给出程序格式、参数或循环动作有差别的固定循环的动作循环图。

1. 高速深孔往复排屑钻循环 G73

格式：G73 X＿ Y＿ Z＿ R＿ Q＿ P＿ F＿

说明：G73 用于 Z 轴的间歇进给，使深孔加工时容易排屑，减少退刀量，可以进行高效率的加工。

G73 指令动作循环如图 2-44 所示，其中每次退刀量 d 由机床参数设定。

2. 左旋攻螺纹循环 G74

格式：G74 X＿ Y＿ Z＿ R＿ P＿ F＿

说明：G74 用于左旋攻螺纹，首先主轴反转攻入，孔底暂停后，然后主轴正转退回。

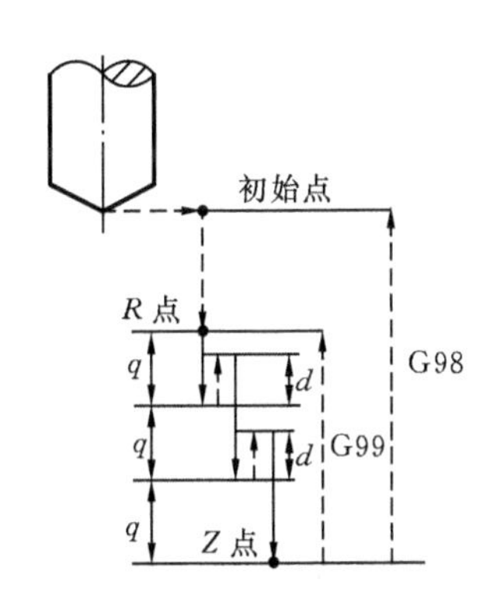

图 2-44 G73 **指令动作图**

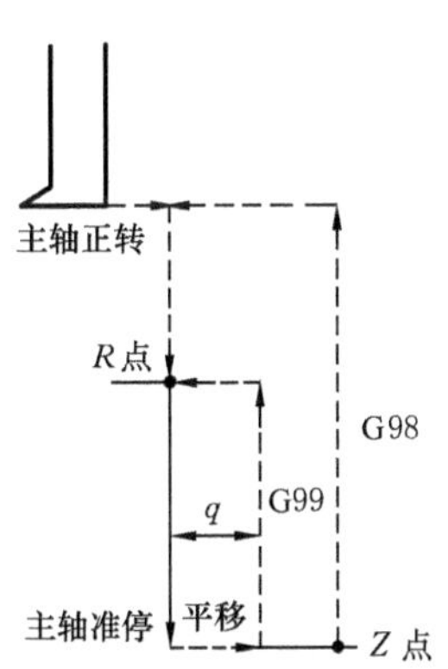

图 2-45 G76 **指令动作图**

3. 精镗循环 G76

格式：G76 X＿ Y＿ Z＿ R＿ Q＿ P＿ F＿

说明：G76 用于精镗循环。G76 精镗时，主轴在孔底定向停止后，先向刀尖反方向移动，然后快速退刀。这种带有让刀的退刀不会划伤已加工平面，保证了镗孔精度。

G76 指令动作循环如图 2-45 所示。其中刀尖反向位移量 q 由 Q 指定，位移方向由机床参数确定。

4. 钻孔循环（中心钻）G81

格式：G81 X＿ Y＿ Z＿ R＿ F＿

说明：G81 钻孔动作循环，包括 X、Y 坐标定位、快进、工进和快速返回等动作。

5. 带停顿的钻孔循环 G82

格式：G82 X＿ Y＿ Z＿ R＿ P＿ F＿

说明:G82 指令除了要在孔底暂停外,其他动作与 G81 相同。其指令动作循环同 G81。

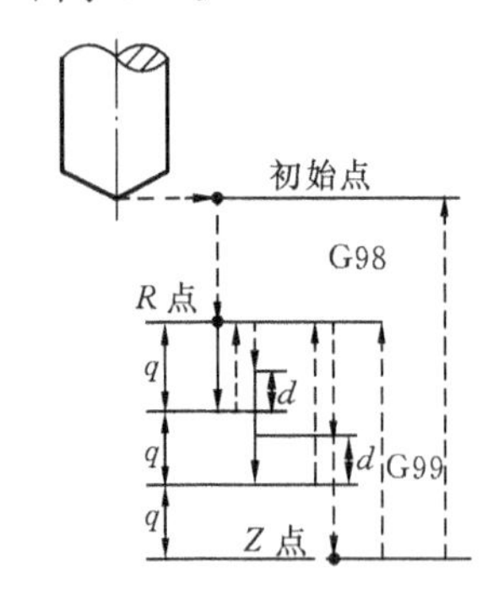

图 2-46　G83 指令动作图

6. 深孔排屑钻循环 G83

格式:G83 X __ Y __ Z __ R __ Q __ P __ F __

说明:G83 用于深孔加工循环,其指令动作循环如图 2-46 所示。

其中:

q 为每次进给深度,由 Q 以增量值指定;

d 为每次退刀后,再次进给时,由快速进给转换为切削进给时距上次加工面的距离,d 由机床参数指定。

7. 右旋攻螺纹循环 G84

格式:G84 X __ Y __ Z __ R __ P __ F __

说明:G84 用于右旋攻螺纹,首先主轴正转攻入,孔底暂停后,然后主轴反转退回。

8. 镗孔循环 G85

格式:G85 X __ Y __ Z __ R __ F __

说明:G85 指令与 G81 指令相似,但在返回行程中,从 Z 点到 R 点为切削进给。其指令动作循环如图 2-47 所示。

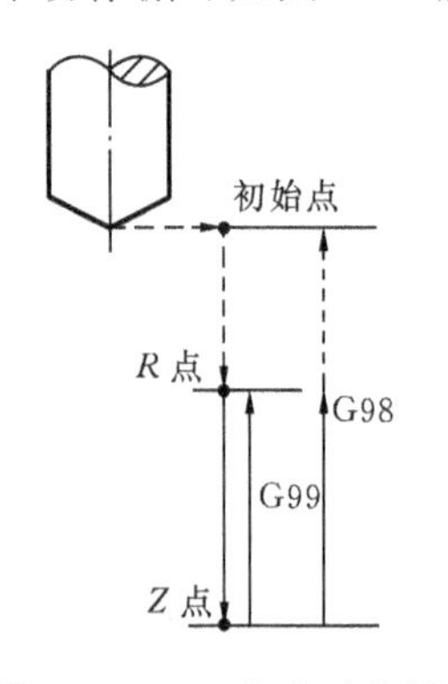

图 2-47　G85 指令动作图

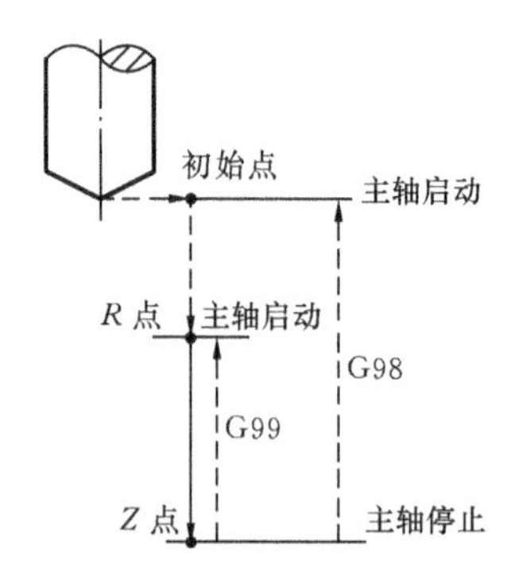

图 2-48　G86 指令动作图

9. 镗孔循环 G86

格式:G86 X __ Y __ Z __ R __ F __

说明:G86 指令与 G81 指令相似,但在孔底时主轴停止,返回到 R 点(G99)或初始点(G98)后,主轴重新启动。其指令动作循环如图 2-48 所示。

10. 反镗循环 G87

格式:G87 X __ Y __ Z __ R __ Q __ F __ L __

说明:G87 用于反镗循环,其指令动作循环如图 2-49 所示。

其中：q 为刀尖反向位移量，由 Q 指定。G87 指令动作循环描述如下。

- 在 X、Y 轴定位。
- 主轴准停(定向停止)。
- 刀具向刀尖的反方向移动 q 值。
- 快速定位到 R 点(孔底)。
- 刀具向刀尖方向移动 q 值。
- 主轴正转。
- 在 Z 轴正方向上加工至 Z 点。
- 主轴定向停止。
- 刀具向刀尖的反方向移动 q 值。
- 返回到初始点(只能用 G98)。
- 刀具向刀尖方向移动 q 值。
- 主轴正转。

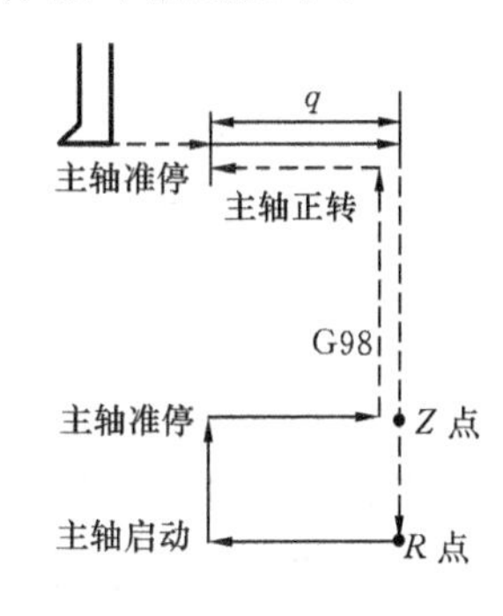

图 2-49 G87 指令动作图

11. 镗孔循环 G88

格式：G88 X__ Y__ Z__ R__ P__ F__

G88 指令动作循环如图 2-40 所示。

12. 镗孔循环 G89

格式：G88 X__ Y__ Z__ R__ P__ F__

G89 指令与 G85 指令相同，但在孔底有暂停。

13. 取消固定循环 G80

该指令能取消固定循环，同时 R 点和 Z 点也被取消，其他孔加工信息也全部取消。

2.5.3 FANUC-0M 子程序、宏程序与极坐标编程

1. 子程序编程

M98 用来调用子程序。

M99 用来表示子程序结束，执行 M99 使控制返回到主程序。

1)子程序的编程格式

O(%)×××× ；子程序开始符及子程序号

⋮ ；子程序体(子程序内容)

M99 ；子程序结束

在子程序开头，必须规定子程序号，作为调用入口地址；在子程序的结尾用 M99，以控制执行完该子程序后返回主程序。

2)调用子程序的格式

格式：M98 P××××××××

在子程序调用指令中,P 后紧跟的 4 位数为重复调用次数,后面 4 位数为被调用的子程序号。

例如:"M98 P00032000"表示调用 2000 号子程序 3 次。

3)M99 的用法

◎ 当子程序程序段最后只用 M99 时,子程序结束,返回调用程序段后面的一个程序段。

◎ 当一个程序段号位于子程序最后程序段 M99 之后时,数控装置控制执行完子程序后,不再返回调用程序段后面的一个程序段,而是返回到子程序最后程序段中 P 指定的那个程序段。

例如在下列程序中,当 N40 程序段调用子程序%1000 时,数控装置控制执行完 N40 程序段后,不返回 N50 程序段,而返回 N60 程序段。

%2000	%1000
N10 G92 X0 Y0 Z0	N010 X100 Y100
N20 G90 G00 M03 S600	N020 X150 Y150
N30 G01 X40 Y40 Z—110 F100	N030 X200 Y200
N40 M98 P1000	**N040 M99 P60**
N50 X—40 Y50	
N60 G00 X0 Y0 Z0 M05	
N70 M30	

◎ 当 M99 在主程序中执行时,数控装置将控制返回到主程序起点。

2. 宏程序编程

1)概述

FANUC-0M 数控装置除了具有子程序编程功能外,还配备了强有力的用户宏程序功能。

用户宏程序功能是指预先将用户宏主体(实现某一功能的一组指令)像子程序一样存入内存,然后允许用户在任何时候,以非常方便的操作进行调用。

用户宏程序最主要的特点是:可以在用户宏主体使用变量;可以在宏调用中将实际值赋给变量。

用户宏程序由 M98 调用。

2)宏变量

宏变量由跟随在#号后的变量序号来表示,如#5、#107。

根据应用需要,FANUC 系统把宏变量分为公共变量和系统变量。

(1)公共变量

公共变量对于主程序和主程序中的各宏调用来说是公用的,即在一个宏指令(G65)中的#1 和另一个宏指令中的#1 是等价的。

公共变量包括：

＃100～＃131　　断电后被清零；

＃500～＃531　　断电后，其值维持不变。

(2)系统变量

系统变量为具有特定含义、固定使用的变量。

其中：

＃1～＃99　　刀具偏置值；

＃1000～＃1015、＃1032　　接口输入信号；

＃1100～＃1115、＃1132　　接口输出信号；

＃5001～＃5083　　位置信息。

接口输入信号和接口输出信号及其对应的系统变量分别如表2-4、表2-5所示。位置信息及其对应的系统变量如表2-6所示。

表2-4　接口输入信号及其对应的系统变量

输入信号	I15	I14	I13	I12	I11	I10	I9	I8
系统变量	＃1015	＃1014	＃1013	＃1012	＃1011	＃1010	＃1009	＃1008
输入信号	I7	I6	I5	I4	I3	I2	I1	I0
系统变量	＃1007	＃1006	＃1005	＃1004	＃1003	＃1002	＃1001	＃1000

表2-5　接口输出信号及其对应的系统变量

输出信号	O15	O14	O13	O12	O11	O10	O9	O8
系统变量	＃1115	＃1114	＃1113	＃1112	＃1111	＃1110	＃1109	＃1108
输出信号	O7	O6	O5	O4	O3	O2	O1	O0
系统变量	＃1107	＃1106	＃1105	＃1104	＃1103	＃1102	＃1101	＃1100

说明：

① 输入/输出接点闭合，对应变量值为1；接点断开，对应变量值为0；

② 可一次从变量＃1032中读入所有输入信号，也可一次从变量＃1132中读入所有输出信号，即

$$\#1032=\sum_{i=0}^{15}\#(1000+i)\times 2^{i}$$

$$\#1132=\sum_{i=0}^{15}\#(1100+i)\times 2^{i}$$

③ 变量＃1000～＃1015、＃1032和＃1100～＃1115、＃1132不可被替换；

④ 只有当FANUC PMC连上后，变量＃1000～＃1015、＃1032和＃1100～＃1115、＃1132才能使用。

表 2-6　位置信息及其对应的系统变量

系统变量	位置信息	运动时读
#5001 #5002 #5003 #5004	程序段结束时 X 轴位置(ABS) 程序段结束时 Y 轴位置(ABS) 程序段结束时 Z 轴位置(ABS) 程序段结束时 4TH 轴位置(ABS)	可以
#5041 #5042 #5043 #5044	X 轴当前位置(ABS) Y 轴当前位置(ABS) Z 轴当前位置(ABS) 4TH 轴当前位置(ABS)	不可以
#5061 #5062 #5063 #5064	程序段跳步时(G31)X 轴位置 程序段跳步时(G31)Y 轴位置 程序段跳步时(G31)Z 轴位置 程序段跳步时(G31)4TH 轴位置	可以
#5080 #5081 #5082 #5083	刀具半径补偿值 刀具长度补偿值(X 轴) 刀具长度补偿值(Y 轴) 刀具长度补偿值(Z 轴)	可以

说明：

① 系统变量#5001～#5083 不可被替换；

② 程序段跳步(G31)信号未接通时，跳步信号在该程序段结束处。

(3) 宏变量的引用

宏变量可跟随在一个地址符后，构成一个地址字。

例如：Y－#102，当#102＝200 时，即为 Y－200。

当用一个变量来替换另一变量时，并不表示为"##102"形式，而表示为"#9102"形式，也就是说，紧靠"#"的"9"表示变量值的替换。

例如：若#102＝200，#200＝－400，则 X#9102 表示 X－400，X－#9102 表示 X400。

提示：

- 地址符 O、N 不能引用变量。
- 变量值不得超过各地址符的编程范围。

(4)宏变量的赋值

宏变量的赋值可由宏指令 G65 实现(下面介绍)，也可由 MDI 键完成，具体请参照 FANUC-0M 数控装置的操作。

3)宏指令 G65

格式：G65 H××P#i Q#j R#k

说明：G65 指令和其后的 H××一起，定义变量之间的算术运算、逻辑运算和条件转移控制。其中：

H 和其后的××定义运算类型，详见表 2-7 所列的宏指令表；

P 定义其后的变量＃i 用来存放算术运算结果；

Q 定义其后的变量＃j 为被操作的第一变量，也可以直接跟一常数；

R 定义其后的变量＃k 为被操作的第二变量，也可以直接跟一常数；

即：

＃i ＝ ＃j @ ＃k ;@为 H××规定的操作。

例如：指定进行加法运算，则“P＃100 Q＃101 R－10”意味着“＃100＝＃101＋(－10)”。

表 2-7　宏指令表

G 指令	H××	参　数	功　能	定义解释
G65	H01	P＃i　Q＃j	变量的赋值	＃i ＝ ＃j
G65	H02	P＃i　Q＃j　R＃k	加	＃i＝＃j＋＃k
G65	H03	P＃i　Q＃j　R＃k	减	＃i＝＃j－＃k
G65	H04	P＃i　Q＃j　R＃k	乘	＃i＝＃j－＃k
G65	H05	P＃i　Q＃j　R＃k	除	＃i＝＃j/＃k
G65	H11	P＃i　Q＃j　R＃k	逻辑“或”	＃i＝(＃j)OR(＃k)
G65	H12	P＃i　Q＃j　R＃k	逻辑“与”	＃i＝(＃j)AND(＃k)
G65	H13	P＃i　Q＃j　R＃k	逻辑“异或”	＃i＝(＃j)XOR(＃k)
G65	H21	P＃i　Q＃j	平方根	＃i＝SQRT(＃j)
G65	H22	P＃i　Q＃j	绝对值	＃i＝ABS (＃j)
G65	H23	P＃i　Q＃j　R＃k	求余	＃i＝MOD(＃j/＃k)
G65	H24	P＃i　Q＃j	BCD 码→二进制码	＃i＝BIN(＃j)
G65	H25	P＃i　Q＃j	二进制码→BCD 码	＃i＝ BCD(＃j)
G65	H26	P＃i　Q＃j　R＃k	复合乘除	＃i＝(＃i＊ ＃j)/＃k
G65	H27	P＃i　Q＃j　R＃k	复合平方根 1	＃i＝SQRT(＃j^2＋＃k^2)
G65	H28	P＃i　Q＃j　R＃k	复合平方根 2	＃i＝SQRT(＃j^2－＃k^2)
G65	H31	P＃i　Q＃j　R＃k	正弦	＃i＝＃j＊SIN(＃k)
G65	H32	P＃i　Q＃j　R＃k	余弦	＃i＝＃j＊COS(＃k)
G65	H33	P＃i　Q＃j　R＃k	正切	＃i＝＃j＊TAN(＃k)
G65	H34	P＃i　Q＃j　R＃k	反正切	＃i＝ ATAN (＃j/＃k)
G65	H80	Pn	无条件转移	GOTO n
G65	H81	Pn　Q＃j　R＃k	条件转移 1	IF ＃j＝＃k GOTO n

G 指令	H××	参　　数	功　　能	定义解释
G65	H82	Pn　Q#j　R#k	条件转移 2	IF #j! =#k GOTO n
G65	H83	Pn　Q#j　R#k	条件转移 3	IF #j>#k GOTO n
G65	H84	Pn　Q#j　R#k	条件转移 4	IF #j<#k GOTO n
G65	H85	Pn　Q#j　R#k	条件转移 5	IF #j>=#k GOTO n
G65	H86	Pn　Q#j　R#k	条件转移 6	IF #j<=#k GOTO n
G65	H99	Pn	产生 P/S 报警	P/S 报警号以(500+n)出现

说明:表中,求余运算符 MOD 的含义为

MOD(#j/#k) = #j－int(#j /#k)*#k,int 为取整运算符。

提示:

◎ 宏指令中的地址 H、P、Q 和 R 必须写在 G65 之后,O 和 N 必须写在 G65 之前;

◎ 变量值不允许使用小数点,因此,在用于尺寸字中,其最小单位为 0.001mm(G21)或 0.001°(G20)。例如在 G21 状态时,#100=200,则 X#100 表示 X0.2(mm);

◎ 因为变量值只能是整数,操作结果若出现小数,则小数点后面的数值将被略去;

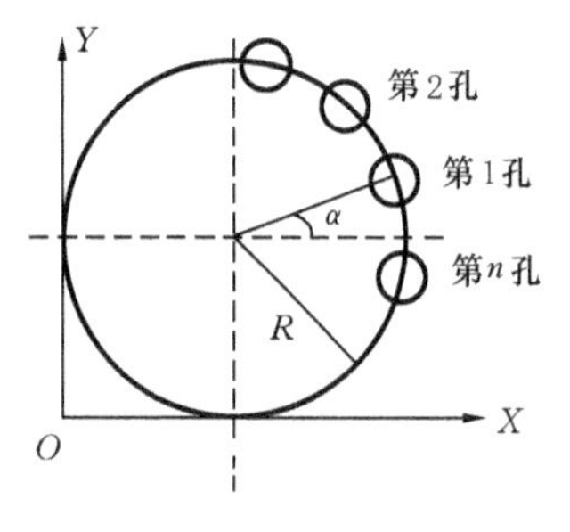

图 2-50　圆周等分钻孔

◎ 变量值范围为－232～232－1,但显示范围只能是－99 999 999～99 999 999,超出此范围,将被显示为********。

4)用户宏程序应用举例

例 2-32　使用用户宏程序编制如图 2-50 所示钻孔加工程序。设在半径为 R=100 mm 的圆周上,均匀分布着孔深为 6 mm 的 n(n=12)个孔,其中第 1 孔与 X 轴的夹角为 α=20°,刀具起点位于 O 点正上方,距工件上表面 10 mm。要求建立如图所示坐标系,钻削这 n 个孔。

```
%1000                          ;主程序
G92 X0 Y0 Z0
G65 H01 P#500 Q100000          ;#500 存放:圆心 X0=100 mm
G65 H01 P#501 Q100000          ;#501 存放:圆心 Y0=100 mm
G65 H01 P#502 Q100000          ;#502 存放:半径 R=100 mm
G65 H01 P#503 Q20000           ;#503 存放:起始角 α=20°
```

```
G65 H01 P#504 Q12                   ;#504 存放:孔数 n =12(逆时针)
M98 P2000                           ;宏调用
X0 Y0
M02

%2000                               ;子程序
N100 G65 H01 P#100 Q0               ;#100 存放:孔计数 i=0
G65 H22 P#101 Q#504                 ;#101 存放:孔计数器终值 e=ABS(n)
N200 G65 H04 P#102 Q#100 R360000    ;#102 =360*i
G65 H05 P#102 Q#102 R#504           ;#102 =360*i/n
G65 H02 P#102 Q#102 R#503           ;#102 =α+360*i/n,存放 θi
G65 H32 P#103 Q#502 R#102           ;#103 =R*cos(θi)
G65 H02 P#103 Q#103 R#500           ;#103 = X0+ R*cos(θi),存放 Xi
G65 H31 P#104 Q#502 R#102           ;#104 =R*sin(θi)
G65 H02 P#104 Q#104 R#501           ;#104 = Y0+ R*sin(θi),存放 Yi
G90 G00 X#103 Y#104                 ;定位到第 i 个孔
G81 X#103 Y#104 Z-16.0 R-8.0 F200.0 ;钻第 i 个孔
G65 H02 P#100 Q#100 R1              ;i=i+1
G65 H84 P200 Q#100 R#101            ;若 i<e,则转移到 N200 去钻下一孔
M99
```

3. 极坐标编程

格式：$\begin{Bmatrix} G17 \\ G18 \\ G19 \end{Bmatrix} \begin{Bmatrix} G15 \\ G16 \end{Bmatrix}$

说明:G15/G16 指令用于设定/取消极坐标编程,极坐标系所在平面(简称极平面)由 G17/G18/G19 指定,极平面的第一轴确定极半径(极径),第二轴确定极坐标转动角度(极角)。

其中:

G15 为取消极坐标编程;

G16 为设定极坐标编程;

G17 指定极平面为 *XY* 平面,X 地址为极半径,Y 地址为极角;

G18 指定极平面为 *ZX* 平面,Z 地址为极半径,X 地址为极角;

G19 指定极平面为 *YZ* 平面,Y 地址为极半径,Z 地址为极角。

极坐标系的坐标原点(极点)位置为当前工件坐标系的原点。极径和极角可用

绝对值(G90)或相对值(G91)编程。

例 2-33 使用 FANUC 数控装置的极坐标编程指令,编写如图 2-51 所示的三孔钻孔加工程序。

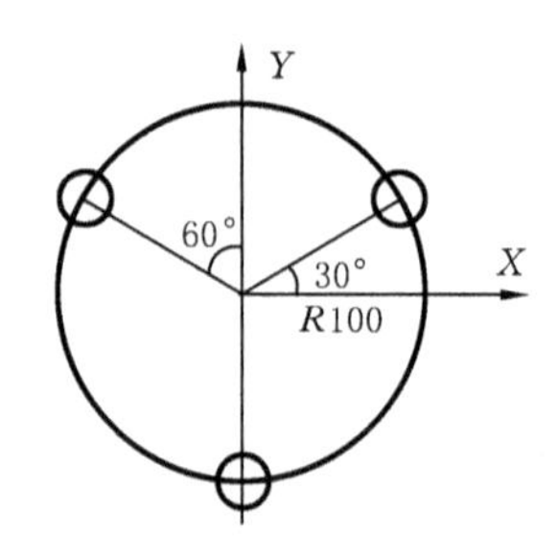

图 2-51 极坐标编程

```
%0001
G92 X0 Y0 Z0
G17 G90 G16                          ;设定极坐标编程
M03 S1000
G81 X100 Y30 Z－20 R－5 F200         ;钻孔 1
X100 Y150                            ;钻孔 2
X100 Y270                            ;钻孔 3
G15 G80 M05                          ;取消极坐标编程
M30
```

第3章 数控车床与车削中心的编程

数控车床主要用于轴类回转体零件的加工，能自动完成内外圆柱面、圆锥面、母线为圆弧的旋转体、螺纹等工序的切削加工，并能进行切槽、钻、扩、铰孔及攻丝等加工。

数控车床的编程与数控铣床大同小异，基本指令的意义也是相同的。但由于二者在切削原理方面存在差异（数控铣床是刀具旋转、刀具相对工件进给完成切削加工，而数控车床是工件旋转、刀具相对工件进给完成切削加工），因此，数控车床在编程方面有自己的特点。

◎ 数控车床的坐标系（见图1-7）有别于数控铣床，即

——Z 轴与主轴轴线重合，沿着 Z 轴正方向移动将增大零件和刀具间的距离，即尾座方向为 Z 轴正方向；

——X 轴垂直于 Z 轴，对应于转塔刀架的径向移动，沿着 X 轴正方向移动将增大零件和刀具间的距离，因此 X 轴方向与刀架的安装部位有关；

——Y 轴（通常是虚设的）与 X 轴和 Z 轴一起构成遵循右手定则的坐标系统。

◎ 为了编程的方便并符合车床的习惯，X 轴的编程值与显示值既可以使用直径值，也可以使用半径值，但在圆弧定义的附加语句中的圆弧参数（半径R，圆心I、K）以半径值标明。

◎ 主轴转速与进给速度。

数控车床在切削工件时，由于加工方法的不同，主轴转速必须有很宽的调速范围。例如，在车螺纹时需要低速，精车时需要高速；在车螺纹时主轴转速要和走刀速度保持严格的关系；在切削锥面或端面时，为保证加工质量，则要求不断改变主轴转速以保持恒定的切削线速度。因此，数控加工对数控车床的主轴转速提出了很高的要求。相关的主轴转速指令有G96（m/min）、G97（r/min）；相关的进给速度指令有G99（mm/r）、G98（mm/min）。

◎ 刀具补偿。

数控车床的刀具补偿也分为刀长补偿和半径补偿。刀长补偿的意义与数控铣床完全相同，但半径补偿通常是指刀尖半径补偿。

这里以配置华中数控世纪星数控装置（HNC-21T）的车床为例，阐述数控车床的编程方法。为便于读者理解，本章的结构与第2章基本相同，也就是说，对与数控铣床相同的指令也一一列出，但仅作简单介绍；对与数控铣床有差异的指令则进行较详细的描述。

3.1 辅助功能 M 指令

数控车床的 M 功能同样有非模态/模态、前作用/后作用之分。

HNC-21T 数控装置的基本 M 功能指令如表 3-1 所示(标记▶者为缺省值)。

表 3-1 HNC-21T 的 M 指令及其功能

指 令	模态	功 能 说 明	指 令	模态	功 能 说 明
M00	非模态	程序暂停	M03	模态	主轴正转启动
M02	非模态	程序结束	M04	模态	主轴反转启动
M30	非模态	程序结束并返回程序起点	M05	▶模态	主轴停止转动
			M07	模态	切削液打开
M98	非模态	调用子程序	M08	模态	切削液打开
M99	非模态	子程序结束	M09	▶模态	切削液停止

3.2 主轴功能、进给功能和刀具功能

3.2.1 主轴功能 S

主轴功能 S 控制主轴转速,其后的数值表示主轴速度(由于车床的工件安装在主轴上,主轴转速即为工件旋转的速度)。

主轴转速的单位依 G96、G97 而不同。

采用 G96 编程时,为恒切削线速度控制,S 之后指定切削线速度,单位为 m/min。

采用 G97 编程时,取消恒切削线速度控制,S 之后指定主轴转速,单位为 r/min。

在恒切削线速度控制时,一般要限制最高主轴转速,如设定超过了最高转速,则要使主轴转速等于最高转速。

S 是模态指令,S 功能只有在主轴速度可调节时才有效。

借助操作面板上的主轴倍率开关,指定的速度可在一定范围内进行倍率修调。

3.2.2 进给速度 F

F 指令表示加工工件时刀具相对于工件的合成进给速度,F 的单位取决于 G94(每分钟进给量,单位为 mm/min)或 G95(主轴每转的刀具进给量,单位为 mm/r)。

使用下式可以实现每转进给量与每分钟进给量的转化。

$$f_m = f_r \times S$$

式中：

f_m 为每分钟的进给量(mm/min)；

f_r 为每转的进给量(mm/r)；

S 为主轴转数(r/min)。

当工作在 G01、G02 或 G03 方式时，编程的 F 值一直有效，直到被新的 F 值所取代为止。当工作在 G00 方式时，快速定位的速度是各轴的最高速度，与所指定的 F 值无关。

借助机床控制面板上的倍率按键，F 值可在一定范围内进行倍率修调。当执行攻丝循环 G76、G82 和螺纹切削 G32 时，倍率开关失效，进给倍率固定在 100%。

提示：

① 采用每转进给量方式时，必须在主轴上安装一个旋转编码器；

② 采用直角坐标编程时，X 向进给速度为单位时间内的半径变化量。

3.2.3 刀具功能 T

T 指令用于选刀，其后的 4 位数字分别表示选择的刀具号和刀具补偿号。T 指令与刀具的关系是由机床制造厂规定的，使用时请参考机床制造厂的说明书。

数控系统在执行 T 指令时，首先转动转塔刀架，直到选中了指定的刀具为止。

当一个程序段同时包含 T 指令与刀具移动指令时，先执行 T 指令，然后执行刀具移动指令。

在执行 T 指令的同时，数控系统自动调入刀补寄存器中的补偿值。

3.3 准备功能指令

HNC-21T 数控装置的 G 功能指令见附录 B，现分述如下。

3.3.1 单位的设定

1. 尺寸单位选择 G20、G21

格式：G20

　　　G21

说明：G20、G21 用于指定尺寸字的输入制式(即单位)。

其中：

G20 为英制输入制式；

G21 为米制输入制式。

两种制式下线性轴、旋转轴的尺寸单位如表3-2所示。

表3-2 尺寸输入制式及其单位

制　式	线　性　轴	旋　转　轴
英制(G20)	英寸(in)	度/(°)
米制(G21)	毫米(mm)	度/(°)

G20、G21为模态指令，G21为缺省值。

2. 进给速度单位的设定 G94、G95

格式:G94 F __

　　G95 F __

说明:G94、G95用于指定进给速度F的单位。

其中:

G94为每分钟进给量,单位为mm/min;

G95为每转进给量,即主轴旋转一周时刀具的进给量,单位为mm/r;

G94、G95为模态指令,G94为缺省值。G95只有在主轴装有编码器时才有效。

3.3.2 编程方式的选定

1. 直径方式编程 G36 **和半径方式编程** G37

格式:G36

　　G37

说明:该组指令选择编程方式。

其中:

G36为直径编程;

G37为半径编程。

数控车床的工件外形通常是旋转体,其 *X* 轴尺寸可以用两种方式加以指定,即直径方式和半径方式。G36为缺省值。

例3-1 直径编程时:G36 G91 G01 X－100.00是指刀具在 *X* 向进给50 mm,G36 G90 G01 X100是指刀具在 *X* 向进给至ϕ100 mm处。

提示:

① 当 *X* 轴使用直径方式编程时,圆弧参数(如半径R,圆心I、K)仍用半径值标明;

② 如不特殊声明,后述编程示例均采用直径方式编程。

2. 绝对值编程 G90 **与相对值编程** G91

格式:G90

　　G91

说明:该组指令选择编程方式。

其中:

G90 为绝对值编程;

G91 为相对值编程。

采用 G90 编程时,编程坐标轴 X、Z 上的编程值是相对于程序原点(G92 建立的工件坐标系原点,或 G54～G59 选定的工件坐标系原点,或 G52 指令的局部坐标系原点,或 G53 指令的机床坐标系原点)的坐标值。

采用 G91 编程时,编程坐标轴 X、Z 上的编程值是相对于前一位置而言的,该值等于沿轴移动的距离,与当前编程坐标系无关。

G90、G91 为模态指令,可相互注销,G90 为缺省值。

G90、G91 可用于同一程序段中,但要注意其顺序所造成的差异。

提示:采用 G90 编程时,也可用 U、W 表示 X 轴、Z 轴的增量值。

例 3-2 如图 3-1 所示工件,分别使用 G90、G91 编程。要求刀具由原点按顺序移动到 1、2、3 点,然后回到原点。

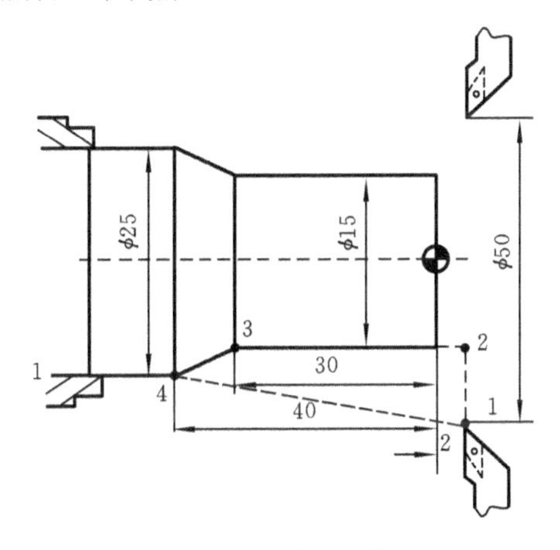

图 3-1 G90/G91 **编程**

绝对编程	增量编程	混合编程
%0001	%0001	%0001
T0101(G36)	T0101(G36)	T0101(G36)
(G90) G00 X50 Z2	G91 G01 X－35(Z0)	(G90) G00 X50 Z2
G01 X15(Z2)	(X0) Z－32	G01 X15(Z2)
(X15) Z－30	X10 Z－10	Z－30
X25 Z－40	X25 Z42	U10 Z－40
X50 Z2	M30	X50 W42
M30		M30

提示：本书中，程序中括号内的指令字是为了强调编程的状态，可以书写，也可以不书写，书写时不带括号。

选择合适的编程方式可使编程简化。当工件尺寸由一个固定基准给定时，采用绝对方式编程较为方便；当工件尺寸是以轮廓顶点之间的间距给出时，采用相对方式编程较为方便。

3.3.3 坐标系的设定与选择

1. 工件坐标系设定 G92

格式：G92 X __ Z __

说明：G92 通过设定对刀点与工件坐标系原点的相对位置建立工件坐标系。

其中：

X、Z 分别为设定的工件坐标系原点到对刀点的有向距离。

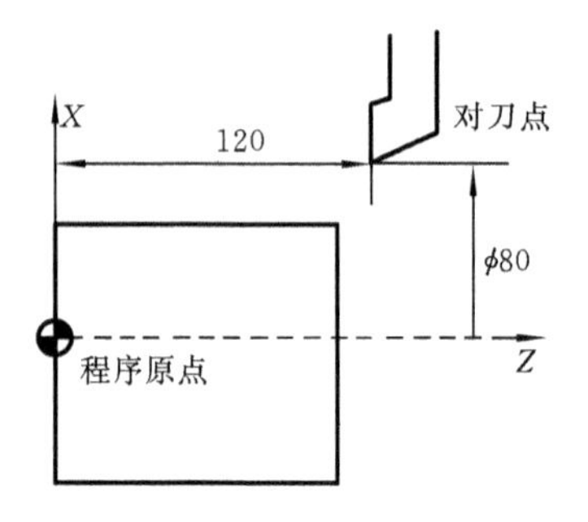

图 3-2 G92 建立工件坐标系

G92 指令为非模态指令，但其建立的工件坐标系在被新的工件坐标系取代前一直有效。

例 3-3 使用 G92 编程，建立如图 3-2 所示的工件坐标系。

G92 X80 Z120

执行此程序段只建立工件坐标系，并不产生刀具与工件的相对运动。

显然，当改变刀具位置，即刀具当前点不在对刀点位置上时，在执行程序段“G92 X __ Z __”前，应先进行对刀操作。

2. 工件坐标系选择 G54～G59

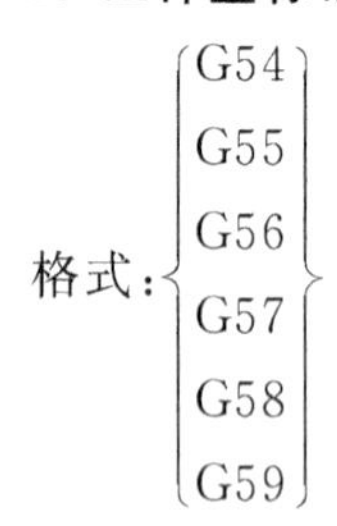

说明：G54～G59 是数控装置预定的六个坐标系，如图 3-3 所示，可根据需要任选其一。

这六个预定工件坐标系的原点在机床坐标系中的值（工件零点偏置值）可用 MDI 方式输入（输入错误将导致产品有误差或报废，甚至出现危险），数控系统自动记忆。

工件坐标系一旦选定，后续程序段中绝对值编程时的指令值均为相对此工件

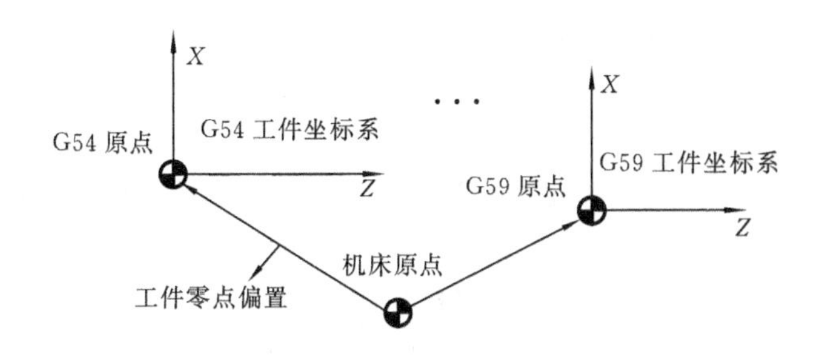

图 3-3　工件坐标系选择(G54～G59)

坐标系原点参照值。

G54～G59 为模态指令，可相互注销，G54 为缺省值。

例 3-4　如图 3-4 所示，使用工件坐标系编程。要求刀具从当前点移动到 A 点，再从 A 点移动到 B 点。

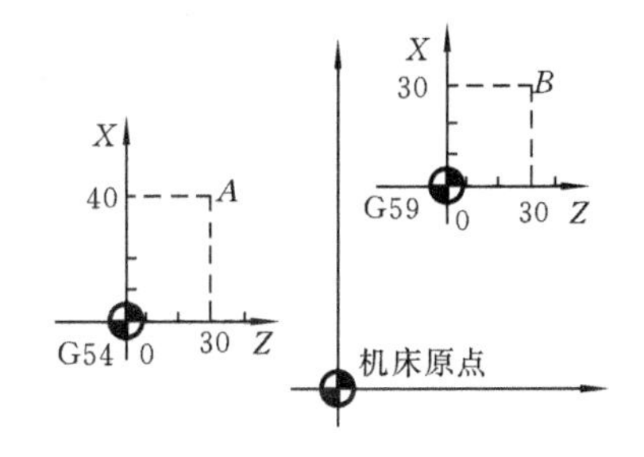

图 3-4　使用工件坐标系编程

当前点→A→B

```
%1000
N01 G54 G00 G90 X40 Z30
N02 G59
N03 G00 X30 Z30
N04 M30
```

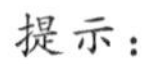

提示：

① 使用该组指令前，需先用 MDI 方式正确输入各坐标系的坐标原点在机床坐标系中的坐标值(本例中未给出)。

② 使用该组指令前，必须先回参考点。

3. 直接机床坐标系编程 G53

格式：G53

说明：G53 使用机床坐标系编程，在含有 G53 的程序段中，绝对值编程时的指令值是在机床坐标系中的坐标值。

G53 指令为非模态指令。

3.3.4　进给控制指令

1. 快速定位 G00

格式：G00 X(U)__ Z(W)__

说明：G00 指定刀具相对于工件以各轴预先设定的快速移动速度，从当前位置快速移动到程序段指定的定位终点(目标点)。

其中：

在 G90 时，X、Z 分别为定位终点在工件坐标系中的坐标；在 G91 时，X、Z 分别为定位终点相对于起点的位移量；

在 G90、G91 时，U、W 均为快速定位终点相对于起点的位移量。

G00 一般用于加工前快速定位趋近加工点或加工后快速退刀，以缩短加工辅助时间，但不能用于加工过程。

G00 的快速移动速度由机床参数“最高快速移动速度”对各轴分别设定，不能用进给速度指令 F 设定。快速移动速度可由机床控制面板上的快速修调旋钮修正。

G00 为模态指令，可由 G01、G02、G03 或 G32 指令注销。

提示：在执行 G00 指令时，由于各轴以各自速度移动，不能保证各轴同时到达终点，因而联动直线轴的合成轨迹不一定是直线。操作者必须格外小心，以免刀具与工件发生碰撞。常见的做法是：将 *X* 轴移动到安全位置，再放心地执行 G00 指令。

2. 线性进给（直线插补）G01

格式：G01 X(U) __ Z(W) __ F __

说明：G01 指令刀具以联动的方式，按 F 规定的合成进给速度，从当前位置按线性路线（联动直线轴的合成轨迹为直线）移动到程序段指定的终点。

其中：

在 G90 时，X、Z 为线性进给终点在工件坐标系中的坐标；在 G91 时，X、Z 为线性进给终点相对于起点的位移量；

在 G90、G91 时，U、W 均为线性进给终点相对于起点的位移量；

F 为合成进给速度。

G01 是模态指令，可由 G00、G02、G03 或 G32 指令注销。

例 3-5　工件如图 3-5 所示，用直线插补指令编程。

```
%3005
(G54)T0101               ;选定坐标系，选 1 号刀
G00 X100 Z10             ;快速定位到起点
G00 X16 Z2 M03 S500      ;快速移到倒角延长线、Z 轴 2 mm 处
G01 U10 W－5 F300        ;倒 3×45°角
Z－48                    ;车削加工 φ26 外圆
U34 W－10                ;车削第一段锥
U20 Z－73                ;车削第二段锥
X90                      ;退刀
G00 X100 Z10             ;回起点
M05
M30
```

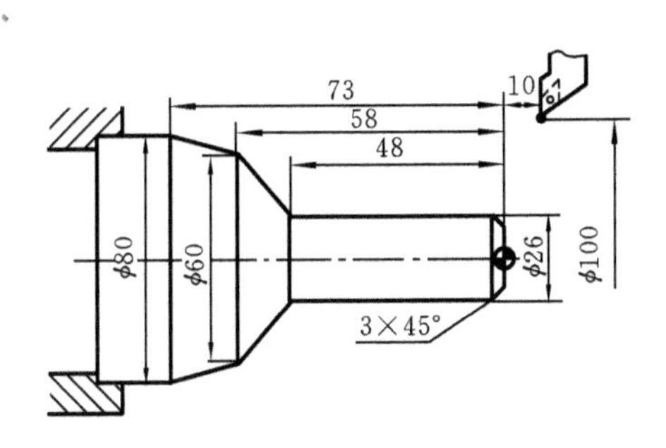

图 3-5　G01 编程实例

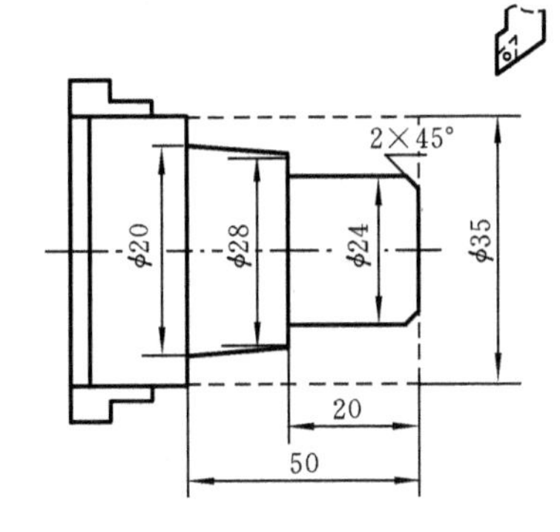

图 3-6　G01 编程实例

例 3-6　用 G01 指令编程，分粗、精加工如图 3-6 所示零件。

```
%3005
T0101
M03 S500
G00 X100 Z40
G00 X31 Z3              ;移到切入点
G01 Z-50 F100           ;粗车 φ30 外圆
G00 X36                 ;退刀
Z3
X25
G01 Z-20 F100           ;粗车 φ24 外圆
G00 X36                 ;退刀
Z3
X15
G01 U14 W-7 F100        ;粗倒 2×45°角
G00 X36
X100 Z40
T0202
G00 X100 Z40
G00 X14 Z3
G01 X24 Z-2 F80         ;精倒 2×45°角
Z-20                    ;精车 φ24 外圆
X28                     ;精车端面
X30 Z-50                ;精车锥面
```

G00 X36　　　　　　;退刀

X80 Z10

M05

M30

3. 圆弧进给(插补)G02、G03

格式：$\left\{\begin{matrix} G02 \\ G03 \end{matrix}\right\}$ X(U)＿ Z(W)＿ $\left\{\begin{matrix} I\_\ K\_ \\ R\_ \end{matrix}\right\}$ F＿

说明：G02、G03 指令刀具以联动的方式，按 F 规定的合成进给速度，从当前位置按顺、逆时针圆弧路线(联动轴的合成轨迹为圆弧)移动到程序段指令的终点。

其中：

G02 为顺时针圆弧插补(见图 3-7)；

G03 为逆时针圆弧插补(见图 3-7)；

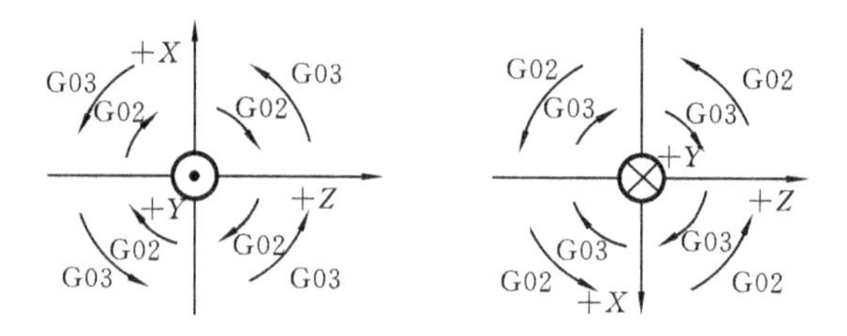

图 3-7　G02、G03 插补方向

在 G90 时，X、Z 为圆弧终点在工件坐标系中的坐标；在 G91 时，X、Z 为圆弧终点相对于圆弧起点的位移量(见图3-8)；

在 G90、G91 时，U、W 均为圆弧终点相对于圆弧起点的位移量(见图 3-8)；

I、K 为圆心相对于圆弧起点的偏移值(等于圆心的坐标减去圆弧起点的坐标，见图 3-8)，在 G90、G91 时都是以增量方式指定，在直径、半径编程时 I 都是半径编程方式下的值；

R 为圆弧半径(见图 3-8)；

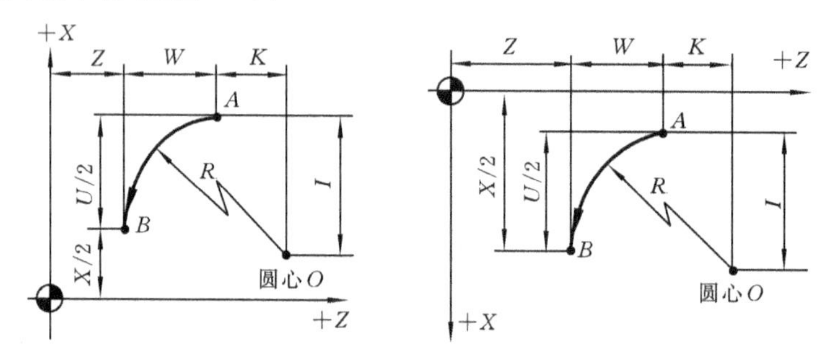

图 3-8　G02、G03 参数说明

F 为被编程的两个轴的合成进给速度。

提示：

① 顺时针或逆时针是从垂直于圆弧所在平面的坐标轴的正方向看到的回转方向；

② 同时编入 R 与 I、K 值时，R 才有效。

例 3-7 工件如图 3-9 所示，用圆弧插补指令编程。

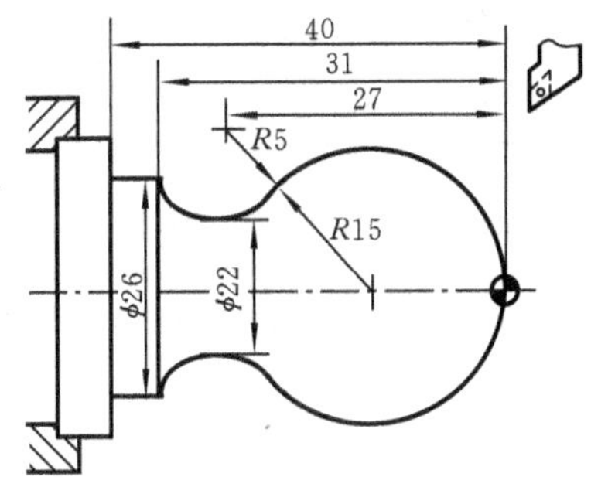

图 3-9 G02/G03 编程实例

```
%3007
N10 T0101                   ;选 1 号刀
N20 G00 X40 Z5              ;移到起始点的位置
N30 M03 S400                ;主轴以 400 r/min 旋转
N40 G00 X0                  ;到达工件中心
N50 G01 Z0 F260             ;工进接触工件毛坯
N60 G03 U24 W-24 R15        ;加工 R15 圆弧段
N70 G02 X26 Z-31 R5         ;加工 R5 圆弧段
N80 G01 Z-40                ;加工 ϕ26 外圆
N90 X40
N100 Z5                     ;回起始点
N110 M30                    ;主轴停，主程序结束并复位
```

例 3-8 工件如图 3-10 所示，用圆弧插补指令编程。

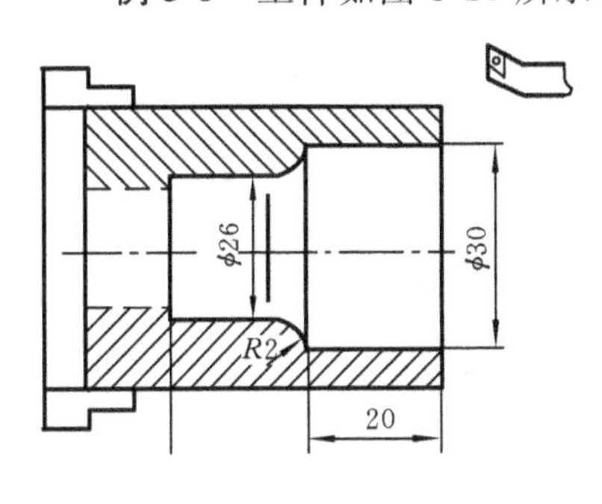

图 3-10 G02/G03 编程实例

```
%3010
T0101
M03 S500
G00 X80 Z10
G00 X30 Z3
G01 Z-20 F100
G02 X26 Z-22 R2
G01 Z-40
G00 X24
Z3
X80 Z10
M05
M30
```

例 3-9　工件如图 3-11 所示，用圆弧插补指令编程。

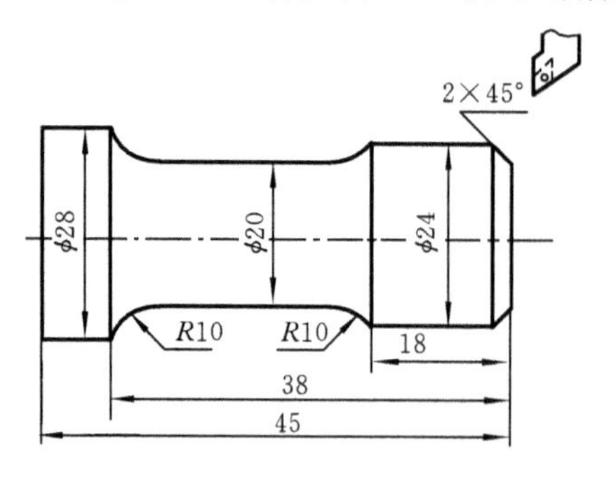

图 3-11　G02/G03 **编程实例**

```
%3011
T0101
M03 S450
G00 X90 Z10
G00 X14 Z3
G01 X24 Z-2 F100
Z-18
G02 X20 Z-24 R10(G02 X20 Z-24 I8 K-6)
G01 Z-30
G02 X28 Z-38 R10(G02 X28 Z-38 I10)
G01 Z-45
G00 X30
X90 Z10
M30
```

4. 螺纹切削 G32

格式：G32 X(U)__ Z(W)__ R__ E__ P__ F__

说明：G32 指令用于加工圆柱螺纹、锥螺纹和端面螺纹。锥螺纹切削时各参数的意义如图 3-12 所示。

其中：

在 G90 编程时，X、Z 为有效螺纹终点在工件坐标系中的坐标；在 G91 编程时，X、Z 为有效螺纹终点相对于螺纹切削起点的位移量；

在 G90/G91 编程时，U、W 均为有效螺纹终点相对于螺纹切削起点的位移量；

图 3-12　**螺纹切削参数**

F 为螺纹导程，即主轴每转一圈，刀具相对于工件的进给值，在图中用 *L* 表示；

R、E 为螺纹切削的退尾量，R 表示 *Z* 向退尾量；E 表示 *X* 向退尾量，R、E 在 G90/G91 编程时都是以增量方式指定，其为正表示沿 *Z*、*X* 正向回退，其为负表示沿 *Z*、*X* 负向回退。使用 R、E 可免去退刀槽。R、E 可以省略，表示不用回退功能；根据螺纹标准，R 一般取 2 倍的螺距，E 取螺纹的牙型高。

P 为主轴基准脉冲处距离螺纹切削起始点的主轴转角。

提示：

① 螺纹从粗加工到精加工，主轴的转速必须保持一常数；

② 在主轴没有停止的情况下，停止螺纹的切削将非常危险，因此螺纹切削时进给保持功能无效，如果按下进给保持按键，刀具在加工完螺纹后停止运动；

③ 在螺纹切削过程中进给修调无效；

④ 在螺纹加工中不使用恒线速度控制功能；

⑤ 在螺纹加工轨迹中应设置足够的升速进刀段 δ 和降速退刀段 δ'，以消除伺服电动机滞后造成的螺距误差；

⑥ 螺纹车削加工为成型车削，且切削进给量较大，刀具受力较大，故加工时一般要求分数次进给。

例 3-10 对图 3-13 所示的圆柱螺纹编程。螺纹导程为 1.5 mm，δ=1.5 mm，δ'=1 mm，每次吃刀量(直径值)分别为 0.8 mm、0.6 mm 、0.4 mm、0.16 mm。

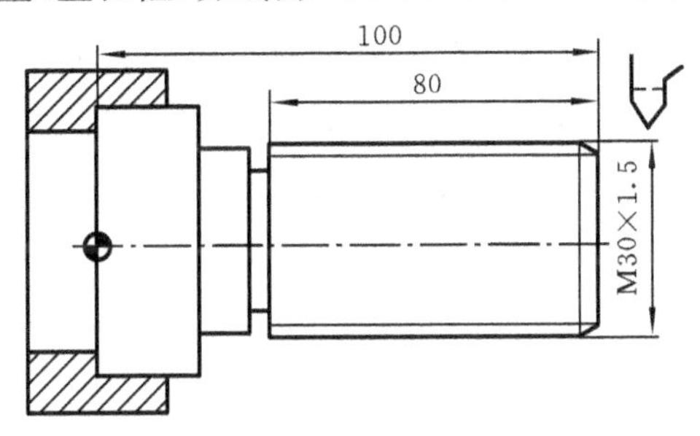

图 3-13 圆柱螺纹编程

```
%3316
T0101              ;选 1 号刀
G00 X50 Z120       ;移到起始点的位置
M03 S300           ;主轴以 300 r/min 旋转
G00 X29.2 Z101.5   ;到螺纹起点，升速段 1.5 mm，吃刀深 0.8 mm
G32 Z19 F1.5       ;切削螺纹到螺纹切削终点，降速段 1 mm
G00 X40            ;X 轴方向快退
Z101.5             ;Z 轴方向快退到螺纹起点处
X28.6              ;X 轴方向快进到螺纹起点处，吃刀深 0.6 mm
G32 Z19 F1.5       ;切削螺纹到螺纹切削终点
G00 X40            ;X 轴方向快退
Z101.5             ;Z 轴方向快退到螺纹起点处
X28.2              ;X 轴方向快进到螺纹起点处，吃刀深 0.4 mm
G32 Z19 F1.5       ;切削螺纹到螺纹切削终点
G00 X40            ;X 轴方向快退
```

```
Z101.5                ;Z 轴方向快退到螺纹起点处
U-11.96               ;X 轴方向快进到螺纹起点处,吃刀深 0.16 mm
G32 W-82.5 F1.5       ;切削螺纹到螺纹切削终点
G00 X40               ;X 轴方向快退
X50 Z120              ;回起始点
M30                   ;主轴停,主程序结束并复位
```

5. 倒角加工

(1) 直线后倒直角

格式:G01 X(U)__ Z(W)__ C __

说明:该指令用于直线后倒直角,指令刀具从当前直线段起点 A 经该直线上的中间点 B,倒直角到下一段的 C 点,如图 3-14 所示。

其中:

在 G90 编程时,X、Z 为未倒角前两相邻程序段轨迹的交点 G 的坐标值;在 G91 编程时,X、Z 为 G 点相对于起始直线段始点 A 的移动距离;

在 G90/G91 时,U、W 均为 G 点相对于起始直线段始点 A 的移动距离;

C 为倒角终点 C 相对于相邻两直线的交点 G 的距离。

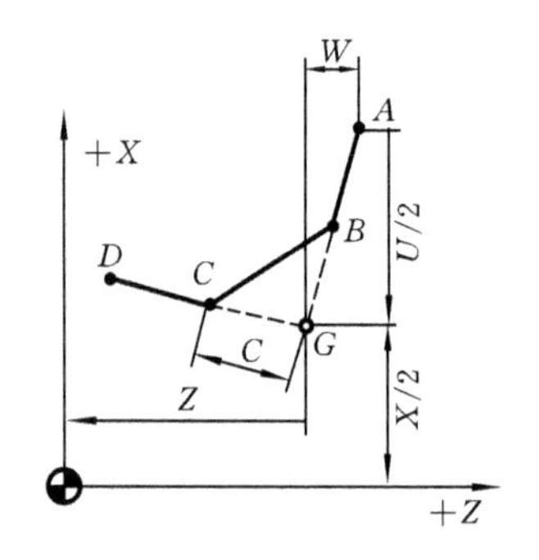

图 3-14　直线后倒直角参数说明

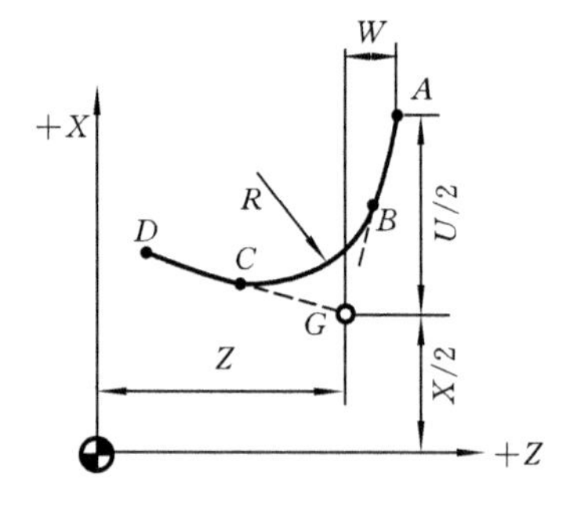

图 3-15　直线后倒圆角参数说明

(2) 直线后倒圆角

格式:G01 X(U)__ Z(W)__ R __

说明:该指令用于直线后倒圆角,指令刀具从当前直线段起点 A 到经该直线上的中间点 B,倒圆角到下一段的 C 点,如图 3-15 所示。

其中:

在 G90 编程时,X、Z 为未倒角前两相邻程序段轨迹的交点 G 的坐标值;在 G91 编程时,X、Z 为 G 点相对于起始直线段始点 A 的移动距离;

在 G90/G91 时,U、W 均为 G 点相对于起始直线段始点 A 的移动距离;

R 为倒角圆弧的半径值。

例 3-11 工件如图 3-16 所示，用倒角指令编程。

```
%3011
G00 U－70 W－10          ;从编程起点，移到工件前端面中心处
G01 U26 C3 F100          ;倒 3×45°直角
W－22 R3                 ;倒 R3 圆角
U39 W－14 C3             ;倒边长为 3 mm 的等腰直角
W－34                    ;加工 φ65 外圆
G00 U5 W80               ;回到编程起点
M30                      ;主轴停，主程序结束并复位
```

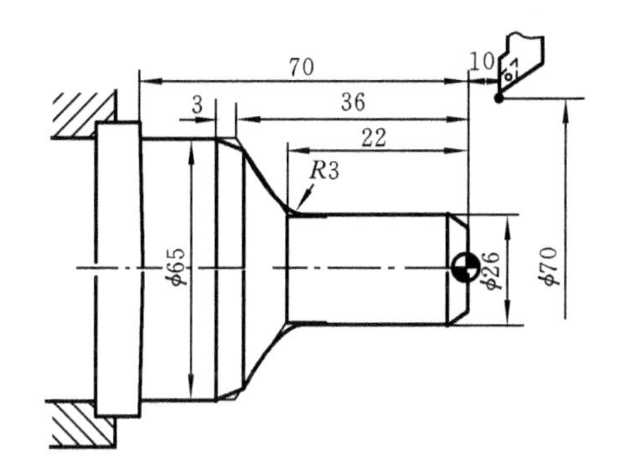

图 3-16　倒角编程实例

图 3-17　圆弧后倒直角参数说明

(3) 圆弧后倒直角

格式：$\left\{\begin{matrix}G02\\G03\end{matrix}\right\}$X(U)__ Z(W)__ R __ RL=__

说明：该指令用于圆弧后倒直角，指令刀具从当前圆弧段起点 A 经该圆弧上的中间点 B，倒直角到下一段的 C 点，如图 3-17 所示。

其中：

在 G90 编程时，X、Z 为未倒角前圆弧终点 G 的坐标值；在 G91 编程时，X、Z 为 G 点相对于圆弧起点 A 的移动距离；

在 G90/G91 时，U、W 均为 G 点相对于圆弧起点 A 的移动距离；

R 为圆弧的半径值；

RL 为倒角终点 C，相对于未倒角前圆弧终点 G 的距离。

(4) 圆弧后倒圆角

格式：$\left\{\begin{matrix}G02\\G03\end{matrix}\right\}$X(U)__ Z(W)__ R __ RC=__

说明：该指令用于圆弧后倒圆角，指令刀具从当前圆弧段起点 A 经该圆弧上的中间点 B，倒圆角到下一段的 C 点，如图 3-18 所示。

其中：

在 G90 编程时，X、Z 为未倒角前圆弧终点 G 的坐标值；在 G91 编程时，X、Z 为 G 点相对于圆弧起点 A 的移动距离；

在 G90/G91 时，U、W 均为 G 点相对于圆弧起点 A 的移动距离；

R 为圆弧的半径值；

RC 为倒角圆弧的半径值。

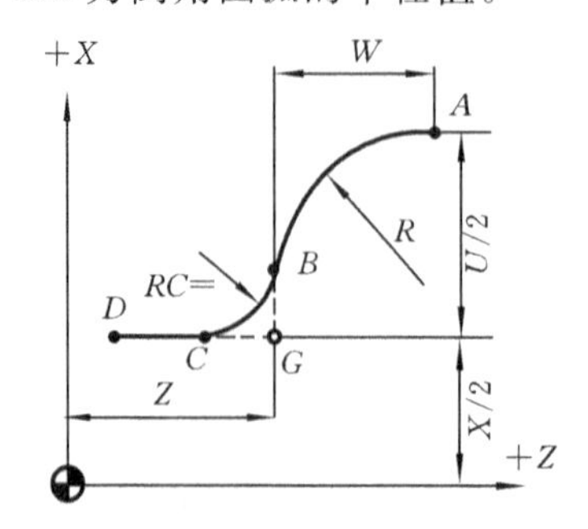

图 3-18　圆弧后倒圆角参数说明

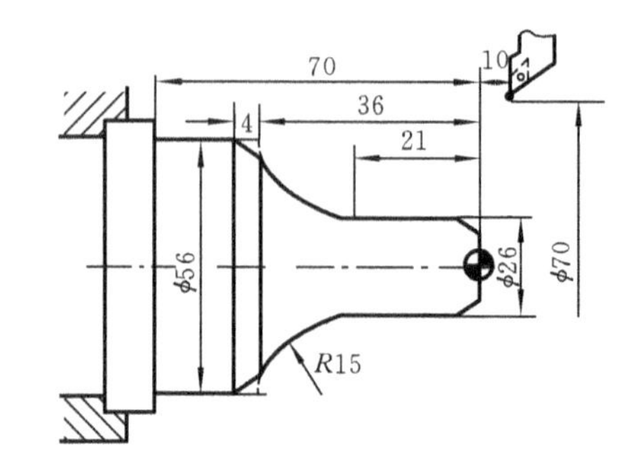

图 3-19　倒角编程实例

例 3-12　工件如图 3-19 所示，用倒角指令编程。

```
%3012
T0101                          ;选 1 号刀
G00 X70 Z10 M03 S500           ;移到起始点的位置，主轴正转
G00 X0 Z4                      ;到工件中心
G01 W－4 F100                  ;工进接触工件
X26 C3                         ;倒 3×45°的直角
Z－21                          ;加工 φ26 外圆
G02 U30 W－15 R15 RL＝4        ;加工 R15 圆弧，并倒边长为 4 mm 的直角
G01 Z－70                      ;加工 φ56 外圆
G00 U10                        ;退刀，离开工件
X70 Z10                        ;返回程序起点位置
M30                            ;主轴停，主程序结束并复位
```

提示：

① 在螺纹切削程序段中不得出现倒角控制指令；

② 如图 3-14、图 3-15 所示，当 X、Z 轴指定的移动量比指定的 R 或 C 小时，系统将会报警，即 GA 长度必须大于 GB 长度；

③ 程序中的 RL＝、RC＝必须大写。

3.3.5 回参考点控制指令

1. 自动返回参考点 G28

格式:G28 X __ Z __

说明:G28 指令首先使所有的编程轴都快速定位到中间点,然后再从中间点返回到参考点,G28 指令的执行情况如图 3-20 所示。

其中:

X、Z 为回参考点时经过的中间点(非参考点)的参数;在 G90 时为中间点在工件坐标系中的坐标;在 G91 时为中间点相对于起点的位移量。

在 G90/G91 时,U、W 均为中间点相对于起点的位移量。

使用 G28 指令可控制编程轴经过中间点自动返回参考点。这时从中间点到参考点的方向应与机床参数“回参考点方向”设定的方向一致。

在一般情况下,G28 指令用于自动更换刀具或者消除机械误差,在执行该指令之前应取消刀具半径补偿和刀具长度补偿。

执行 G28 程序段,不仅产生坐标轴移动,而且记忆了中间点坐标值,以供 G29 使用。

G28 指令仅在其被规定的程序段中有效。

2. 自动从参考点返回 G29

格式:G29 X __ Z __

说明:G29 首先使所有编程轴快速经过由 G28 指令定义的中间点,然后再到达指定点。通常该指令紧跟在 G28 指令之后,如图 3-20 所示。

其中:

X、Z 为返回的定位终点的参数,在 G90 时为定位终点在工件坐标系中的坐标;在 G91 时为定位终点相对于 G28 定义的中间点的位移量。

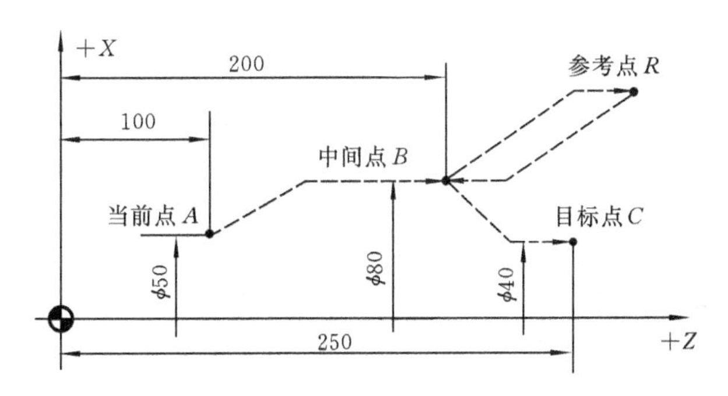

图 3-20 G28/G29 编程实例

在 G90/G91 时，U、W 均为定位终点相对于 G28 定义的中间点的位移量。

G29 指令仅在其被规定的程序段中有效。

例 3-13 用 G28、G29 对图 3-20 所示的路径编程。要求由 *A* 经过中间点 *B* 并返回参考点，然后从参考点经由中间点 *B* 返回到 *C*。

```
%3013
T0101                ;选 1 号刀
G00 X50 Z100         ;移到起始点 A 的位置
G28 X80 Z200         ;从 A 点经中间点 B，快速移动到参考点
G29 X40 Z250         ;从参考点 R 经中间点 B，到达目标点 C
G00 X50 Z100         ;回对刀点
M30                  ;主轴停，主程序结束并复位
```

本例表明，编程人员不必计算从中间点到参考点的实际距离。

3.3.6 刀具补偿功能指令

数控车床的刀具补偿分为刀具的圆弧半径补偿和刀具的几何补偿。刀具的圆弧半径补偿由 G40、G41、G42 指定。刀具的几何补偿由 T 指令指定。刀具的几何补偿包括刀具的偏置补偿和刀具的磨损补偿；刀具的偏置补偿有两种形式，即绝对刀具偏置补偿和相对刀具偏置补偿。

1. 刀尖圆弧半径补偿 G40、G41、G42

对于车削数控加工而言，由于车刀的刀尖通常是一段半径很小的圆弧，而假设的刀尖点（一般是通过对刀仪测量出来的）并不是刀刃圆弧上的一点，如图 3-21 所示。因此，在车削锥面、倒角或圆弧时，可能会造成切削加工不足（不到位）或切削过量（过切）的现象。图 3-22 描述了切削锥面时因切削加工不足而产生的加工误差。

因此，当使用车刀来切削加工锥面时，必须将假设的刀尖点的路径作适当的修

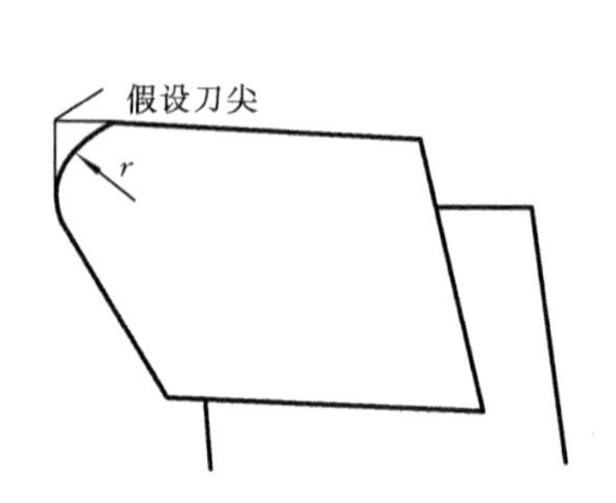

图 3-21 车刀的假设及刀刃圆弧

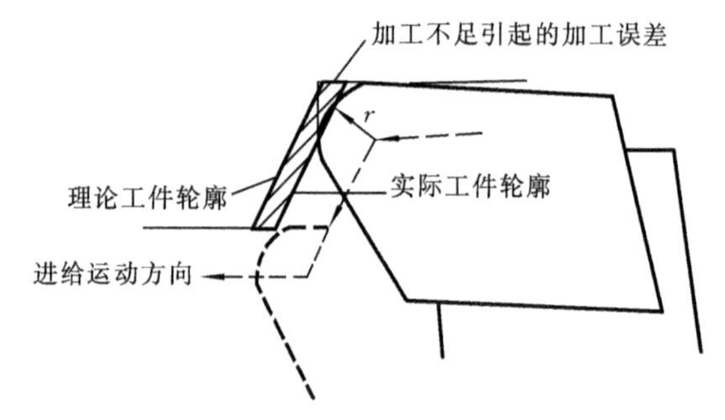

图 3-22 锥面车削不足产生的加工误差

正，使之切削加工出来的工件能获得正确的尺寸，这种修正方法称为刀尖半径补偿(tool nose radius compensation，简称 TNRC)。

与铣削加工刀具半径补偿一样，车削加工刀尖半径补偿也分为左补偿和右补偿。图 3-23 描述了车削加工刀尖半径补偿方法。

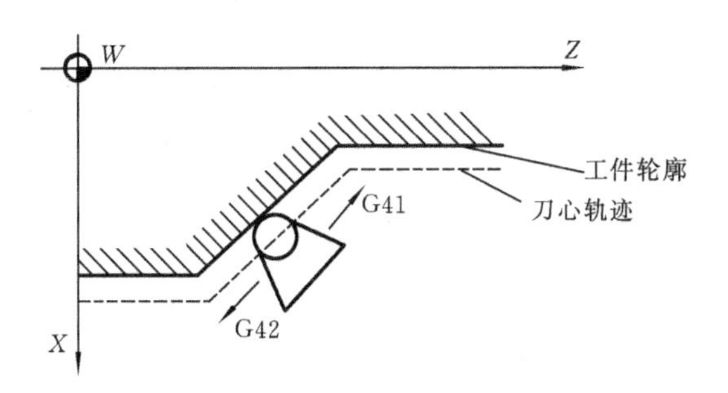

图 3-23　车削加工刀尖半径补偿

刀尖圆弧半径补偿是通过 G41、G42、G40 指令实现的，并由 T 指令指定刀尖圆弧半径补偿号。

格式：$\left\{\begin{matrix}\mathrm{G40}\\ \mathrm{G41}\\ \mathrm{G42}\end{matrix}\right\}\left\{\begin{matrix}\mathrm{G00}\\ \mathrm{G01}\end{matrix}\right\} X\_\_\ Z\_\_$

说明：该组指令用于建立/取消刀具半径补偿。

其中：

G40 为取消刀尖半径补偿；

G41 为左刀补(在刀具前进方向左侧补偿)，如图 3-23 所示；

G42 为右刀补(在刀具前进方向右侧补偿)，如图 3-23 所示；

X, Z 为 G00/G01 的参数，即建立刀补或取消刀补的终点；

G40、G41、G42 都是模态指令，可相互注销。

提示：

① G41/G42 不带参数，其补偿号(代表所用刀具对应的刀尖半径补偿值)由 T 指令指定。其刀尖圆弧补偿号与刀具偏置补偿号对应；

② 左补偿和右补偿的判定：从虚拟轴 Y 正方向看，沿着刀具前进方向，刀具在工件的左侧为左补偿，在右侧为右补偿；

③ 刀具半径补偿的建立与取消只能用 G00 或 G01 指令，不能是 G02 或 G03；

④ 在刀尖圆弧半径补偿寄存器中，定义了车刀圆弧半径及刀尖的方向号；

车刀刀尖的方向号定义了刀具刀位点与刀尖圆弧中心的位置关系，共有 0～9 个方向，如图 3-24 所示。

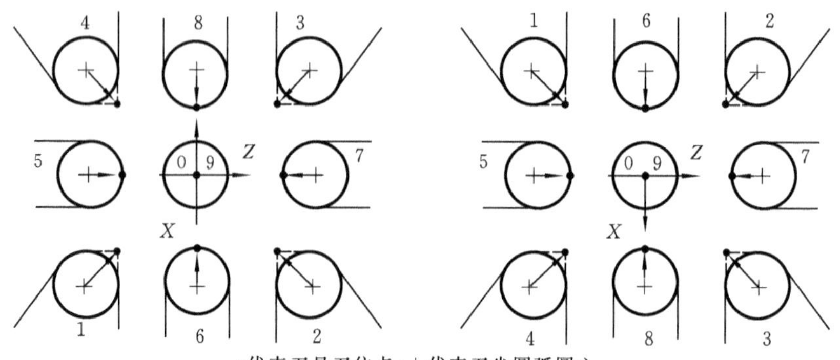

•代表刀具刀位点；+代表刀尖圆弧圆心

图 3-24　车刀刀尖位置码定义

例 3-14　考虑刀尖半径补偿，编制图 3-25 所示零件的加工程序。

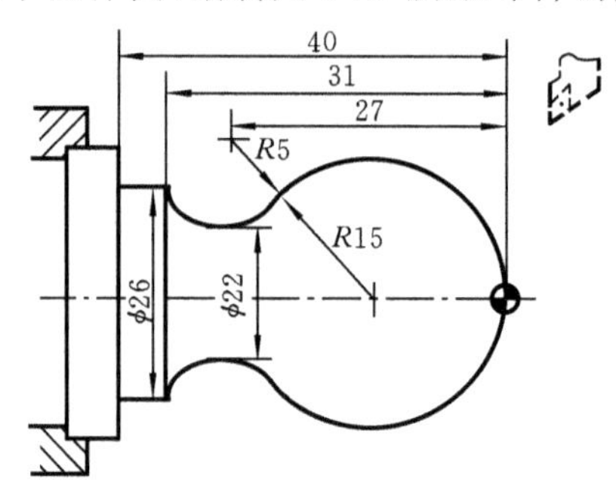

图 3-25　刀尖半径补偿编程实例

%3014

T0101　　　　;选 1 号刀

M03 S400　　　　;主轴以 400 r/min 正转

G00 X40 Z5　　　　;到程序起点

G00 X0　　　　;刀具移到工件中心

G01 G42 Z0 F60　　　　;建立刀尖半径右补偿，工进接触工件

G03 U24 W－24 R15　　　　;加工 $R15$ 圆弧段

G02 X26 Z－31 R5　　　　;加工 $R5$ 圆弧段

G01 Z－40　　　　;加工 $\phi26$ 外圆

G00 X30　　　　;退出已加工表面

G40 X40 Z5　　　　;取消刀尖半径补偿，返回程序起点位置

M30　　　　;主轴停，主程序结束并复位

2. 刀具偏置补偿和刀具磨损补偿

1）刀具偏置补偿

在编程时，由于刀具的几何形状及安装位置的不同，各刀尖位置是不一致的，

其相对于工件原点的距离也是不同的。因此需要将各刀具的位置值进行比较或设定，这称为刀具偏置补偿。刀具偏置补偿可使加工程序不随刀尖位置的不同而改变。刀具偏置补偿有以下两种形式。

(1) 绝对补偿形式

如图 3-26 所示，绝对刀偏即机床回到机床零点时，工件零点相对于刀架工作位置上各刀刀尖位置的有向距离。当执行刀偏补偿时，各刀以此值设定各自的加工坐标系。因此，虽然刀架在机床零点时，各刀由于几何尺寸不一致，各刀刀位点相对于工件零点的距离不同，但各自建立的坐标系均与工件坐标系重合。

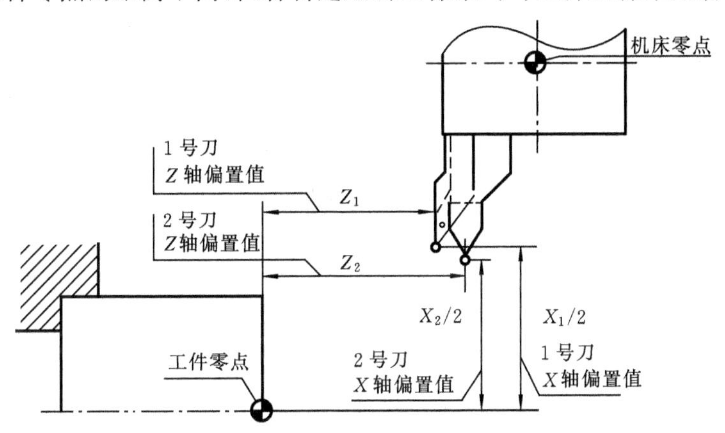

图 3-26　刀具偏置的绝对补偿形式

HNC-21T 数控装置可通过输入试切直径、长度值，自动计算工件零点相对于各刀刀位点的距离。其步骤如下。

- 按下刀具补偿子菜单下的“刀具偏置表”功能按键。
- 如图 3-27 所示，用各刀试切工件端面，输入此时刀具在设立的工件坐标系

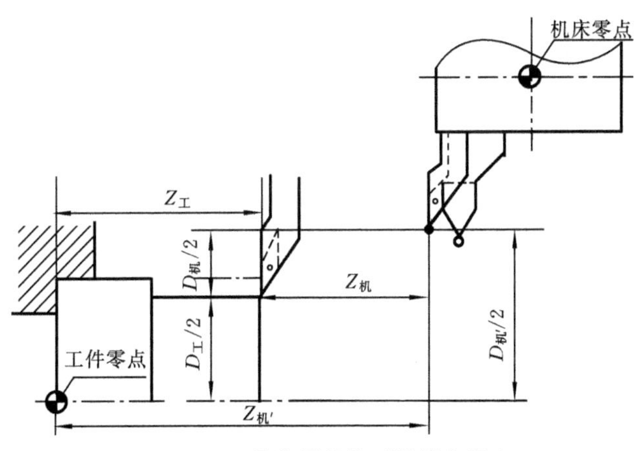

图 3-27　刀具偏置的绝对补偿值设定

下的 Z 轴坐标值(测量)。如编程时将工件原点设在工件前端面,即输入 0(设“0”前不得有 Z 轴位移)。数控装置通过公式 $Z_{机'}=Z_{机}-Z_{工}$,自动计算出工件原点相对于该刀刀位点的 Z 轴距离。

◎用同一把刀试切工件外圆,输入此时刀具在设立的工件坐标系下的 X 轴坐标值,即试切后工件的直径值(设“0”前不得有 X 轴位移)。数控装置通过公式 $D_{机'}=D_{机}-D_{工}$,自动计算出工件原点相对于该刀刀位点的 X 轴距离。

◎退出、换刀,重复上述步骤,即可得到各刀的绝对刀偏值,并自动输入到刀具偏置表中。

(2) 相对补偿形式

如图 3-28 所示,在对刀时,先要确定一把刀为标准刀具,并以其刀尖位置 A 为依据建立坐标系。这样,当其他各刀转到加工位置时,刀尖位置 B 相对标刀刀尖位置 A 就会出现偏置,原来建立的坐标系就不再适用,因此应对非标刀具相对于标准刀具之间的偏置值 ΔX、ΔZ 进行补偿,使刀尖位置 B 移至位置 A。

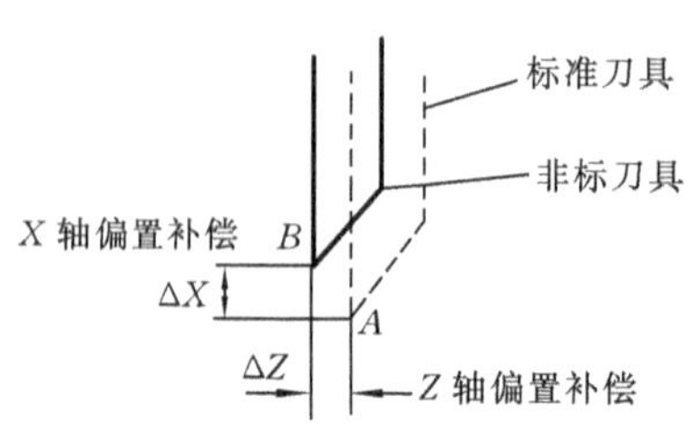

图 3-28 刀具偏置的相对补偿形式

标刀偏置值为机床回到机床零点时,工件零点相对于工作位置上标刀刀位点的有向距离。

如果有对刀仪,相对刀偏值的测量步骤如下。

◎将标刀刀位点移到对刀仪的十字中心。

◎在“功能按键”主菜单下或刀具补偿子菜单下,将刀具当前位置设为相对零点。

◎退出、换刀后,将刀移到对刀仪的十字中心,此时显示的相对值,即为该刀相对于标刀的刀偏值。

如果没有对刀仪,相对刀偏值的测量步骤如下。

◎标刀试切工件端面,在“功能按键”主菜单下或刀具补偿子菜单下,将刀具当前 Z 轴位置设为相对零点(设“0”前不得有 Z 轴位移)。

◎用标刀试切工件外圆,在“功能按键”主菜单下或刀具补偿子菜单下,将刀具当前 X 轴位置设为相对零点(设“0”前不得有 X 轴位移)。此时,标刀已在工件上切出一基准点。当标刀在基准点位置时,即也在设置的相对零点位置上。

◎退出、换刀后,将刀移到工件上的基准点位置,此时显示的相对值,即为该刀相对于标刀的刀偏值。

HNC-21T 系统还可通过输入试切直径、长度值,自动计算当刀架在机床零点时,工件零点相对于各刀刀位点的距离,并用标刀的值与该值进行比较,得到其相对于标刀的刀偏值(见图 3-29)。

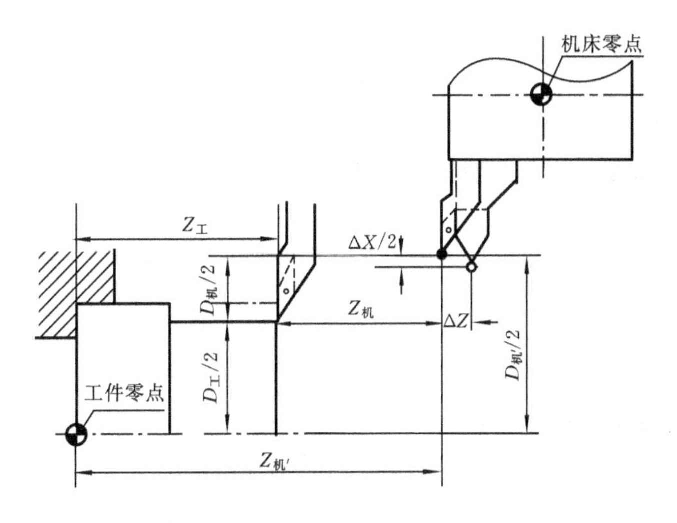

图 3-29　相对刀偏值的设定

以下为其操作步骤。

◎ 按下刀具补偿子菜单下的“刀具偏置表”功能按键。

◎ 用标刀试切工件端面，输入此时刀具在将设立的工件坐标系下的 Z 轴坐标值，即工件长度值；如编程时将工件原点设在工件前端面，即输入 0（设“0”前不得有 Z 轴位移）。数控装置通过公式 $Z_{机'}=Z_{机}-Z_{工}$，自动计算出工件零点相对于标刀刀位点的距离，即标刀的 Z 轴刀偏值。

◎ 用标刀试切工件外圆，输入此时刀具在将设立的工件坐标系下的 X 轴坐标值，即试切后工件的直径值（设“0”前不得有 X 轴位移）。系统源程序通过公式 $D_{机'}=D_{机}-D_{工}$，自动计算出工件零点相对于标刀刀位点的距离，即标刀的 Z 轴刀偏值。

◎ 按下“刀具偏置表”子菜单下的“标刀选择”功能按键，将标刀刀偏值设为基准。

◎ 退出、换刀后，将刀重复上述步骤，即可得各刀相对于标刀的刀偏值，并自动输入到刀具偏置表中。

2）*刀具磨损补偿*

刀具磨损后也会使产品尺寸产生误差，因此需要对其进行补偿。该补偿与刀具偏置补偿存放在同一个寄存器的地址号中。各刀设定的磨损补偿只对该刀有效（包括标刀）。

3）*刀具偏置补偿和磨损补偿的指定*

刀具的偏置补偿和磨损补偿功能由 T 指令指定，其后的 4 位数字分别表示选择的刀具号和刀具偏置补偿号。

格式:T __ __ __ __
刀具号 刀具 补偿号

刀具补偿号是刀具偏置补偿寄存器的地址号,该寄存器存放刀具 X 轴和 Z 轴的偏置补偿值、磨损补偿值。

T 指令加补偿号表示开始补偿功能。补偿号为 00 表示补偿量为 0,即取消补偿功能。

数控装置对刀具的补偿或取消都是通过刀具的移动来实现的。

补偿号可以与刀具号相同,也可以不同,即一把刀具可以对应多个补偿号(值)。

如图 3-30 所示,如果刀具轨迹相对编程轨迹具有 X、Z 方向上补偿值(由 X、Z 方向上的补偿分量构成的矢量称为补偿矢量),那么程序段中的终点位置加或减去由 T 指令指定的补偿量(补偿矢量)即为刀具轨迹段的终点位置。

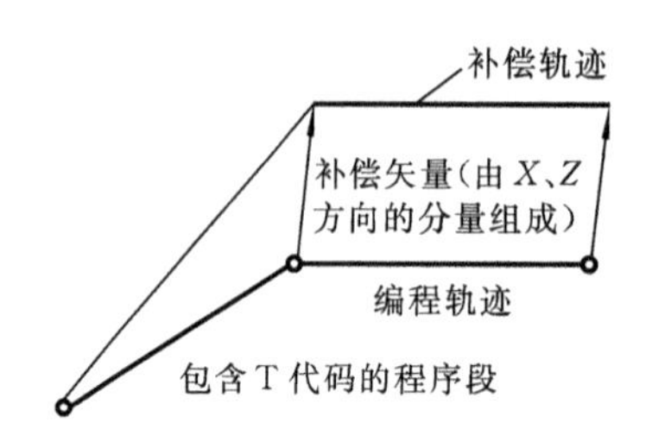

图 3-30 经偏置磨损补偿后的刀具

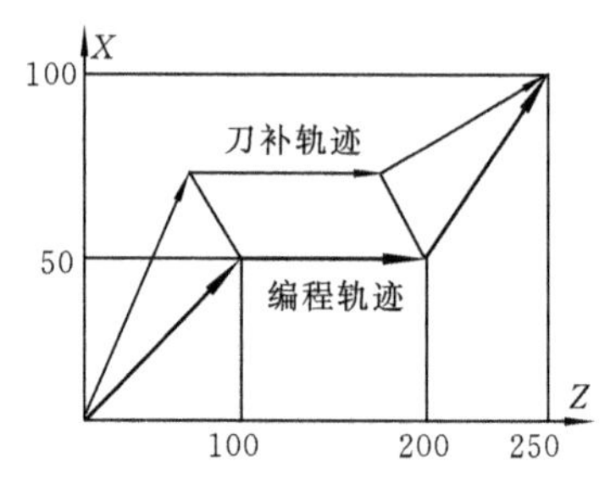

图 3-31 刀具偏置磨损补偿编程

例 3-15 如图 3-31 所示,先建立刀具偏置磨损补偿,后取消刀具偏置磨损补偿。

```
T0202
G37 G01 X50 Z100
Z200
X100 Z250 T0200
M30
```

3.3.7 暂停指令 G04

格式:G04 P __

说明:G04 指令用于暂停程序执行一段时间。

其中:

P 为暂停时间,单位为 s。

G04 可使刀具作短暂停留,以使工件获得圆整而光滑的表面。该指令除用于切槽、钻镗孔等的工步外,还可用于拐角轨迹控制。

G04 在前一程序段的进给速度降到零之后才开始暂停动作。

系统在执行含 G04 指令的程序段时,先执行暂停指令。

G04 为非模态指令,仅在其被规定的程序段中有效。

3.3.8 恒线速度指令 G96、G97

格式:G96 S

G97 S

G46 X __ P __

说明:该组指令用于建立或取消恒线速度功能。

其中:

G96 为恒线速度功能;

G97 为取消恒线速度功能;

G46 为极限转速限定;

S 在 G96 后为切削的恒定线速度(m/min);在 G97 后为主轴转速(r/min);

X 为恒线速时主轴最低转速限定(r/min);

P 为恒线速时主轴最高转速限定(r/min)。

提示:

① 使用恒线速度功能,主轴必须能自动变速(如伺服主轴、变频主轴等);

② 须在系统参数中设定主轴最高限速;

③ G46 指令只在恒线速度功能有效时才有效。

例 3-16 如图 3-32 所示,用恒线速度指令编程。

```
%3016
T0101             ;选 1 号刀
G00 X40 Z5        ;快速移到起始点的位置
M03 S500          ;主轴以 500 r/min 旋转
G96 S80           ;恒线速度有效,线速度为 80 m/min
G46 X400 P900     ;限定主轴转速范围(400~900 r/min)
G00 X0            ;刀移到中心,转速升高,直到主轴达最高 限速 900 r/min
G01 Z0 F60        ;工进接触工件
G03 U24 W-24 R15  ;加工 R15 圆弧段
G02 X26 Z-31 R5   ;加工 R5 圆弧段
G01 Z-40          ;加工 φ26 外圆
```

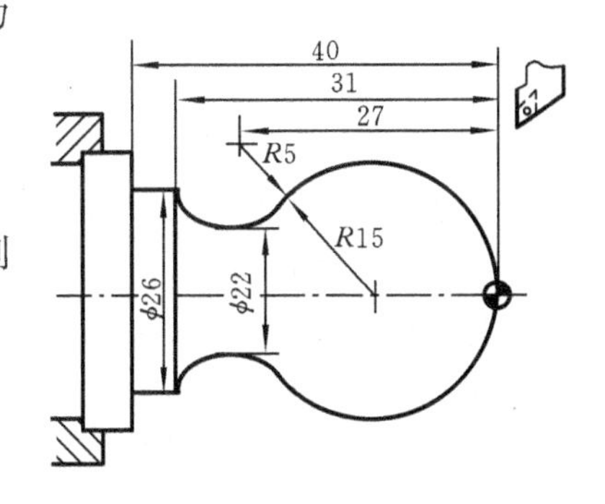

图 3-32 恒线速度编程实例

X40 Z5　　　　　　;回对刀点
G97 S300　　　　　;取消恒线速度功能,设定主轴按 300 r/min 旋转
M30　　　　　　　;主轴停,主程序结束并复位

3.3.9　简单循环

切削循环通常是用一个含 G 指令的程序段完成用多个程序段指令的加工操作,使程序得以简化。

HNC-21T 系统有三类简单循环,分别是:

- G80 为内(外)径切削循环;
- G81 为端面切削循环;
- G82 为螺纹切削循环。

1. 内(外)径切削循环 G80

(1) 圆柱面内(外)径切削循环

格式:G80 X __ Z __ F __

说明:该指令执行如图 3-33 所示 $A \rightarrow B \rightarrow C \rightarrow D \rightarrow A$ 的轨迹。

其中:

在绝对值编程时,X、Z 为切削终点 C 在工件坐标系下的坐标;在增量值编程时,X、Z 为切削终点 C 相对于循环起点 A 的有向距离,在图形中用 U、W 表示,其符号由轨迹 1R 和 2F 的方向确定。

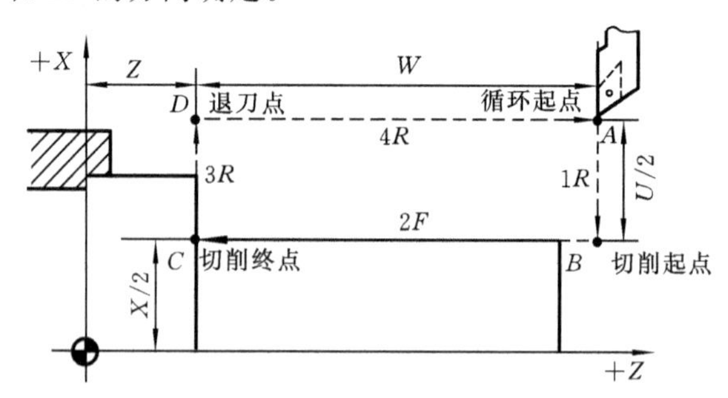

图 3-33　圆柱面内(外)径切削循环

提示:图中 X、Z 表示绝对坐标值;U、W 表示程序段中 X、Z 的相对值,但程序段中不能用 U、W 编程;R 表示快速移动;F 表示以指定速度移动。后续各图中标注的字符意义与此相同。

(2) 圆锥面内(外)径切削循环

格式:G80 X __ Z __ I __ F __

说明:该指令执行如图 3-34 所示 $A \rightarrow B \rightarrow C \rightarrow D \rightarrow A$ 的轨迹。

其中:

在绝对值编程时,X、Z 为切削终点 C 在工件坐标系下的坐标;在增量值编程

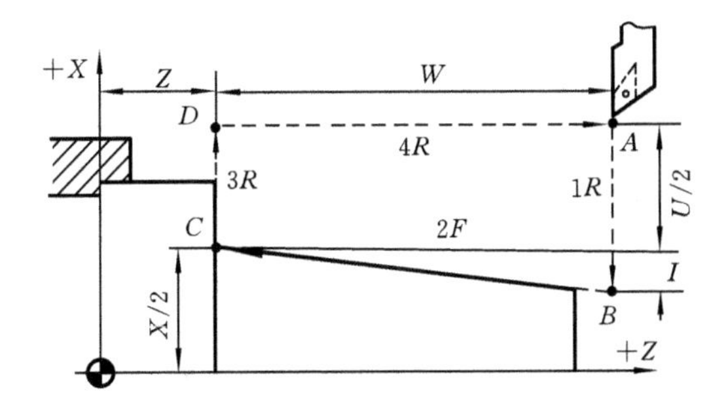

图 3-34　圆锥面内(外)径切削循环

时,X、Z 为切削终点 C 相对于循环起点 A 的有向距离,图形中用 U、W 表示。

I 为切削起点 B 与切削终点 C 的半径差。其符号为差的符号(无论是绝对值编程还是增量值编程)。

例 3-17　用 G80 指令编程,分 3 次加工如图 3-35 所示的简单圆锥零件(点画线代表毛坯)。

```
%3017
T0101                              ;选 1 号刀
G00 X40 Z33
M03 S400                           ;主轴以 400 r/min 旋转
G91 G80 X-10 Z-33 I-5.5 F200       ;加工第 1 次循环,吃刀深 3 mm
X-13 Z-33 I-5.5                    ;加工第 2 次循环,吃刀深 3 mm
X-16 Z-33 I-5.5                    ;加工第 3 次循环,吃刀深 3 mm
M30                                ;主轴停,主程序结束并复位
```

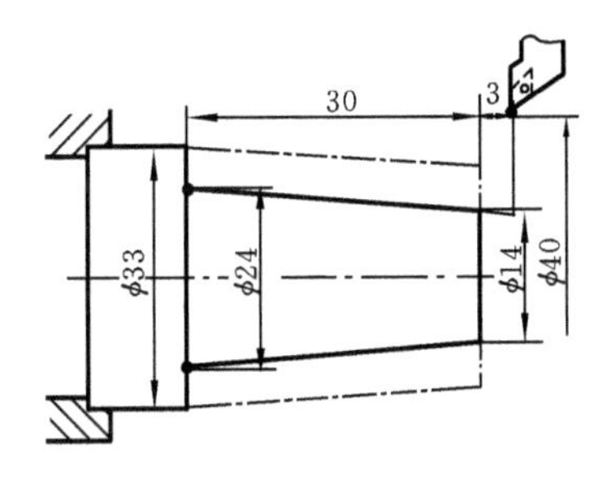

图 3-35　G80 切削循环编程实例

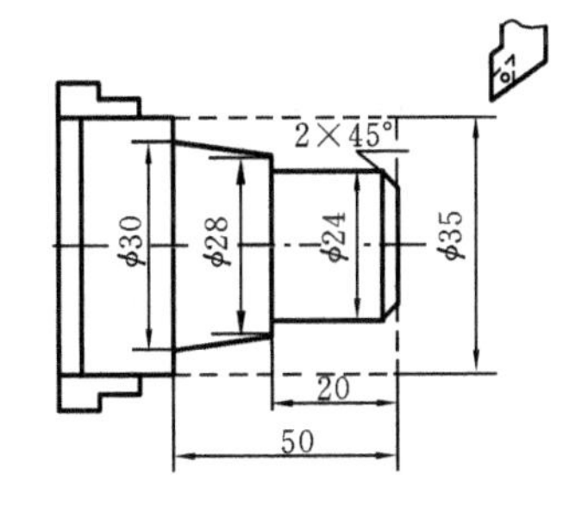

图 3-36　G80 切削循环编程实例

例 3-18　用 G80 指令,分粗、精加工如图 3-36 所示的简单圆锥零件。

```
%3018
T0101
M03 S450
G00 X100 Z40
```

```
X40 Z3
G80 X31 Z-50 F100
G80 X25 Z-20
G80 X29 Z-4 I-7 F100
G00 X100 Z40
T0202
G00 X100 Z40
G00 X14 Z3
G01 X24 Z-2 F80
Z-20
X28
X30 Z-50
G00 X36
X80 Z10
M05 M30
```

2. 端面切削循环 G81

(1) 端平面切削循环

格式：G81 X __ Z __ F __

说明：该指令执行如图 3-37 所示 $A \to B \to C \to D \to A$ 的轨迹。

其中：

在绝对值编程时，X、Z 为切削终点 C 在工件坐标系下的坐标；在增量值编程时，X、Z 为切削终点 C 相对于循环起点 A 的有向距离，图形中用 U、W 表示，其符号由轨迹 $1R$ 和 $2F$ 的方向确定。

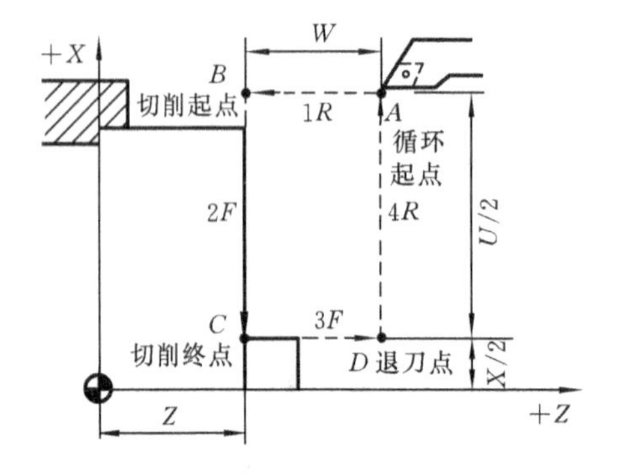

图 3-37　端平面切削循环

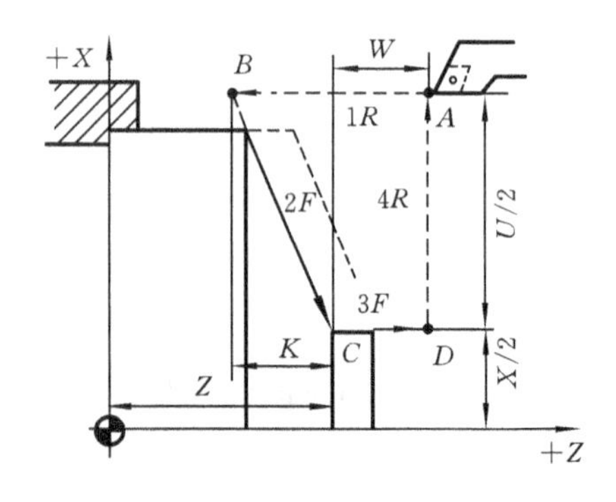

图 3-38　圆锥端面切削循环

(2) 圆锥端面切削循环

格式：G81 X __ Z __ K __ F __

说明：该指令执行如图 3-38 所示 $A \to B \to C \to D \to A$ 的轨迹。

其中：

在绝对值编程时，X、Z 为切削终点 C 在工件坐标系下的坐标；在增量值编程时，X、Z 为切削终点 C 相对于循环起点 A 的有向距离，图形中用 U、W 表示。

K 为切削起点 B 相对于切削终点 C 的 Z 向有向距离。

例 3-19 如图 3-39 所示，用 G81 指令编程(点画线代表毛坯)。

```
%3038
T0101                           ;选 1 号刀
G00 X60 Z45                     ;移到循环起点的位置
M03 S400                        ;主轴正转
G81 X25 Z31.5 K-3.5 F100        ;加工第 1 次循环，吃刀深 2 mm
X25 Z29.5 K-3.5                 ;每次吃刀深均为 2 mm
X25 Z27.5 K-3.5                 ;每次切削起点位置，距工件外圆面 5 mm，
                                 故 K 值为-3.5
X25 Z25.5 K-3.5                 ;加工第 4 次循环，吃刀深 2 mm
M05 M30                         ;主轴停，主程序结束并复位
```

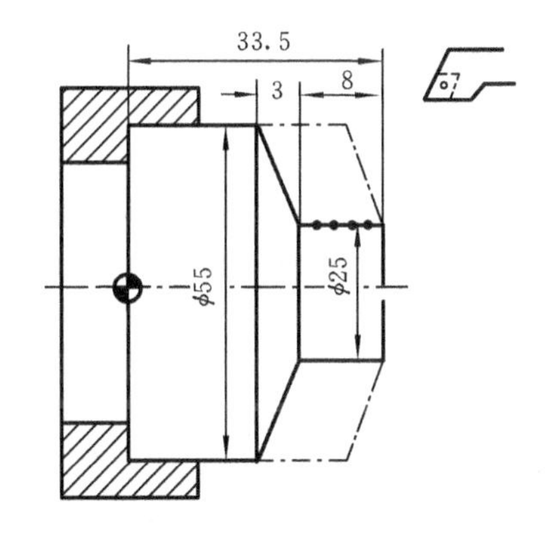

图 3-39 G81 切削循环编程实例

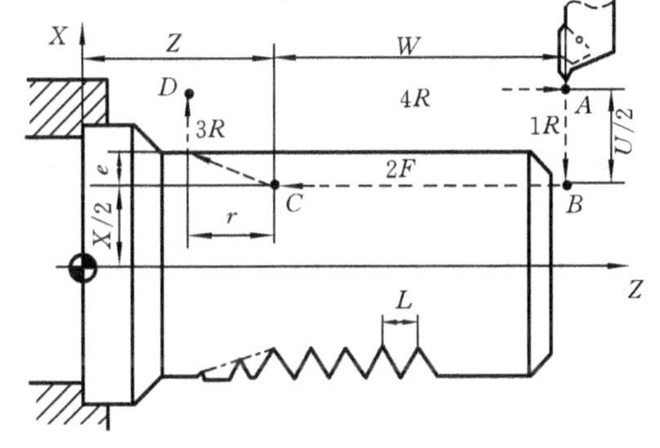

图 3-40 直螺纹切削循环

3. 螺纹切削循环 G82

(1) 直螺纹切削循环

格式：G82 X __ Z __ R __ E __ C __ P __ F __

说明：该指令执行如图 3-40 所示 $A \to B \to C \to D \to E \to A$ 的轨迹。

其中：

在绝对值编程时，X、Z 为螺纹终点 C 在工件坐标系下的坐标；在增量值编程时，X、Z 为螺纹终点 C 相对于循环起点 A 的有向距离，图形中用 U、W 表示，其符号由轨迹 $1R$ 和 $2F$ 的方向确定；

R、E 为螺纹切削的退尾量，在图中，$\boldsymbol{R}$、$\boldsymbol{E}$ 均为向量(分别用 r、e 表示)，$\boldsymbol{R}$ 为 Z

向回退量，**E** 为 X 向回退量，**R**、**E** 可以省略，表示不用回退功能；

C 为螺纹头数，值为 0 或 1 时切削单头螺纹；

在单头螺纹切削时，P 为主轴基准脉冲处距离切削起始点的主轴转角（缺省值为 0）；在多头螺纹切削时，P 为相邻螺纹头的切削起始点之间对应的主轴转角；

F 为螺纹导程，在图中用 *L* 表示。

提示：螺纹切削循环同 G32 螺纹切削一样，在进给保持状态下，该循环在完成全部动作之后才停止运动。

（2）锥螺纹切削循环

格式：G82 X_ Z_ I_ R_ E_ C_ P_ F_

说明：该指令执行如图 3-41 所示 *A*→*B*→*C*→*D*→*A* 的轨迹。

其中：

在绝对值编程时，X、Z 为螺纹终点 *C* 在工件坐标系下的坐标；在增量值编程时，X、Z 为螺纹终点 *C* 相对于循环起点 *A* 的有向距离，图形中用 *U*、*W* 表示。

I 为螺纹起点 *B* 与螺纹终点 *C* 的半径差，其符号为差的符号（无论是绝对值编程还是增量值编程）；

R，E 为螺纹切削的退尾量，在图中 **R**、**E** 均为向量，**R** 为 *Z* 向回退量，**E** 为 *X* 向回退量，**R**、**E** 可以省略，表示不用回退功能；

C 为螺纹头数，值为 0 或 1 时切削单头螺纹；

在单头螺纹切削时，P 为主轴基准脉冲处距离切削起始点的主轴转角（缺省值为 0）；在多头螺纹切削时，P 为相邻螺纹头的切削起始点之间对应的主轴转角；

F 为螺纹导程，在图中用 *L* 表示。

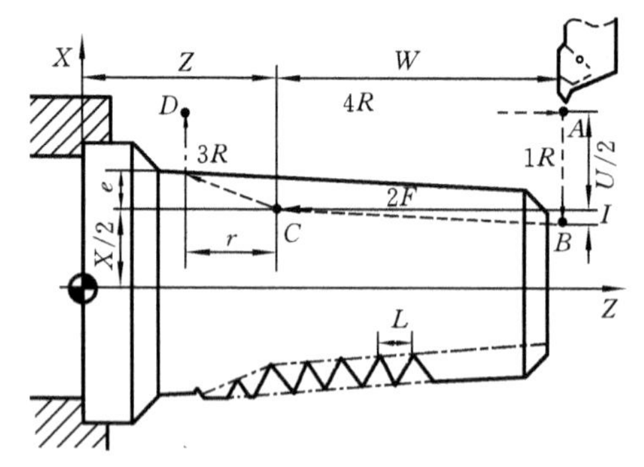

图 3-41　锥螺纹切削循环

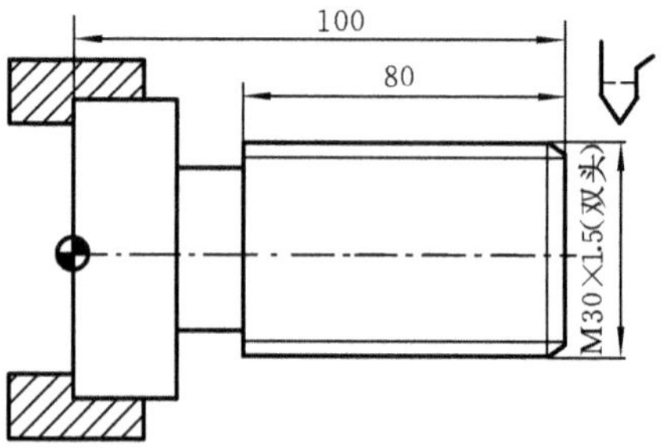

图 3-42　G82 切削循环编程实例

例 3-20　如图 3-42 所示，用 G82 指令编程（毛坯外形已加工完成）。

％3019

G54 G00 X35 Z104　　　　　；选定坐标系 G54，到循环起点

M03 S280 ;主轴以 280 r/min 正转
G82 X29.2 Z18.5 C2 P180 F3 ;第 1 次循环切螺纹,切深 0.8 mm
X28.6 Z18.5 C2 P180 F3 ;第 2 次循环切螺纹,切深 0.4 mm
X28.2 Z18.5 C2 P180 F3 ;第 3 次循环切螺纹,切深 0.4 mm
X28.04 Z18.5 C2 P180 F3 ;第 4 次循环切螺纹,切深 0.16 mm
M30 ;主轴停,主程序结束并复位

3.3.10 复合循环

HNC-21T 系统有四类复合循环,分别是:

- G71 为内(外)径粗车复合循环;
- G72 为端面粗车复合循环;
- G73 为封闭轮廓复合循环;
- G76 为螺纹切削复合循环。

运用这组复合循环指令,只需指定精加工路线和粗加工的吃刀量,系统会自动计算出粗加工路线和走刀次数。

1. 内(外)径粗车复合循环 G71

格式:G71 U__ R__ P__ Q__ X__ Z__ F__ S__ T__

说明:该指令执行如图 3-43 所示的粗加工和精加工,精加工路径为 $A \to A' \to B' \to B$ 的轨迹,粗加工路径由序号表示。

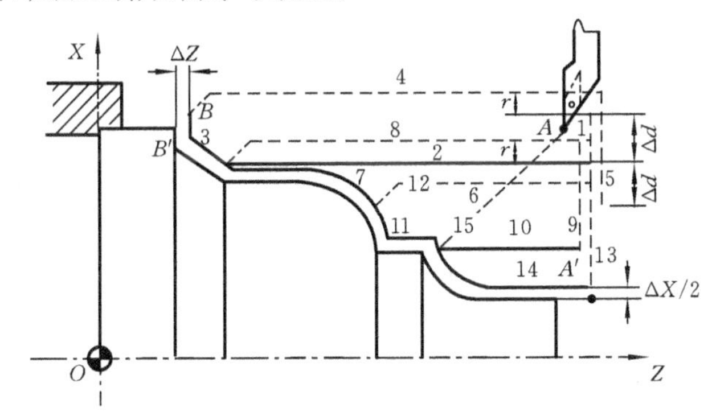

图 3-43 内、外径粗切复合循环

其中:

U 为切削深度(每次切削量),图中用 Δd 表示,指定时不加符号,方向由矢量 $\boldsymbol{AA'}$ 决定;

R 为每次退刀量,图中用 r 表示;

P 为精加工路径第一程序段(即图中的 AA')的顺序号,通常用 ns 表示;

Q 为精加工路径最后程序段(即图中的 $B'B$)的顺序号,通常用 nf 表示;

X 为 X 方向的精加工余量，图中用 ΔX 表示；

Z 为 Z 方向的精加工余量，图中用 ΔZ 表示；

F、S、T 表示在粗加工时 G71 中编程的 F、S、T 值有效，而精加工时处于程序段 P 到 Q 之间的 F、S、T 值有效。

在 G71 切削循环下，切削进给方向平行于 Z 轴，$X(\Delta U)$ 和 $Z(\Delta W)$ 的符号如图 3-44 所示。其中："(＋)"表示沿轴正方向移动；"(－)"表示沿轴负方向移动。

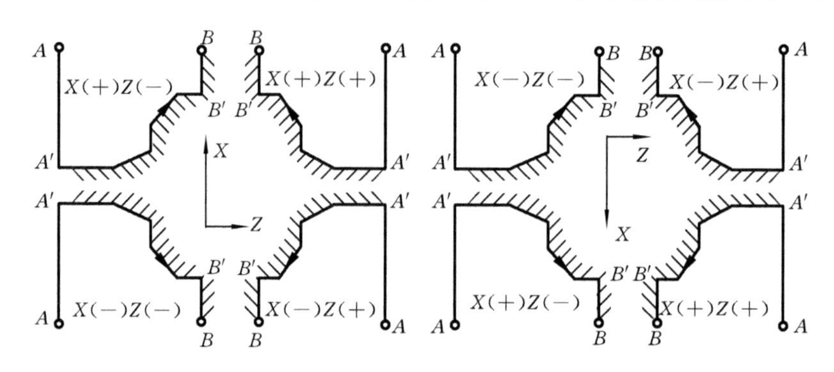

图 3-44 G71 **复合循环下** $X(\Delta U)$**和** $Z(\Delta W)$ **的符号**

提示：

① G71 指令必须带有 P、Q 地址，否则不能进行该循环加工；

② 在 P 程序段中应包含 G00/G01 指令，进行由 A 到 A'的移动，且该程序段中不应编有 Z 向移动指令；

③ 在顺序号 P 到顺序号 Q 的程序段中，可以有 G02/G03 指令，但不应包含子程序。

例 3-21 用外径粗加工复合循环编制如图 3-45 所示零件的加工程序。要求循环起始点在 $A(46,3)$，切削深度为 1.5 mm（半径量）。退刀量为 1 mm，X 方向精加工余量为 0.4 mm，Z 方向精加工余量为 0.1 mm（其中点画线部分为工件毛坯）。

```
%3325
T0101                                ;选 1 号刀
G00 G00 X80 Z80                      ;到程序起点位置
M03 S400                             ;主轴以 400 r/min 正转
G01 X46 Z3 F100                      ;刀具到循环起点位置
G71 U1.5 R1 P50 Q130 X0.4 Z0.1       ;粗切量：1.5 mm
                                     ;精切量：X=0.4 mm，Z=0.1 mm
N50 G00 X0                           ;精加工轮廓起始行，到倒角延长线
N60 G01 X10 Z-2                      ;精加工 2×45°倒角
```

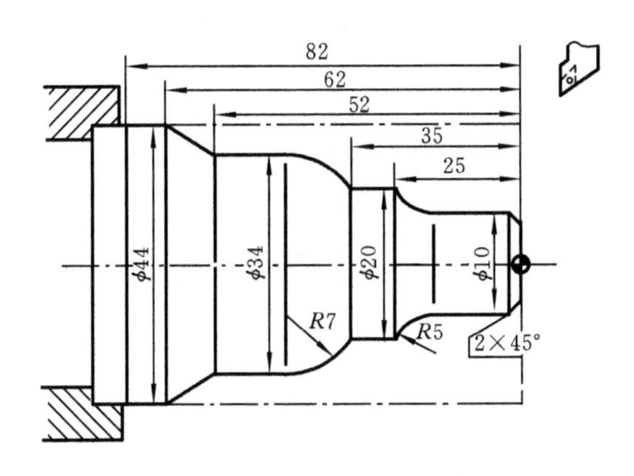

图 3-45　G71 外径复合循环编程实例

N70 Z—20　　　　;精加工 φ10 外圆
N80 G02 U10 W—5 R5　　　　;精加工 *R*5 圆弧
N90 G01 W—10　　　　;精加工 φ20 外圆
N100 G03 U14 W—7 R7　　　　;精加工 *R*7 圆弧
N110 G01 Z—52　　　　;精加工 φ34 外圆
N120 U10 W—10　　　　;精加工外圆锥
N130 W—20　　　　;精加工 φ44 外圆,精加工轮廓结束
X50　　　　;退出已加工面
G00 X80 Z80　　　　;回对刀点
M05 M30　　　　;主轴停,主程序结束并复位

2. 端面粗车复合循环 G72

格式:G72 W__ R__ P__ Q__ X__ Z__ F__ S__ T__

说明:该循环与 G71 的区别仅在于切削方向平行于 *X* 轴。该指令执行如图3-46所示的粗加工和精加工,精加工路径为 $A \to A' \to B' \to B$,粗加工路径由序号表示。

其中:

W 为切削深度(每次切削量),指定时不加符号,方向由矢量 **AA′**决定;

R 为每次退刀量,图中用 *r* 表示;

P 为精加工路径第一程序段(即图中的 AA')的顺序号,通常用 *ns* 表示;

Q 为精加工路径最后程序段(即图中的 $B'B$)的顺序号,通常用 *nf* 表示;

X 为 *X* 方向的精加工余量,图中用 ΔX 表示;

Z 为 *Z* 方向的精加工余量,图中用 ΔZ 表示;

F、S、T 表示在粗加工时 G72 中编程的 F、S、T 值有效,而精加工时处于 P 到 Q 程序段之间的 F、S、T 值有效。

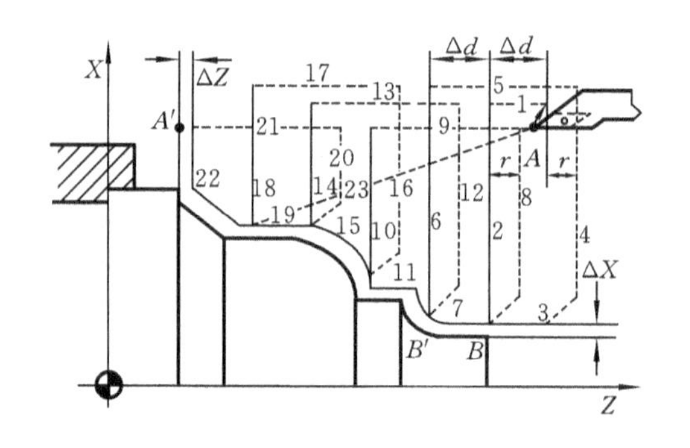

图 3-46　端面粗车复合循环 G72

在 G72 切削循环下，切削进给方向平行于 X 轴，$X(\Delta U)$ 和 $Z(\Delta W)$ 的符号如图 3-47 所示。其中(＋)表示沿轴的正方向移动，(－)表示沿轴的负方向移动。

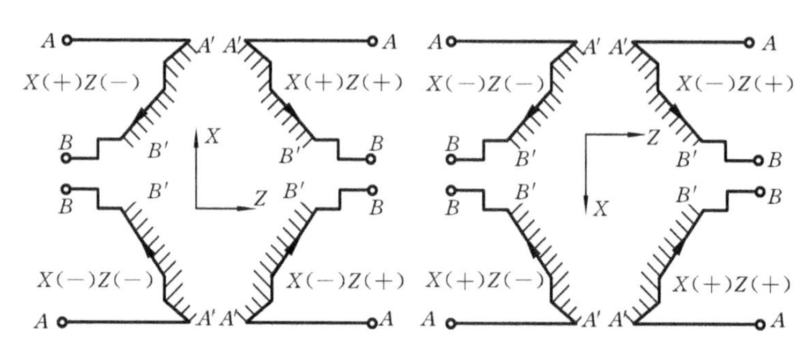

图 3-47　G72 **复合循环下** $X(\Delta U)$ **和** $Z(\Delta W)$ **的符号**

提示：

① G72 指令必须带有 P、Q 地址，否则不能进行该循环加工；

② 在 P 程序段中应包含 G00/G01 指令，进行由 A 到 A' 的动作，且该程序段中不应编有 X 向移动指令；

③ 在顺序号 P 到顺序号 Q 的程序段中，可以有 G02/G03 指令，但不应包含子程序。

例 3-22　编制如图 3-48 所示零件的加工程序。要求循环起始点在 $A(6,3)$，切削深度为 1.2 mm。退刀量为 1 mm，X 方向精加工余量为 0.2 mm，Z 方向精加工余量为 0.5 mm(其中点画线部分为工件毛坯)。

```
%3021
T0101                          ;选 1 号刀
G00 X100 Z80                   ;移到起始点的位置
M03 S400                       ;主轴以 400 r/min 正转
G00 X6 Z3                      ;到循环起点位置
```

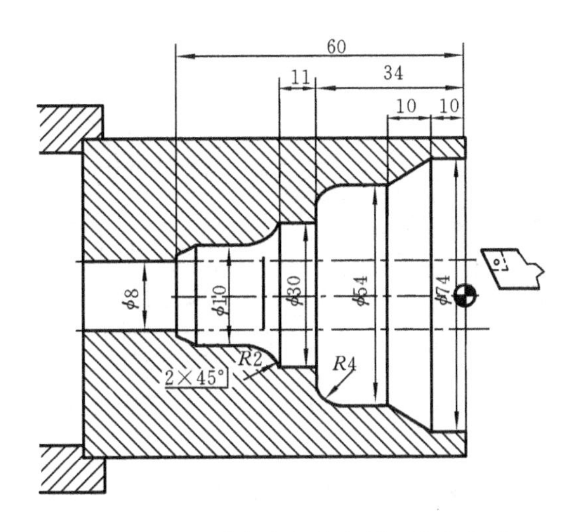

图 3-48 G72 内径粗切复合循环编程实例

G72 W1.2 R1 P60 Q80 X−0.2 Z0.5 F100	;内端面粗切循环加工
N60 G00 Z−61	;精加工轮廓开始,到倒角延长线处
G01 U6 W3 F80	;精加工倒 2×45°角
W10	;精加工 ϕ10 外圆
G03 U4 W2 R2	;精加工 R2 圆弧
G01 X30	;精加工 Z45 处端面
Z−34	;精加工 ϕ30 外圆
X46	;精加工 Z34 处端面
G02 U8 W4 R4	;精加工 R4 圆弧
G01 Z−20	;精加工 ϕ54 外圆
N80 U20 W10	;精加工锥面
Z3	;精加工 ϕ74 外圆,精加工轮廓结束
G00 X100 Z80	;返回对刀点位置
M30	;主轴停,主程序结束并复位

3. 闭环车削复合循环 G73

格式:G73 U＿ W＿ R＿ P＿ Q＿ X＿ Z＿ F＿ S＿ T＿

说明:该指令在切削工件时刀具轨迹为如图 3-49 所示的封闭回路,刀具逐渐进给,使封闭切削回路逐渐向零件最终形状靠近,最终切削成工件的形状,其精加工路径为 $A \to A' \to B' \to B$。

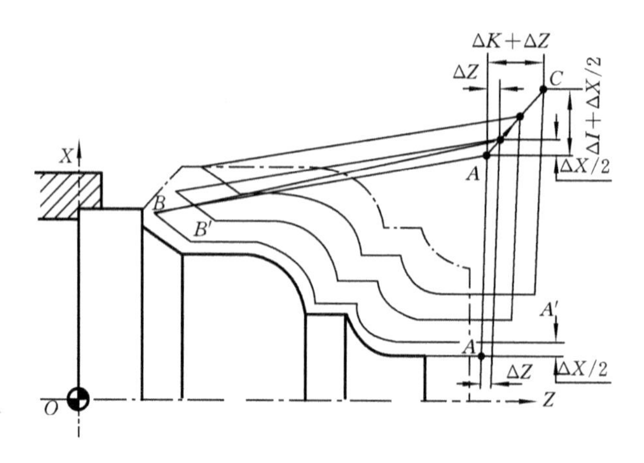

图 3-49　闭环车削复合循环 G73

其中：

U 为 X 轴方向的粗加工总余量，在图中用 ΔI 表示；

W 为 Z 轴方向的粗加工总余量，在图中用 ΔK 表示；

R 为粗切削次数，通常用 r 表示；

P 为精加工路径第一程序段（即图中的 AA'）的顺序号，通常用 ns 表示；

Q 为精加工路径最后程序段（即图中的 $B'B$）的顺序号，通常用 nf 表示；

X 为 X 方向的精加工余量，图中用 ΔX 表示；

Z 为 Z 方向的精加工余量，图中用 ΔZ 表示；

F、S、T 表示在粗加工时 G73 中编程的 F、S、T 值有效，而精加工时处于 P 到 Q 程序段之间的 F、S、T 值有效。

这种指令能对铸造、锻造等粗加工中已初步成形的工件进行高效率切削。

提示：

① ΔI 和 ΔK 表示粗加工时总的切削量，粗加工次数为 r，则每次在 X、Z 方向的切削量为 $\Delta I/r$、$\Delta K/r$；

② 按 G73 段中的 P 和 Q 指令值实现循环加工时，要注意 ΔX 和 ΔZ、ΔI 和 ΔK 的正负号。

例 3-23　编制图 3-50 所示零件的加工程序。设切削起始点在 A(60,5)；X、Z 方向粗加工余量分别为 3 mm、0.9 mm；粗加工次数为 3；X、Z 方向精加工余量分别为 0.6 mm、0.1 mm（其中点画线部分为工件毛坯）。

```
%3022
T0101                    ;选 1 号刀
G00 X80 Z80              ;到程序起点位置
M03 S400                 ;主轴以 400 r/min 正转
```

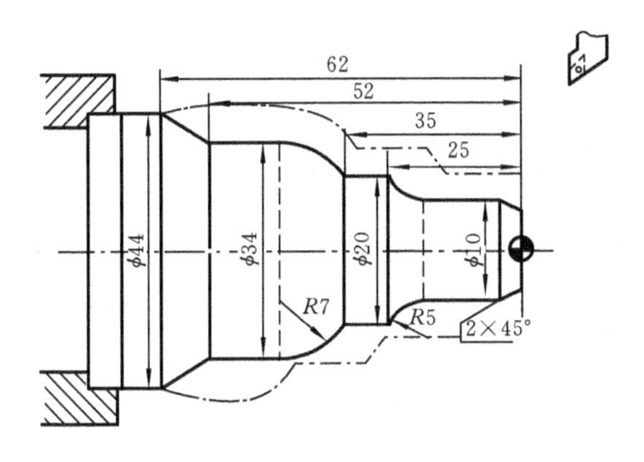

图 3-50 G73 编程实例

```
G00 X60 Z5                                     ;到循环起点位置
G73 U3 W0.9 R3 P60 Q80 X0.6 Z0.1 F120          ;闭环粗切循环加工
N60 G00 X0 Z3                                  ;精加工轮廓开始,到倒角延
                                                长线处
G01 U10 Z-2 F80                                ;精加工倒 2×45°角
Z-20                                           ;精加工 ϕ10 外圆
G02 U10 W-5 R5                                 ;精加工 R5 圆弧
G01 Z-35                                       ;精加工 ϕ20 外圆
G03 U14 W-7 R7                                 ;精加工 R7 圆弧
G01 Z-52                                       ;精加工 ϕ34 外圆
N80 U10 W-10                                   ;精加工锥面
U10                                            ;退出已加工表面,精加工轮廓
                                                结束
G00 X80 Z80                                    ;返回程序起点位置
M30                                            ;主轴停,主程序结束并复位
```

4. 螺纹切削复合循环 G76

格式:G76 C __ R __ E __ A __ X __ Z __ I __ K __ U __ V __ Q __ P __ F __

说明:该指令执行如图 3-51 所示的加工轨迹。其单边切削及参数如图 3-51 所示。

其中:

C 为精整次数(1～99),模态值,在图中用 *C* 表示;

R 为螺纹 *Z* 向退尾长度(00～99),模态值,在图中用 *r* 表示;

E 为螺纹 *X* 向退尾长度(00～99),模态值,在图中用 *e* 表示;

A 为刀尖角度(两位数字),模态值,在 80°、60°、55°、30°、29°和 0°的 6 个角度中

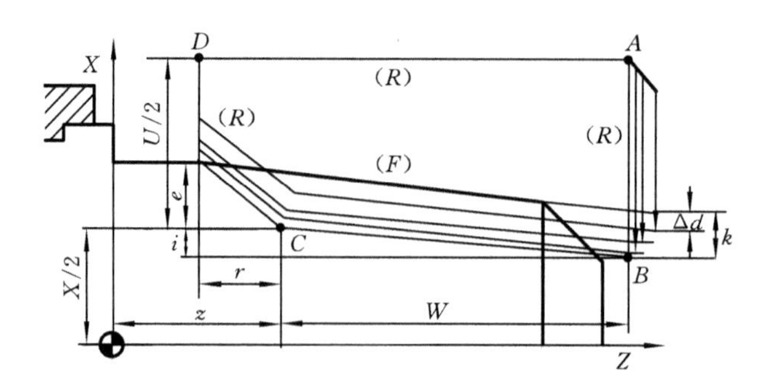

图 3-51　螺纹切削复合循环 G76

选一个，通常用 a 表示；

在 G90 编程时，X、Z 为有效螺纹终点 C 的坐标；在 G91 编程时，X、Z 为有效螺纹终点 C 相对于循环起点 A 的有向距离；

I 为螺纹两端的半径差，在图中用 i 表示，如 $i=0$，则为直螺纹（圆柱螺纹）切削方式；

K 为螺纹高度，该值由 X 轴方向上的半径值指定，在图中用 k 表示；

U 为精加工余量（半径值），在图中用 d 表示，如图 3-52 所示；

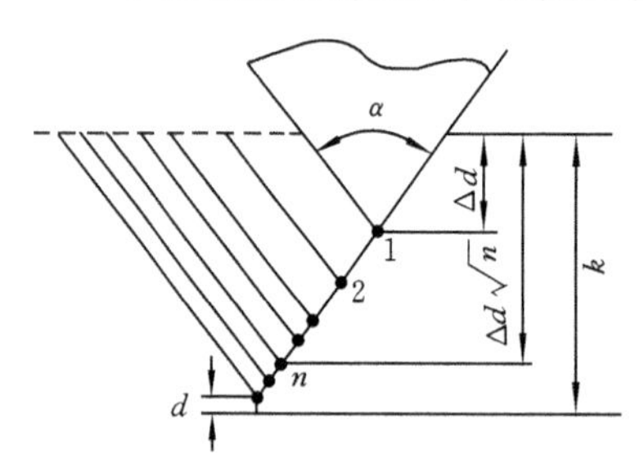

图 3-52　G76 **循环单边切削及其参数**

V 为最小切削深度（半径值），通常用 Δd_{min} 表示，当第 n 次切削深度（$\Delta d\sqrt{n}-\Delta d\sqrt{n-1}$）小于 Δd_{min} 时，则切削深度设定为 Δd_{min}，如图 3-52 所示；

Q 为第一次切削深度（半径值），在图中用 Δd 表示，如图 3-52 所示；

P 为主轴基准脉冲处距离切削起始点的主轴转角，通常用 p 表示；

F 为螺纹导程（同 G32），通常用 L 表示。

提示：

① 按 G76 段中的 X(x) 和 Z(z) 指令实现循环加工，在采用增量编程时，要注意 U 和 W 的正负号（U 的方向由 D 点 X 坐标－C 点 X 坐标的正负决定；W 的方向由 C 点 Z 坐标－A 点 Z 坐标的正负决定）。

② 采用 G76 循环进行单边切削，减小了刀尖的受力，第一次切削时切削深度为 Δd，第 n 次的切削总深度为 $\Delta d\sqrt{n}$，每次循环的吃刀量为 $\Delta d(\sqrt{n}-\sqrt{n-1})$。

③ 在图 3-51 中，B 到 C 点的切削速度由 F 指令指定，而其他轨迹均为快速进给。

例 3-24　用螺纹切削复合循环 G76 指令编程，加工螺纹为 ZM60×2，工件尺寸如图 3-53 所示，其中括弧内尺寸根据标准得到（tan1.79°＝0.031 25）。

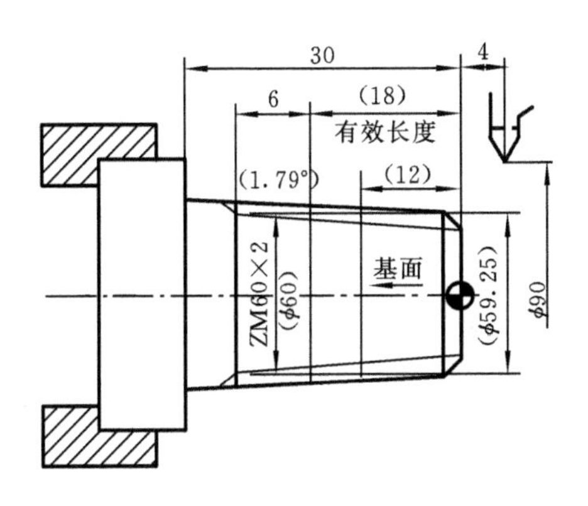

图 3-53 G76 循环切削编程实例

```
%3023
T0101                              ;换 1 号刀
G00 X100 Z100                      ;到程序起点或换刀点位置
M03 S400                           ;主轴以 400 r/min 正转
G00 X90 Z4                         ;到简单循环起点位置
G80 X61.125 Z－30 I－1.063 F80     ;加工锥螺纹外表面
G00 X100 Z100 M05                  ;到程序起点或换刀点位置
T0202                              ;换 2 号刀
M03 S300                           ;主轴以 300 r/min 正转
G00 X90 Z4                         ;到螺纹循环起点位置
G76 C2 R－3 E1.3 A60 X58.15 Z－24 I－0.875 K1.299 U0.1 V0.1 Q0.9 F2
G00 X100 Z100                      ;返回程序起点位置或换刀点位置
M05 M30                            ;主轴停,主程序结束并复位
```

小结(复合循环指令注意事项)

- 在 G71、G72、G73 复合循环中由地址 P 指定的程序段,应有准备机能 01 组的 G00 或 G01 指令,否则会产生报警。
- 在 MDI 方式下,不能运行 G71、G72、G73 指令,但可运行 G76 指令。
- 在复合循环 G71、G72、G73 中,由 P、Q 指定顺序号的程序段之间不应包含 M98 子程序调用及 M99 子程序返回指令。

3.4　子程序、宏程序编程

HNC-21T 数控装置的子程序、宏程序编程功能与 HNC-21M 数控装置的相同,下面仅举例说明。

例 3-25 用宏程序编制如图 3-54 所示抛物线 $Z=-X^2/8$ 在区间[0,16]内的程序。

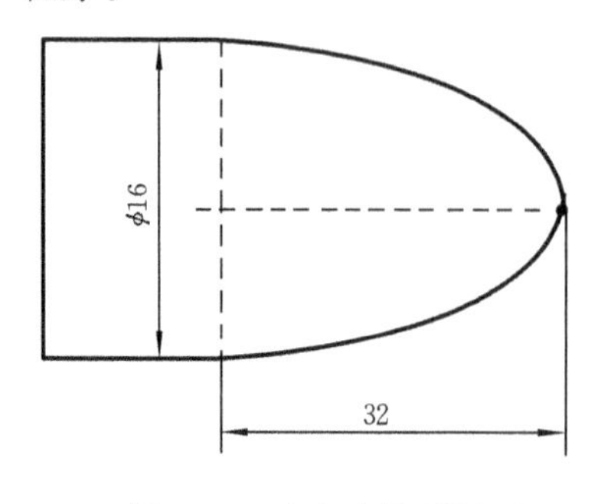

图 3-54 宏程序编制例图

```
%3024
T0101
#10=0              ;X 坐标
#11=0              ;Z 坐标
M03 S600
G37
WHILE #10 LE 8
G90 G01 X[#10] Z[-#11] F500
#10=#10+0.08
#11=#10*#10/8
ENDW
G00 Z0 M05
G00 X0
M30
```

3.5 FANUC-0T 编程简介

3.5.1 FANUC-0T 的基本编程指令

1. 单位的选定

(1)尺寸单位选择 G20、G21

格式:G20

　　G21

说明:G20 为英制输入制式,尺寸字的输入为 inch;

G21 为米制输入制式,尺寸字的输入为 mm。

(2)进给速度单位设定 G98、G99

格式:G98 F__

　　G99 F__

说明:G98 为每分钟进给,单位为 mm/min;

G99 为每转进给,即主轴转一周时刀具的进给量,单位为 mm/r。使用该功能时,主轴需装编码器。

(3)主轴转速设定 G96、G97

格式:G96 S__

G97 S __

G50 S __

说明:G96 为设置恒线速度切削指令,单位为 m/min;

G97 为取消恒切削线速度指令,单位为 r/min;

G50 为在 G96 情况下,设置主轴转速的最高值,单位为 r/min。

2. 坐标系的设定与选择

(1)工件坐标系设定 G50

格式:G50 X __ Z __

说明:X、Z 分别表示为设定的工件坐标系原点到刀尖当前位置(对刀点)的有向距离。

(2)工件坐标系选择 G54～G59

格式:{G54, G55, G56, G57, G58, G59}

说明:G54～G59 用于在预定的六个工件坐标系中任选其一,作为绝对值编程的基准。

(3)局部坐标系设定 G52

格式:G52 X __ Z __

说明:X、Z 分别为局部坐标系原点在当前工件坐标系中的坐标值。

要注销局部坐标系,可用“G52 X0 Z0”程序段完成。

(4)直接机床坐标系编程 G53

格式:G53

说明:G53 直接使用机床坐标系编程,绝对值编程的基准为机床坐标系。

3. 坐标平面的选定 G17、G18、G19

格式:G17

G18

G19

说明:G17 为选择 *XY* 平面;

G18 为选择 *ZX* 平面;

G19 为选择 *YZ* 平面。

提示:两轴数控车床一般不用这组指令,因为它只有 *X* 轴和 *Z* 轴,缺省认为

G18 有效。

4. 绝对值编程与相对值编程

FANUC -0T 不用 G90/G91 指令，它用第一坐标 X、Z 表示 *X* 轴、*Z* 轴的绝对值，用第二坐标 U、W 表示 *X* 轴、*Z* 轴的增量值。

5. 机床运动方式控制指令

1）快速定位 G00

格式：G00 X(U)__ Z(W)__

说明：X、Z 分别为快速定位终点在工件坐标系中的坐标(绝对坐标)；

U、W 分别为快速定位终点相对于起点的位移量(增量坐标)；

提示：绝对坐标方式和增量坐标可同时使用。

2）线性进给(直线插补)G01

格式：G01 X(U)__ Z(W) __ F __

说明：X、Z 分别为线性进给终点在工件坐标系中的坐标；

U、W 分别为线性进给终点相对于起点的位移量；

F 为合成进给速度。

3）圆弧进给(插补)G02/G03

格式：$\begin{Bmatrix} \text{G02} \\ \text{G03} \end{Bmatrix}$ X(U)__ Z(W)__ $\begin{Bmatrix} \text{I}\_\_\ \text{K}\_\_ \\ \text{R}\_\_ \end{Bmatrix}$ F __

说明：G02 为顺时针圆弧插补；

G03 为逆时针圆弧插补；

X、Z 分别为圆弧终点在工件坐标系中的坐标；

U、W 分别为圆弧终点相对于圆弧起点的位移量；

I、K 分别为圆心相对于圆弧起点的偏移值，以增量方式指定；在直径、半径编程时，I 都是半径编程方式下的值；

R 为圆弧半径；

F 为被编程的两个轴的合成进给速度。

4）螺纹切削 G32

格式：G32 X(U)__ Z(W)__ F __

说明：X、Z 分别为螺纹终点在工件坐标系中的坐标；

U、W 分别为螺纹终点相对于螺纹起点的位移量；

F 为以螺纹长度 *L* 给出的每转进给率。

使用 G32 指令前需确定如图 3-55 所示的参数，图中各参数的意义如下：

L 为螺纹导程，即主轴每转一圈，刀具相对于工件的进给值；

α 为锥螺纹锥角，如果 α 为零，则为直螺纹；

LX、*LZ* 分别为锥螺纹在 *X* 方向和 *Z* 方向的导程，应指定两者中较大者，直螺

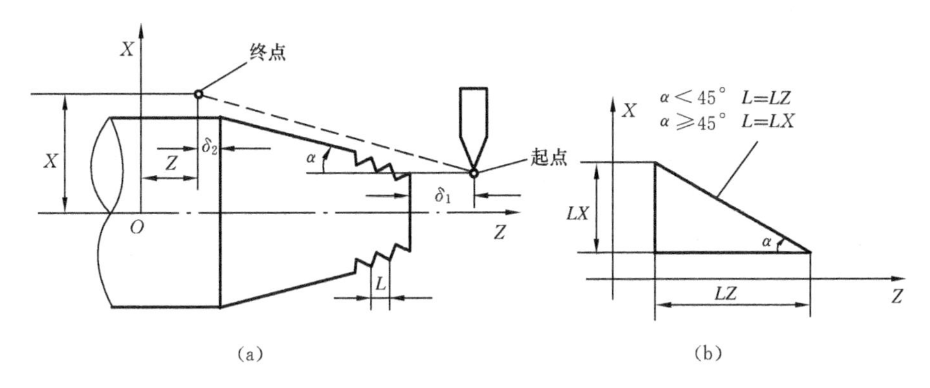

图 3-55　螺纹切削参数

纹时 $LX=0$；

δ_1、δ_2 分别为不完全螺纹长度，这两个参数是由于数控车床伺服系统在车削螺纹的起点和终点自动加减速而引起的，在这两段的螺纹导程小于实际的螺纹导程。

在确定了以上参数后，还应根据螺纹的高度确定车削的次数，编写数控程序。表 3-3 所示为常用螺纹切削的进给次数与吃刀量。

表 3-3　常用螺纹切削的进给次数与吃刀量

米制螺纹								
螺距/mm		1.0	1.5	2	2.5	3	3.5	4
牙深(半径量)/mm		0.649	0.974	1.299	1.624	1.949	2.273	2.598
切削次数及吃刀量(直径量)/mm	1 次	0.7	0.8	0.9	1.0	1.2	1.5	1.5
	2 次	0.4	0.6	0.6	0.7	0.7	0.7	0.8
	3 次	0.2	0.4	0.6	0.6	0.6	0.6	0.6
	4 次	—	0.16	0.4	0.4	0.4	0.6	0.6
	5 次	—	—	0.1	0.4	0.4	0.4	0.4
	6 次	—	—	—	0.15	0.4	0.4	0.4
	7 次	—	—	—	—	0.2	0.2	0.4
	8 次	—	—	—	—	—	0.15	0.3
	9 次	—	—	—	—	—	—	0.2

英制螺纹/in								
牙/in		24	18	16	14	12	10	8
牙深(半径量)/in		0.678	0.904	1.016	1.162	1.355	1.626	2.033
切削次数及吃刀量(直径量)/in	1次	0.8	0.8	0.8	0.8	0.9	1.0	1.2
	2次	0.4	0.6	0.6	0.6	0.6	0.7	0.7
	3次	0.16	0.3	0.5	0.5	0.6	0.6	0.6
	4次	—	0.11	0.14	0.3	0.4	0.4	0.5
	5次	—	—	—	0.13	0.21	0.4	0.5
	6次	—	—	—	—	—	0.16	0.4
	7次	—	—	—	—	—	—	0.17

5)倒角加工

(1)直线后倒直角

格式:G01 Z(W)__ C(I)__

G01 X(U)__ C(K)__

说明:指令刀具从当前直线段起点 a 经该直线上中间点 d,倒直角到下一段的 c 点,根据车削时倒直角之前运动方向的不同,插入倒直角指令分为如图 3-56 所示两种情况。

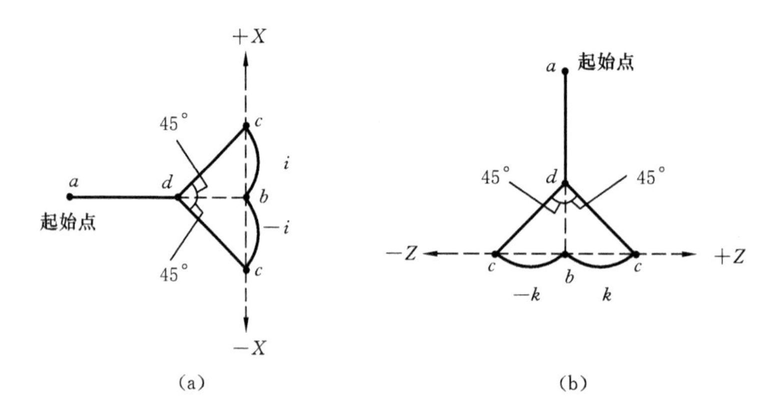

图 3-56 插入倒直角指令形式

① 如果倒直角前一段程序中刀具的运动方向平行于 Z 轴,倒直角的指令格式为

G01 Z(W)__ C(I)__

其中:

Z(W)为图 3-56(a)中 b 点的 Z 坐标值；

C(I)为倒角值，在有 C 轴(第三轴)的车床上，用 I 代替 C；如果下一运动是向 X 轴正向运动，i 取正值，反之 i 取负值。

② 如果倒直角前一段程序中刀具的运动方向平行于 X 轴，刀具运动的指令格式为

G01 X(U)__ K(C)__

其中：

X(U)为图 3-56(b)中 b 点的 X 坐标值；

C(K)为倒角值，在有 C 轴(第三轴)的车床上，用 K 代替 C；如下一运动是向 Z 轴正向运动，k 取正值，反之 k 取负值。

(2) 直线后倒圆角

格式：G01 Z(W)__ R __

G01 X(U)__ R __

说明：指令刀具从当前直线段起点 a 经该直线上中间点 d，倒圆角到下一段的 c 点，根据车削时倒圆角之前运动方向的不同，插入倒圆角指令分为如图 3-57 所示的两种情况。

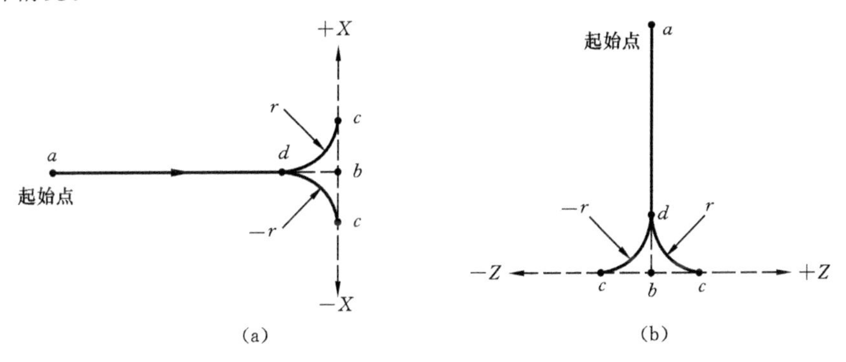

图 3-57 插入倒圆角指令形式

① 如果倒圆角前一段程序中刀具的运动方向平行于 Z 轴，刀具运动的指令格式为

G01 Z(W)__ R __

其中：

Z(W)为图 3-57(a)中 b 点的 Z 坐标值

R 为圆角值。如果下一运动是向 X 轴正向运动，r 取正值，反之 r 取负值。

② 如果倒圆角前一段程序中刀具的运动方向平行于 X 轴，刀具运动的指令格式为

G01 X(U)__ R __

其中：

X(U)为图 3-57(b)中 b 点的 X 坐标值；

R 为圆角值。如果下一运动是向 Z 轴正向运动，r 取正值，反之 r 取负值。

6. 回参考点控制指令

FANUC-0T 可以最多设置四个参考点，其中第一参考点与车床零点一致，第二、第三和第四参考点与第一参考点的距离可用参数事先设置。

接通电源后必须先从手动方式返回第一参考点，否则不能进行其他操作；利用自动返回参考点指令将刀架移动到该点，该指令用于接通电源后已进行手动返回参考点，自动回参考点进行换刀。

(1)自动返回参考点 G28

格式：G28 X(U)__ Z(W)__

说明：X、Z 分别为回参考点时经过的中间点(非参考点)在工件坐标系中的坐标；U、W 分别为回参考点时经过的中间点相对于起点的位移量。

(2)自动返回固定点 G30

格式：G30 P2 X(U)__ Z(W)__

G30 P3 X(U)__ Z(W)__

G30 P4 X(U)__ Z(W)__

说明：G30 指令首先使所有编程轴都快速定位到中间点，然后再从中间点返回到第二(P2)、第三(P3)、第四(P4)参考点，G30 指令的执行情况与 G28 相同。其中 X(U)、Z(W)的含义也与 G28 相同。

(3)参考点返回检查 G27

格式：G27 X(U)__ Z(W)__

说明：G27 指令用于在加工过程中，检查刀架是否准确地返回参考点。

其中：

X、Z 分别为参考点在工件坐标系中的坐标；

U、W 分别为参考点相对于起点的位移量。

执行 G27 的前提是机床接通电源后返回过一次参考点(手动或由 G28 返回)；执行完 G27，如果机床准确地返回参考点，则 MCP 上的参考点返回指示灯亮，否则数控装置将报警。

(4)自动从参考点返回 G29

格式：G29 X(U)__ Z(W)__

说明：G29 可使所有编程轴先快速经过由 G28 指令定义的中间点，然后再到达指定点。

X、Z 分别为返回的定位终点在工件坐标系中的坐标；

U、W 分别为返回的定位终点相对于 G28 中间点的位移量。

G29 指令仅在其被规定的程序段中有效。

7. 刀具补偿功能指令

(1)刀具几何补偿

刀具几何补偿包括刀具的偏置补偿和刀具的磨损补偿。

刀具的偏置补偿和磨损补偿功能由 T 指令指定,其后的四位数字分别表示选择的刀具号和刀具偏置补偿号。T 指令的组成为

T $\underbrace{\_\_\ \_\_}_{\text{刀具号}}\ \underbrace{\_\_\ \_\_}_{\text{刀具补偿号}}$

刀具补偿号是刀具偏置补偿寄存器的地址号,该寄存器存放刀具的 X 轴和 Z 轴偏置补偿值、刀具的 X 轴和 Z 轴磨损补偿值。

T 00 表示补偿量为 0,即取消补偿功能。

(2)刀尖圆弧半径补偿 G40,G41,G42

格式:$\begin{Bmatrix} \text{G40} \\ \text{G41} \\ \text{G42} \end{Bmatrix} \begin{Bmatrix} \text{G00} \\ \text{G01} \end{Bmatrix}$ X __ Z __

说明:该组指令用于建立/取消刀具半径补偿。

其中:

G40 为取消刀尖半径补偿;

G41 为左刀补;

G42 为右刀补;

X、Z 为 G00/G01 的参数,即建立刀补或取消刀补程序段的终点。

G40、G41、G42 都是模态代码,可相互注销。

提示:G41/G42 不带参数,其补偿号由 T 指令指定。

8. 暂停指令 G04

格式:G04 P __

G04 X __

G04 U __

说明:P 为延时参数,且只能用整数指定延时时间,单位为 ms;

X、U 可用整数或小数指定延时时间,采用整数时,单位为 ms;采用小数时,单位为 s。

3.5.2 FANUC-0T 的循环指令

1. 车削固定循环

1)内(外)径切削循环 G90

(1)圆柱面内(外)径切削循环

格式:G90 X(U)__ Z(W)__ F __

说明：该指令执行如图 3-58 所示 $A \to B \to C \to D \to A$ 的轨迹。

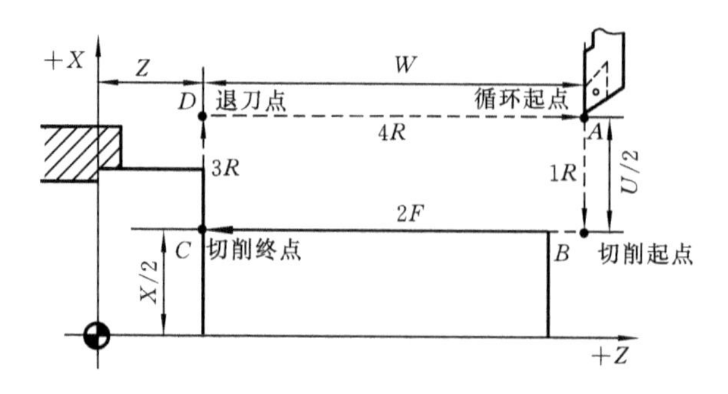

图 3-58 圆柱面内(外)径切削循环

其中：

X、Z 分别为切削终点 C 在工件坐标系下的坐标；

U、W 分别为切削终点 C 相对于循环起点 A 的有向距离，其符号由轨迹 $1R$ 和 $2F$ 的方向确定。

(2)圆锥面内(外)径切削循环

格式：G90 X(U)__ Z(W)__ I(或 R)__ F __

说明：该指令执行如图 3-59 所示 $A \to B \to C \to D \to A$ 的轨迹。

其中：X、Z 分别为切削终点 C 在工件坐标系下的坐标；

U、W 分别为切削终点 C 相对于循环起点 A 的有向距离，其符号由轨迹 $1R$ 和 $2F$ 的方向确定；

I(或 R)为切削起点 B 与切削终点 C 的半径差，其符号为差的符号。

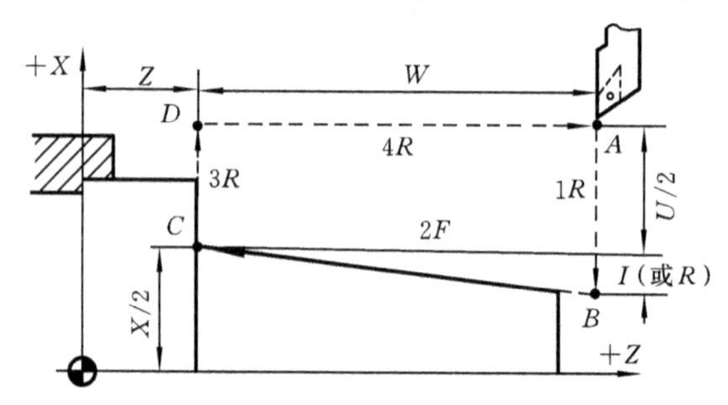

图 3-59 圆锥面内(外)径切削循环

2)端面切削循环 G94

(1)端平面切削循环

格式：G94 X(U)__ Z(W)__ F __

说明：该指令执行如图 3-60 所示 $A \to B \to C \to D \to A$ 的轨迹。

其中：

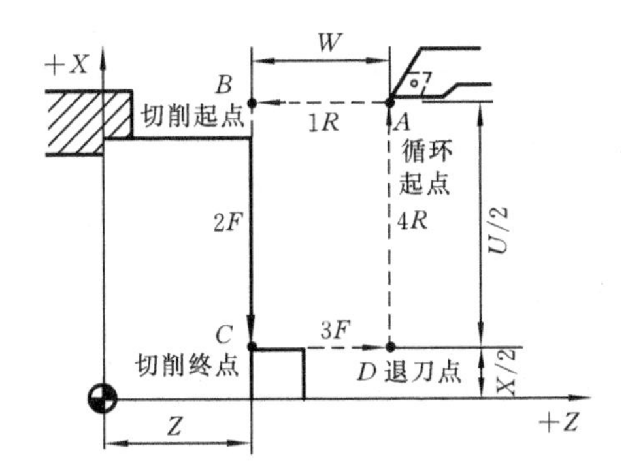

图 3-60　端平面切削循环

X、Z 分别为切削终点 C 在工件坐标系下的坐标；

U、W 分别为切削终点 C 相对于循环起点 A 的有向距离，其符号由轨迹 $1R$ 和 $2F$ 的方向确定。

(2)圆锥端面切削循环

格式：G94 X(U)__ Z(W)__ K(或 R)__ F __

说明：该指令执行如图 3-61 所示 $A \to B \to C \to D \to A$ 的轨迹。

其中：

X、Z 分别为切削终点 C 在工件坐标系下的坐标；

U、W 分别为切削终点 C 相对于循环起点 A 的有向距离，其符号由轨迹 $1R$ 和 $2F$ 的方向确定。

K(或 R)为切削起点 B 相对于切削终点 C 的 Z 向有向距离。

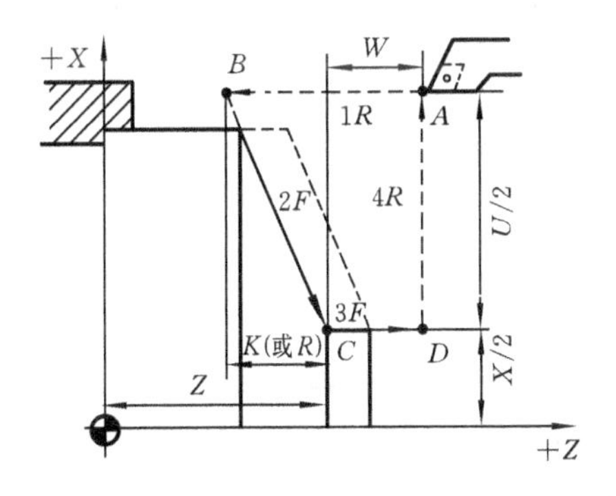

图 3-61　圆锥端面切削循环

3)螺纹切削循环 G92

(1)直螺纹切削循环

格式：G92 X(U)__ Z(W)__ F __

说明：该指令执行如图 3-62 所示 $A \to B \to C \to D \to E \to A$ 的轨迹。

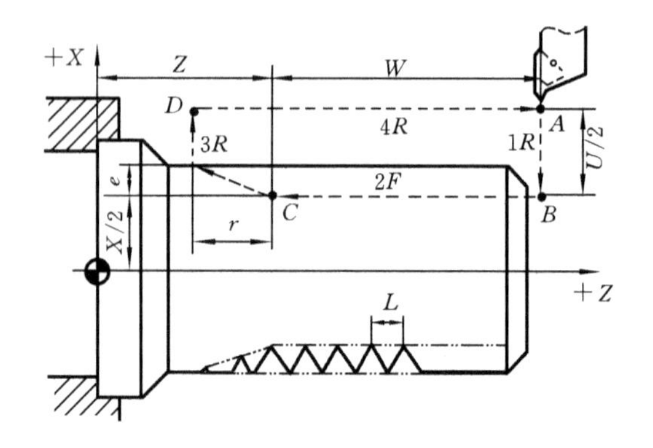

图 3-62 直螺纹切削循环

其中：

X、Z 分别为螺纹终点 C 在工件坐标系下的坐标；

U、W 分别为螺纹终点 C 相对于循环起点 A 的有向距离，其符号由轨迹 $1R$ 和 $2F$ 的方向确定；

F 为螺纹导程 L 给出的每转进给率。

(2)锥螺纹切削循环

格式：G92 X(U)__ Z(W)__ I(或 R)__ F __

说明：该指令执行如图 3-63 所示 $A \to B \to C \to D \to A$ 的轨迹动作。

其中：

X、Z 分别为螺纹终点 C 在工件坐标系下的坐标；

U、W 分别为螺纹终点 C 相对于循环起点 A 的有向距离，其符号由轨迹 $1R$ 和 $2F$ 的方向确定；

I 为螺纹起点 B 与螺纹终点 C 的半径差，其符号为差的符号；

F 为螺纹导程 L 给出的每转进给率。

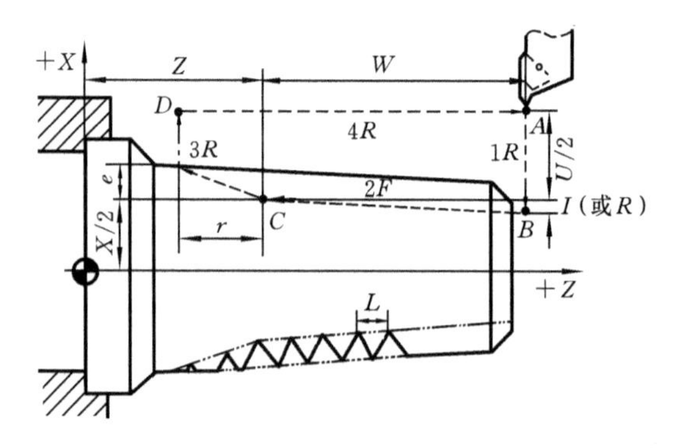

图 3-63 锥螺纹切削循环

2. 复合车削循环

(1)内(外)径粗车复合循环 G71

格式:G71 U(Δd) R(e)

G71 P(ns) Q(nf) U(Δu) W(Δw) F(f) S(s) T(t)

说明:Δd 为切削深度(每次切削量);

e 为每次退刀量;

ns 为精加工路径第一程序段的顺序号;

nf 为精加工路径最后程序段的顺序号;

Δu 为 X 方向精加工余量;

Δw 为 Z 方向精加工余量;

f、s、t 表示在粗加工时 G71 中编程的 F、S、T 值有效,而精加工时处于 ns 到 nf 程序段之间的 F、S、T 值有效。

(2)端面粗车复合循环 G72

格式:G72 U(Δd) R(e)

G72 P(ns) Q(nf) U(Δu) W(Δw) F(f) S(s) T(t)

说明:该循环与 G71 的区别仅在于切削方向平行于 X 轴。各参数的含义与 G71 相同。

(3)闭环车削复合循环 G73

格式:G73 U(i) W(k) R(d)

G73 P(ns) Q(nf) U(Δu) W(Δw) F(f) S(s) T(t)

说明:i 为 X 轴方向的粗加工总余量(半径值);

k 为 Z 轴方向的粗加工总余量;

d 为粗切削次数;

其余各参数的含义与 G71 相同。

(4)精车循环 G70

格式:G70 P(ns) Q(nf) U __ W __

说明:零件在用粗车循环 G71、G72 或 G73 车削后,可用 G70 指令进行精车。

其中:

U 为 X 轴方向的车削余量(直径/半径编程);

W 为 Z 轴方向的车削余量。

指令中其余各参数的含义与 G71 相同。

(5)螺纹切削复合循环 G76

格式:G76 P(m)(r)(a)Q(Δd_{min})R(d)

G76 X(U)Z(W)R(i)P(k)Q(Δd)F(L)

说明:m 为精整次数(1~99),模态值;

r 为退尾长度，即倒角量，用 00～99 之间的两位数表示，实际退尾长度为 0.1L（L 为螺纹导程）与该编程值的乘积，模态值；

a 为刀尖角度（两位数字），模态值，在 80°、60°、55°、30°、29°和 0°六个角度中选一个；

Δd_{min}为最小切削深度（半径值），当第 n 次切削深度（$\Delta d\sqrt{n}-\Delta d\sqrt{n-1}$）小于$\Delta d_{min}$时，则切削深度设定为 Δd_{min}；

d 为精加工余量（半径值）；

X、Z 为有效螺纹终点的坐标；

U、W 为有效螺纹终点相对于循环起点的有向距离；

i 为螺纹两端的半径差，如 i=0，表示直螺纹（圆柱螺纹）切削方式；

k 为螺纹高度，该值由 X 轴方向上的半径值指定；

Δd 为第一次切削深度（半径值）；

L 为螺纹导程（同 G32）。

3. 钻孔固定循环

钻孔固定循环适用于回转类零件端面上孔中心不与零件轴线重合的孔或外表面上的孔的加工。FANUC-0T 系统的钻孔固定循环有如下几类。

- G83/G87：普通钻孔固定循环。
- G85/G89：镗孔固定循环。
- G84/G883：攻螺纹固定循环。

钻孔固定循环的一般过程如图 3-64 所示，其中在孔底的动作和退回参考点 R 的移动速度视具体的钻孔形式不同而不同。参考点 R 的位置稍高于被加工零件的平面，这是为保证钻孔过程的安全而设置的。根据加工需要，可以应用钻孔固定循环指令在零件端面上或侧面上进行钻孔加工。

FANUC-0T 数控装置的钻孔固定循环的具体指令格式和动作循环请参考相关资料。

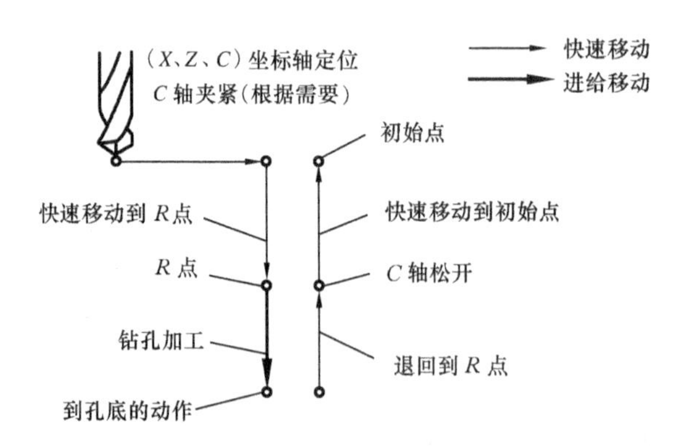

图 3-64　钻孔固定循环的一般过程

第4章 数控铣床与数控车床的操作

无论是数控铣床、数控车床还是加工中心，都是通过操作部分来实现操作控制的，其基本操作方法一般都相似，即通过机床控制面板 MCP 和 MPG 手持单元直接控制机床的动作或加工过程，如启动、暂停零件程序的运行，手动进给坐标轴，调整进给速度等；通过 NC 键盘完成系统的软件菜单操作，如零件程序的编辑、参数输入、MDI 操作及系统管理等。

一般来说，机床控制面板 MCP 因数控机床的类型不同而不同，但数控铣床和数控车床的 MCP 差别很小；系统软件菜单则由所配数控装置的品牌、型号来决定。

由于本书讲述的对象是配置 HNC-21M 的数控铣床和配置 HNC-21T 的数控车床，两者所配的数控装置均为华中数控世纪星数控装置，其软件操作界面基本一致，机床控制面板也差别不大，因此本章将上述数控机床的操作合在一起来讲述。书中如不特别注明，讲述的操作方法或过程一般适用于上述两类机床。

4.1 华中数控世纪星数控装置简介

华中数控世纪星数控装置（HNC-21M 和 HNC-21T）采用了彩色液晶（LCD）显示器，内装式 PLC，可与多种伺服驱动单元配套使用，它具有开放性好、结构紧凑、集成度高、可靠性好、性能价格比高、操作维护方便等特点。

4.1.1 基本配置

1. 数控单元

(1) 工业控制机

- 中央处理器板（CPU board）：原装进口嵌入式工业 PC 机。
- 中央处理单元（CPU）：高性能 32 位微处理器。
- 存储器（DRAM、RAM）：8 MB RAM（可扩至 16 MB）加工缓冲区。
- 程序断电存储区（Flash ROM）：4 MB（可扩至 72 MB）。
- 显示器：7.5 in（190.5 mm）彩色液晶显示器（分辨率为 640×480）。
- 硬盘：可选（选件）。
- 软驱：1.44 MB 3.5 in（88.9 mm）。
- RS-232 接口。

- 网络接口：以太网接口（选件）。

（2）伺服接口

数控装置具有数字量、模拟量接口和串行口，可选配各种脉冲接口、模拟接口交流伺服单元或步进电动机驱动单元，以及华中数控生产的串行接口 HSV-11 系列交流伺服驱动单元。

（3）开关量接口

数控装置具有 40 位开关量输入点和 32 位开关量输出点。

（4）其他接口

数控装置具有手摇脉冲发生器接口、主轴接口、远程输入/输出接口（选件）。

（5）控制面板

数控装置配有防静电薄膜标准机床控制面板。

（6）MPG 手持单元

数控装置可选用四轴 MPG 一体化手持单元。

（7）NC 键盘

数控装置具有精简型 MDI 键盘和 F1～F10 十个功能键。

2. 进给伺服系统

根据需要可配置下列进给伺服系统：

- HSV-11 系列交流永磁同步伺服驱动与伺服电动机；
- 各种步进电机驱动单元与电动机；
- 各种模拟接口、脉冲接口伺服电动机驱动系统。

3. 主轴系统

根据需要配置下列主轴系统：

- 接触器＋主轴电动机；
- 变频器＋主轴电动机；
- 主轴驱动单元＋主轴电动机。

4.1.2 主要技术规格

- 最大控制轴数：四轴（X、Y、Z、4TH）。
- 最大联动轴数：四轴（X、Y、Z、4TH）。
- 最小分辨率：0.01～10 μm（可设置）。
- 直线、圆弧、螺旋线插补。
- 小线段连续高速插补。
- 用户宏程序、固定循环、旋转、缩放、镜像等功能。
- 自动加减速控制（S 曲线）、加速度平滑控制。
- MDI 功能。

- 故障诊断与报警。
- 汉字操作界面。
- 全屏幕程序在线编辑与校验功能。
- 加工轨迹三维彩色图形仿真,加工过程实时三维图形显示。
- 加工断点保护/恢复功能。
- 双向螺距补偿(最多 5 000 点)。
- 反向间隙补偿。
- 刀具长度与半径补偿。
- 主轴转速及进给速度倍率控制。
- CNC 通信功能:RS-232。
- 网络功能:支持 NT、Novell、Internet 网络。
- 支持 DIN/ISO 标准 G 指令,外部存储零件程序媒介有硬盘、网络;在不需 DNC 的情况下,最大可直接执行 2 GB 的程序。
- 内部已提供标准 PLC 程序,也可按要求自行编制 PLC 程序。

4.2 世纪星数控装置操作部分

操作部分是操作人员与数控机床(系统)进行交互的工具。一方面,操作人员可以通过它对数控机床(系统)进行操作、编程、调试或对机床参数进行设定和修改;另一方面,操作人员也可以通过它了解或查询数控机床(系统)的运行状态,它是数控机床特有的一个输入/输出部件。

操作部分主要由显示装置、NC 键盘(功能类似于计算机键盘的按键阵列)、机床控制面板(machine control panel,简称 MCP)、状态灯、手持单元等部分组成,图 4-1 所示为华中数控世纪星 HNC-21M 的操作面板,HNC-21T 的操作面板与之相比只是按键定义略有不同。

4.2.1 显示装置

操作面板的左上部为 7.5 in(190.5 mm)彩色液晶显示器(分辨率为 640×480),用于汉字菜单、系统状态、故障报警的显示和加工轨迹的图形仿真。

根据数控系统所处的状态和操作命令的不同,显示的信息可以是正在编辑的程序、正在运行的程序、机床的加工状态、机床坐标轴的指令/实际坐标值、加工轨迹的图形仿真、故障报警信号等。

4.2.2 NC 键盘

NC 键盘包括精简型 MDI(manual data input,手动数据输入)键盘(见图 4-2)

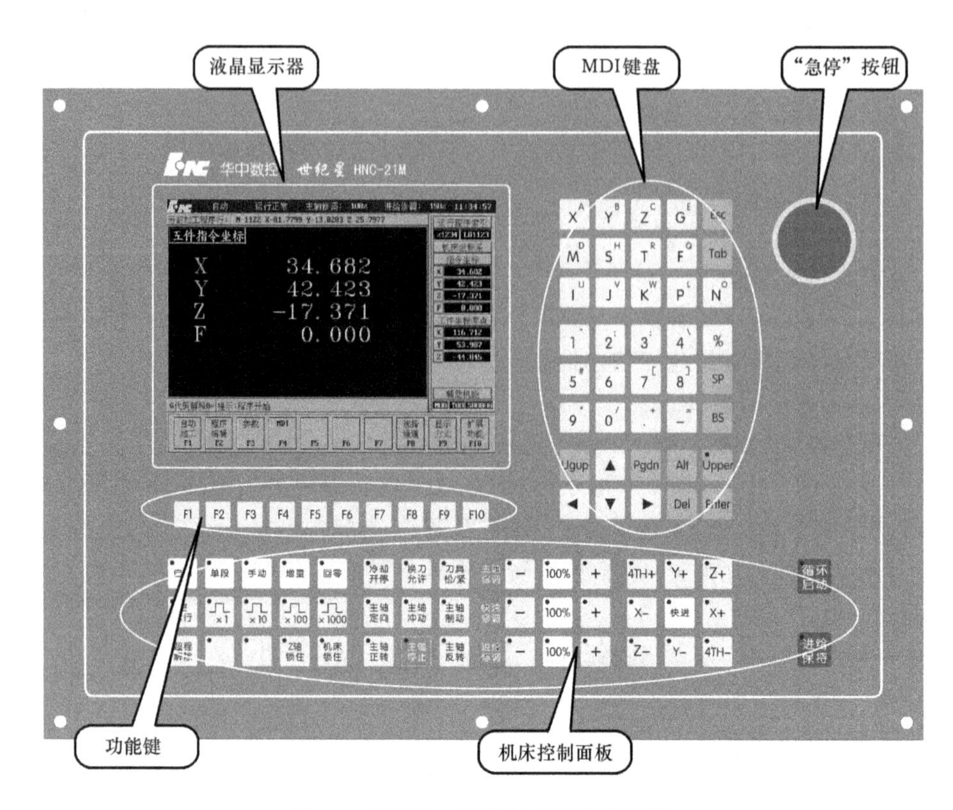

图 4-1　HNC-21M 数控系统操作面板

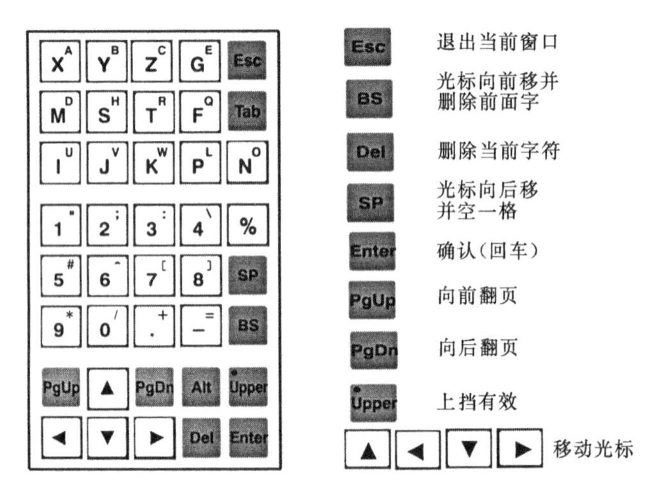

图 4-2　MDI 键盘

和 F1～F10 十个功能键。

标准化的字母数字式 MDI 键盘类似于计算机的键盘，只是键的布局不同，其中的大部分键具有上挡键功能，当“Upper”键有效时（指示灯亮），输入的是上挡键值。MDI 键盘主要用于零件程序的编辑、参数输入、MDI 操作等，其中部分按键的功能在图 4-2 右侧列出。

F1～F10 十个功能键位于显示器的正下方，用于系统的菜单操作。

4.2.3 机床控制面板 MCP

机床控制面板 MCP 包括按钮站和状态灯。其中，除“急停”按钮位于操作面板的右上角外，其余大部分按键位于操作面板的下部。

MCP 用于直接控制机床的动作或加工过程，如启动、暂停零件程序的运行，手动进给坐标轴、调整进给速度等。

MCP 上的按键一般会因所配机床类型的不同而有所差异，即数控车床、数控铣床、加工中心的机床控制面板不完全相同，甚至同是数控铣床，其上的按键也可能有细微的差别。但配置世纪星数控装置的数控机床的 MCP，其上的按键种类及布局差别很小。

这里以图 4-1 中的 MCP 为例（该 MCP 放大后如图 4-3 所示，图中没有画出“急停”按钮），介绍其上各按键的名称、功能及使用方法，详细说明请参见表 4-1。

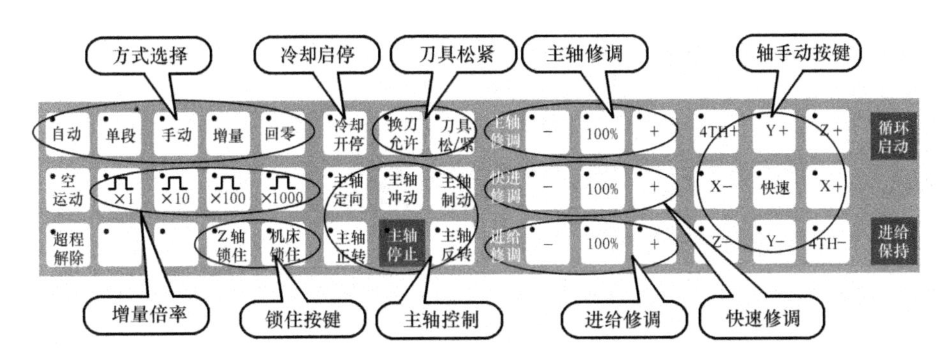

图 4-3 HNC-21M 的 MCP

表 4-1 HNC-21M 的 MCP 各按键功能

按键类型	按键名称	功能及使用方法
方式选择	自动	自动工作方式：自动连续执行程序；模拟执行程序；运行 MDI 指令
	单段	单程序段执行方式：每按一次循环启动按键，只执行一个程序段
	手动	手动方式：手动连续进给坐标轴、手动换刀、手动启动与停止冷却液、主轴正/反转
	增量	增量/手摇脉冲发生器进给方式
	回零	手动控制机床回参考点

按键类型	按键名称	功能及使用说明
自动运行控制	循环启动	在自动方式下，启动选择的程序段运行 在 MDI 方式下，启动输入的程序段运行；运行过程中，按键内指示灯亮
	进给保持	在自动运行过程中，按下此按键（灯亮），程序执行暂停，机床运动轴减速停止
	跳段功能（如果有此按键）	在自动方式下，按下此按键（灯亮），程序中有斜杠"/"的程序段将不执行；解除该按键，则跳段功能无效
	空运行	在自动/MDI 方式下，按此按键（灯亮），机床处于空运行状态，编程进给速率被忽略，坐标轴以 G00 速度移动。空运行不做实际切削，目的是确认切削路径
	选择停止（如果有此按键）	按下此按键，程序运行到 M01 指令即停止，再按"循环启动"键，继续运行；解除该按键，则 M01 功能无效
	机床锁住	在自动/MDI/手动运行前，按此按键（灯亮），伺服轴不进给，但坐标轴位置显示信息仍更新，M、S、T 功能仍有效。机床锁住用于校验程序，在自动运行过程中无效
	Z 轴锁住	在自动运行开始前，按压"Z 轴锁住"按键（指示灯亮），再按"循环启动"按键，*Z* 轴坐标位置信息变化，但 *Z* 轴不运动，因而主轴不运动
轴手动按键	+X、+Y、+Z、+4TH、−X、−Y、−Z、−4TH 快进	在手动方式（手动连续进给、增量进给和返回机床参考点方式）下，选择进给坐标轴和进给方向 在手动连续进给时，若同时按压此按键，则产生相应轴的正向或负向快速运动
速率修调	进给修调 −、100%、+	在自动或 MDI 运行方式下，当编程的进给速度 F 偏高或偏低时，修调进给速度 在手动方式下，调节手动连续进给速率
	快速修调 −、100%、+	在自动或 MDI 方式下，修调 G00 速度 在手动方式下，调节手动连续快移速度
	主轴修调 −、100%、+	在自动方式或 MDI 运行方式下，修调 S 编程的主轴速度 在手动方式下，调节手动时的主轴速度
	增量倍率 ×1、×10、×100、×1000	控制增量进给的增量值 ×1：0.001 mm；×10：0.01 mm； ×100：0.1 mm；×1000：1 mm

按键类型	按键名称	功能及使用说明
手动机床动作控制	主轴制动	在手动方式下，主轴停止状态，按压此按键（指示灯亮），主电机被锁定在当前位置
	主轴正转	在手动方式下，按压此按键（指示灯亮），主电机以机床参数设定的转速正转
	主轴反转	在手动方式下，按压此按键（指示灯亮），主电机以机床参数设定的转速反转
	主轴停止	在手动方式下，按压此按键（指示灯亮），主电机减速停转
	主轴定向	如果机床上有换刀机构，就需要主轴定向功能，在手动方式下，当“主轴制动”无效（指示灯灭）时，按压此按键，立即执行主轴定向功能，定向完成后，按键内指示灯亮，主轴准确停止在某一固定位置
	主轴冲动	在手动方式下，当“主轴制动”无效（指示灯灭）时，按压此按键（指示灯亮），主电机以机床参数设定的转速和时间转动一定的角度
	允许换刀	在手动方式下，按压此按键（指示灯亮），允许刀具松/紧操作，再按压又为不允许刀具松/紧操作（指示灯灭），如此循环
	刀具松/紧	在“允许换刀”有效时（指示灯亮），按压此按键，松开刀具（默认值为夹紧），再按压又为夹紧刀具，如此循环
	冷却液开/停	在手动方式下，按压此按键，冷却液开（默认值为冷却液关），再按压又为冷却液关，如此循环
紧急情况处理	急停	在机床运行过程中，当出现危险或紧急情况时，按下此按键，CNC 即进入急停状态，伺服进给及主轴运转立即停止工作；确认故障排除后，松开此按键（左旋此按键，按键将自动跳起），CNC 进入复位状态
	超程解除	当机床超出安全行程（行程开关撞到机床上的挡块）时，数控系统会切断机床伺服强电，机床不能动作，起到了保护作用。如要退出超程状态，需一直按下该按键，接通伺服电源，在手动方式下，反向手动移动机床坐标轴，使行程开关离开挡块

本章后续章节主要以 HNC-21T(M)为蓝本进行讲述。可以说，掌握了 HNC-21T(M)的操作，可以触类旁通，很方便地进行其他配置了世纪星数控装置的机床的操作。不过在具体使用时，最好还是读一遍相应机床的操作说明书。

4.2.4 手持单元 MPG

手持单元 MPG 由手摇脉冲发生器（简称手摇）、坐标轴选择开关等组成，用于手摇方式增量进给坐标轴。手持单元 MPG 的结构如图 4-4 所示。

当手持单元的坐标轴选择波段开关置于“X”、“Y”、“Z”、“4TH”挡时，按压控

图 4-4 手持单元 MPG 结构

制面板上的“增量”按键(指示灯亮),系统处于手摇进给方式,可通过手摇进给机床坐标轴(下面以手摇进给 X 轴为例加以说明)。

- 手持单元的坐标轴选择波段开关置于“X”挡。
- 手动顺时针/逆时针旋转手摇一格,X 轴将正向或负向移动一个增量值。

用同样的操作方法使用手持单元,可以使 Y 轴、Z 轴、4TH 轴向正向或负向移动一个增量值。

手摇进给方式每次只能进给一个坐标轴。

手摇进给的增量值(手摇脉冲发生器每转一格的移动量)由手持单元的增量倍率波段开关“×1”,“×10”,“×100”控制。增量倍率波段开关的位置和增量值的对应关系如表 4-2 所示。

表 4-2 手摇进给的增量值和倍率波段开关位置的对应关系

位置	×1	×10	×100
增量值/mm	0.001	0.01	0.1

4.3 软件操作界面

4.3.1 软件操作界面

世纪星数控装置上电后,将在图 4-1 所示的液晶显示器上显示 HNC-21M(T)的软件操作界面,如图 4-5 所示。其界面由如下几个部分组成。

(1) 显示窗口

可以根据需要,用功能键 F9 设置窗口的显示内容(请参见本章 4.10 节)。

(2) 菜单命令条

通过功能键 F1～F10 选择菜单命令条中的相应功能,来完成系统的菜单操作。

(3) 运行程序索引

显示自动加工中的程序名和当前正在运行的程序段行号。

(4) 刀具在选定坐标系下的坐标值

- 坐标系可在机床坐标系/工件坐标系/相对坐标系之间切换(请参见本章 4.7 节);

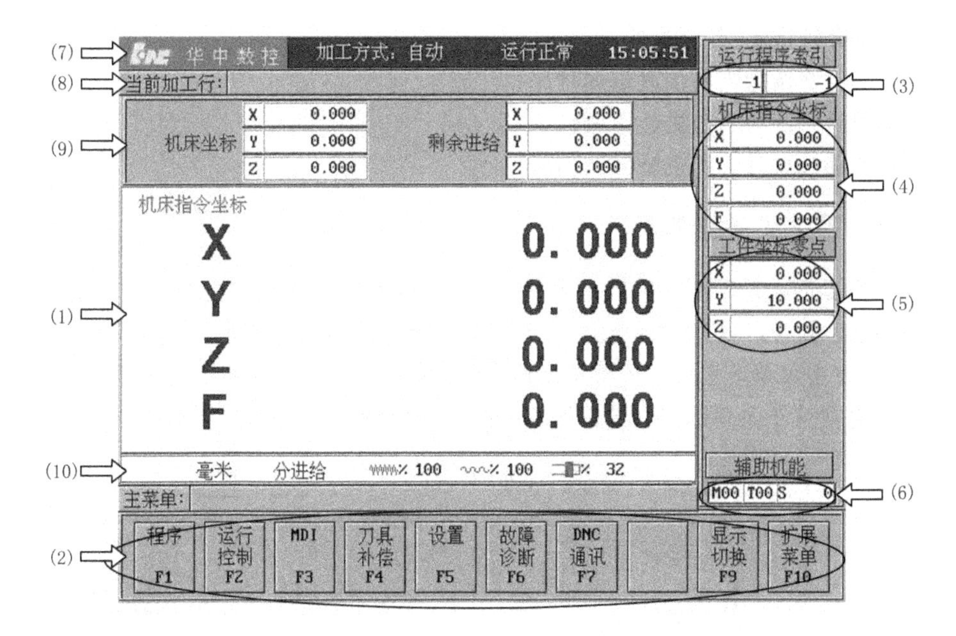

图 4-5　HNC-21M 的软件操作界面

◎ 显示值可在指令位置/实际位置/剩余进给/跟踪误差/负载电流/补偿值之间切换（负载电流只对 HSV-11 型伺服有效）。

（5）工件坐标零点

显示工件坐标系零点在机床坐标系下的坐标。

（6）辅助机能

自动加工中的 M、S、T 指令。

（7）当前加工方式、系统运行状态及当前时间

◎ 系统工作方式根据机床控制面板上相应按钮的状态可在自动（运行）、单段（运行）、手动（运行）、增量（运行）、回零、急停、复位等之间切换；

◎ 系统工作状态在运行正常/出错间切换；

◎ 系统时钟为当前时间。

（8）当前加工程序行

当前正在或将要加工的程序段。

（9）机床坐标、剩余进给

◎ 机床坐标为刀具当前位置在机床坐标系下的坐标；

◎ 剩余进给为当前程序段的终点与实际位置之差。

（10）倍率修调等

◎ 直径/半径编程（铣床无此项）；

◎ 公制/英制编程；

- 每分钟进给/每转进给；
- 快速修调为当前快进修调倍率；
- 进给修调为当前进给修调倍率；
- 主轴修调为当前主轴修调倍率。

4.3.2 系统菜单结构

操作界面中最重要的内容是菜单命令条。系统功能的操作主要通过菜单命令条中的功能键 F1～F10 来完成。由于每个功能包括不同的操作，菜单采用了层次结构，即在主菜单下选择一个菜单项后，数控装置会显示该功能下的子菜单，编程人员可根据该子菜单的内容选择所需的操作，菜单层次如图 4-6 所示。

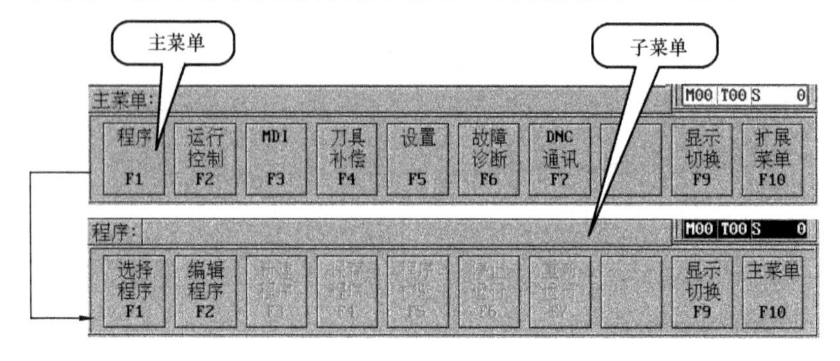

图 4-6 菜单层次

HNC-21M(T)的主菜单和扩展菜单分别如图 4-7(a)和图 4-7(b)所示。

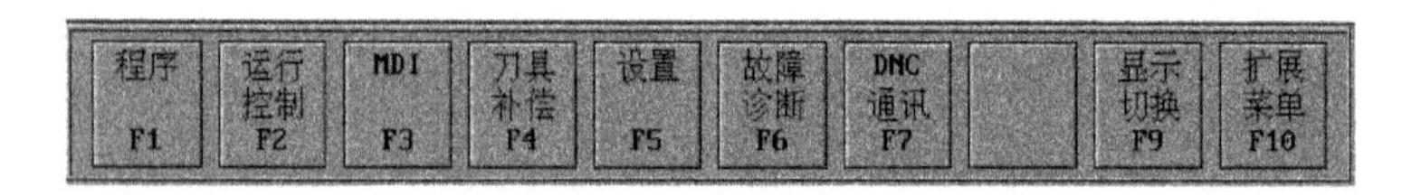

(a) 主菜单

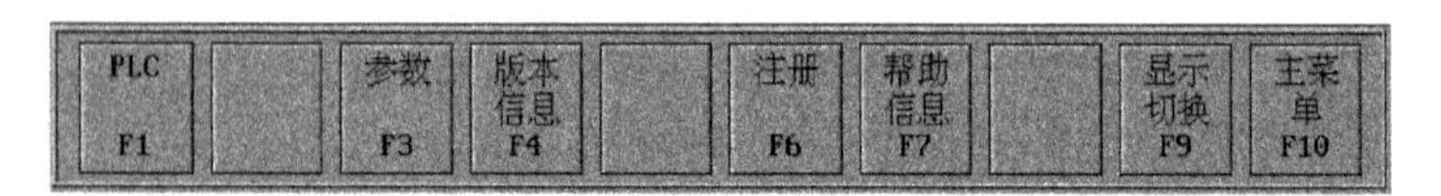

(b) 扩展菜单

图 4-7 HNC-21M(T)的主菜单和扩展菜单

HNC-21M(T)的功能菜单结构如图 4-8 所示。可以看出，两者只有个别菜单项有区别。

提示：本书用“F1”→“F4”表示在主菜单下按“F1”键，然后在子菜单下按“F4”键。

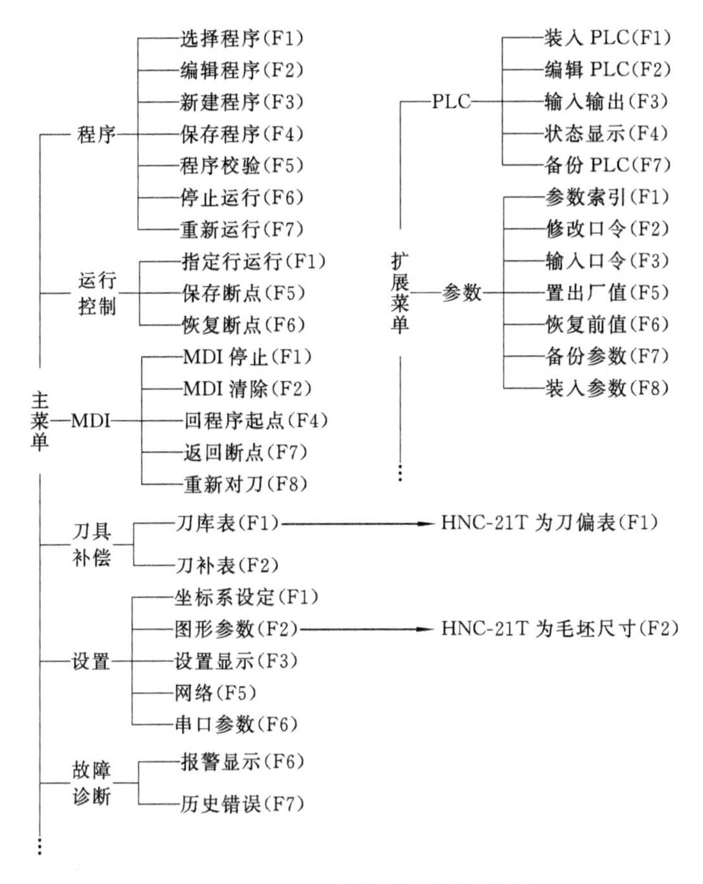

图4-8 HNC-21M(T)的功能菜单结构

4.4 数控机床的一般操作步骤

数控机床接通电源并复位后，首先要进行回参考点操作以建立机床坐标系，然后才能正确地手动控制或自动控制机床的运行。在自动运行之前，一般需要对刀，以建立工件坐标系，并正确设定工作参数和刀具偏置值；在进行新零件的加工前，一般应先进行程序测试，以防发生人身事故、损坏刀具或工件。在运行过程中可能需要暂停或重新运行，在出现紧急情况时，应能熟练地进行相应的处理。为了更好地观察加工过程，应设定合适的显示方式。在加工完成后，应用相应测量工具对零件进行检测，检查是否达到加工要求。

数控机床的一般操作过程如下。

- 开机，各坐标轴手动回机床参考点。
- 刀具安装：根据加工要求选择刀具，将其装上主轴(数控铣床)或回转刀架上

(数控车床)。

◎ 清洁工作台(数控铣床)或主轴(数控车床),安装夹具和工件。

◎ 进行对刀并设定工件坐标系。

◎ 设置工作参数和刀具偏置值。

◎ 输入加工程序:将加工程序通过数据线传输到数控系统的内存中,或直接通过 MDI 键盘输入。

◎ 调试加工程序,确保程序正确无误。

◎ 自动加工:按下“循环启动”键运行程序,开始加工。加工时,通过选择合适的进给倍率和主轴倍率来调整主轴转速和进给速度,并注意监控加工状态,保证加工正常。

◎ 取下工件,进行尺寸检测。

◎ 清理加工现场。

◎ 关机。

在上述操作过程中,离不开手动进给和手动机床动作控制以及紧急情况的处理,而所有这些操作均是通过机床操作面板(NC 键盘和机床控制面板等)来完成的。

4.5 开机、关机及返回参考点

4.5.1 开机步骤

◎ 检查机床状态是否正常。

◎ 检查电源电压是否符合要求,接线是否正确。

◎ 按下控制面板上的“急停”按钮(此步骤不是必需的,但建议依此操作)。

◎ 打开外部电源开关,启动机床电源。

◎ 接通数控系统电源。

◎ 检查风扇电动机运转是否正常。

◎ 检查面板上的指示灯是否正常。

若开机成功, HNC-21M(T)自动运行系统软件。此时,液晶显示器显示如图 4-5所示的系统上电屏幕(软件操作界面),工作方式为“急停”(“急停”按钮处于按下位置)。

4.5.2 复位

若在开机过程中,按下了“急停”按钮,则数控装置上电进入软件操作界面时,数控装置初始模式显示为“急停”,为使数控系统运行,需顺时针旋转 MCP 右上角的“急停”按钮使其松开,使数控装置复位,并接通伺服电源。数控装置依方式选择按钮的状态而进入相应的工作方式，软件操作界面的上方显示相应的工作方式。

然后，机床操作者可按软件操作界面的菜单提示，运用 NC 键盘上的功能键、MDI 键和控制面板的操作按钮，进行后续的手动回参考点、点动进给、增量（步进）进给、手摇进给、自动运行、手动机床动作控制等操作。数控装置完成操作者期望的动作。

4.5.3 返回机床参考点

数控机床在自动方式和 MDI 方式下正确运行的前提是建立机床坐标系，为此，当数控系统接通电源、复位后，紧接着应进行机床各轴手动回参考点操作（使用绝对式测量装置时，可不回参考点）。

此外，数控机床断电后再次接通数控装置电源、超程报警解除以后及解除“急停”按钮以后，一般也需要进行再次回参考点操作，以建立正确的机床坐标系。

机床未回参考点之前，数控机床只能进行手动操作。

1. 操作步骤

回参考点的操作方法如下。

- 如果数控装置显示的当前工作方式不是回零方式，则按压控制面板上面的“回零”按键，确保数控系统处于“回零”方式。
- 根据 X 轴机床参数“回参考点方向”，按压“＋X”（“回参考点方向”为“＋”）或“－X”（“回参考点方向”为“－”）按键，X 轴回到参考点后，“＋X”或“－X”按键内的指示灯亮。
- 用同样的方法使用“＋Y”“－Y”“＋Z”“－Z”“＋4TH”“－4TH”按键，可以使 Y 轴、Z 轴、4TH 轴回参考点。

当所有轴回参考点后，即建立了机床坐标系。此时，操作者可正确地控制机床自动或 MDI 运行。

2. 注意事项

- 回参考点时应确保安全，注意在机床运行方向上不会发生碰撞。铣床一般应选择 Z 轴先回参考点，将刀具抬起；车床回参考点时必须先回 X 轴参考点，再回 Z 轴参考点，否则刀架可能与尾座发生碰撞。
- 使用多个相容（“＋X”与“－X”不相容，其余类同）的轴向选择按键，可一次性使多个坐标轴同时返回参考点，但建议各坐标轴逐一返回参考点。
- 在回参考点前，应确保回零轴位于参考点的“回参考点方向”相反侧（如 X 轴的回参考点方向为负，则回参考点前，应保证 X 轴当前位置在参考点的正向侧）；否则应手动移动该轴直到满足此条件。
- 在回参考点过程中，若出现超程，请按住控制面板上的“超程解除”按键，采用手动方式向相反方向移动该轴，使其退出超程状态。

4.5.4 紧急情况的处理

1. 急停

机床运行过程中，在危险或紧急情况下，应按下“急停”按钮，使CNC进入急停状态，这时，伺服进给及主轴运转立即停止工作(控制柜内的进给驱动电源被切断)；当故障排除后，可松开“急停”按钮(左旋此按钮即自动跳起)，使CNC进入复位状态。

紧急停止解除后应重新执行回参考点操作，以确保坐标位置的正确性。

在上电和关机之前建议按下“急停”按钮，以减少电网对设备的冲击。

2. 超程解除

在伺服轴行程的两端各有一个极限开关，其作用是防止伺服机构被碰撞而损坏。每当伺服机构碰到行程极限开关时，就会出现超程报警。当某轴出现超程报警(“超程解除”按键内指示灯亮)时，数控装置视其状况为紧急情况，自动进入急停状态。

要退出超程状态，必须按如下方法操作。

- 松开“急停”按钮，置工作方式为“手动”或“手摇”方式。
- 一直按压着“超程解除”按键(数控装置会暂时忽略超程的紧急情况)。
- 在手动(手摇)方式下，使该轴向相反方向移动，退出超程状态。
- 松开“超程解除”按键。

若显示屏上运行状态栏“运行正常”取代了“出错”，表示已退出超程状态，数控系统恢复正常状况。

提示：在操作数控机床退出超程状态时，请务必注意移动方向及移动速率，以免发生机械碰撞。

4.5.5 关机步骤

数控机床使用完毕后，可按下述步骤关机：

- 按下控制面板上的“急停”按钮，断开伺服电源；
- 断开数控系统电源；
- 断开数控机床电源。

4.6 数控机床的手动控制

4.6.1 坐标轴的运动控制

1. 手动连续进给

手动连续(点动)进给的一般操作方法如下。

◎ 按压控制面板上的“手动”按钮(指示灯亮),数控装置处于手动运行方式。

◎ 按压进给修调或快速修调右侧的“－、100%、＋”按钮,选择合适的手动进给速率。

◎ 在轴手动按钮(＋X、＋Y、＋Z、＋4TH、－X、－Y、－Z、－4TH)中,按压需手动连续进给的轴和方向(如＋X)。

◎ 被选轴(如 X 轴)将向所选择的方向(如正方向)以选定的进给速率连续移动。

◎ 松开相应的轴手动按钮(如＋X),被选轴(如 X 轴)即减速停止。

同时按压多个相容的轴手动按钮,可连续移动多个坐标轴。

在手动连续进给时,若同时按压“快进”按钮,则相应轴作正向或负向的快速运动。

提示:

① 手动连续进给速率为系统参数“最高快移速度”的 1/3 乘以进给修调选择的进给倍率;

② 手动连续快速移动的速率为系统参数“最高快移速度”乘以快速修调选择的快移倍率。

2. 增量(步进)进给

增量进给的操作方法如下。

◎ 当有手持单元时,置其上坐标轴选择波段开关于“Off”挡;否则直接按压控制面板上的“增量”按钮(指示灯亮),数控系统处于增量进给方式。

◎ 按压增量倍率按钮“×1”“×10”“×100”“×1000”中的一个,选择合适的步进增量值。

◎ 在轴手动按钮(＋X、＋Y、＋Z、＋4TH、－X、－Y、－Z、－4TH)中,按压需增量进给的轴和方向(如＋X)。

◎ 被选轴(如 X 轴)将向所选择的方向(如正方向)移动一个步进增量。

◎ 松开相应的轴手动按钮(如＋X)后,再次按压该按钮,被选轴(如 X 轴)将再次进给一个步进增量。

同时按压多个方向的轴手动按钮,可增量进给多个坐标轴。

增量倍率按钮和增量值的对应关系如表 4-3 所示。

表 4-3　增量倍率按钮和增量值的对应关系

增量倍率按钮	×1	×10	×100	×1 000
增量值/mm	0.001	0.01	0.1	1

提示:这几个增量倍率按钮互锁,即按压其中一个(指示灯亮),其余几个会自动失效(指示灯灭)。

3. 手脉(手摇脉冲发生器)进给

手脉进给的一般操作方法如下。

- 当手持单元的坐标轴选择波段开关置于“X”“Y”“Z”“4TH”挡时,按压控制面板上的“增量”按钮(指示灯亮),数控系统处于手摇进给方式。
- 由手持单元的坐标轴选择波段开关选择进给的坐标轴(如 X 轴)。
- 由手持单元的倍率波段开关选择进给的脉冲当量(手摇每转一格移动的距离),如表 4-2 所示。
- 手动顺时针或逆时针旋转手摇脉冲发生器,被选轴(如 X 轴)将向正向或负向移动(移动距离=转动格数×脉冲当量)。

手摇进给方式每次只能增量进给一个坐标轴。

4.6.2 主轴手动操作

1. 主轴制动

在手动方式(手动、增量)下,主轴处于停止状态时,按压“主轴制动”按钮(指示灯亮),主轴电动机被锁定在当前位置;再按一次该按钮,主轴电动机制动取消(指示灯灭)。

2. 主轴正、反转及停止

在手动(手动、增量)方式下,当“主轴制动”无效(指示灯灭)时,可进行如下操作。

- 按压“主轴正转”按钮(指示灯亮),主轴电动机以机床参数和设定的转速(乘以主轴修调)正转。
- 按压“主轴反转”按钮(指示灯亮),主轴电动机以机床参数设定的转速(乘以主轴修调)反转。
- 按压“主轴停止”按钮(指示灯亮),主轴电动机停止运转。

提示:这几个按钮互锁,即按压其中一个(指示灯亮),其余几个会自动失效(指示灯灭)。

3. 主轴冲动

在手动方式下,当“主轴制动”无效(指示灯灭)时,按压“主轴冲动”按钮(指示灯亮),主轴电动机会以一定的转速瞬时转动一定的角度。

该功能主要用于装夹刀具。

4. 主轴定向

如果机床上有换刀机构,通常就需要主轴定向功能。这是因为换刀时,主轴上的刀具必须定位可靠;否则会损坏刀具或刀爪。

在手动方式下,当“主轴制动”无效(指示灯灭)时,按压“主轴定向”按钮,主轴立即执行主轴定向功能,定向完成后,按钮内指示灯亮,主轴准确停止在某一固定位置。

5. 主轴速度修调

主轴正转及反转的速度可通过主轴修调调节。

按压主轴修调右侧的“100%”按钮(指示灯亮),主轴修调倍率被置为100%,按压“+”按钮,主轴修调倍率递增10%;按压“-”按钮,主轴修调倍率递减10%。

当数控机床为机械齿轮换挡时,主轴速度不能修调。

4.6.3 其他手动操作

1. 冷却启动与停止

在任何方式下,按压“冷却开/停”按钮,冷却液开(默认值为冷却液关);再按压此按钮,冷却液关;再按压此按钮,冷却液又开,如此循环。

2. 刀具夹紧与松开

在手动方式下,通过按压“允许换刀”按钮,使得刀具松/紧操作有效(指示灯亮)。

按压“刀具松/紧”按钮,松开刀具(默认值为夹紧);再按压此按钮,夹紧刀具;再按压此按钮,又松开刀具,如此循环。

3. 卡盘夹紧与松开

在数控车床的手动方式下,按下“卡盘松/紧”按钮,可松开工件(默认值为夹紧),进行工件更换操作;再按压此按钮,可夹紧工件,进行工件加工操作,如此循环。

4. 尾座套筒的前进与后退

在数控车床的手动方式下,按下“尾座进/退”按钮,可使尾座顶紧工件,进行工件加工操作;再按下此按钮,可使尾座离开工件,进行工件更换操作,如此循环。

5. 刀位转换

对于有转塔刀架的数控车床,可通过程序指令使刀架自动转位,也可通过面板按键,手动控制刀架转位。

配有HNC-21T的数控车床,其机床控制面板(MCP)上没有“刀具松/紧”按钮和“允许换刀”按钮,取而代之的是“刀位转换”按钮和一个空白按钮。

在手动方式下按一下“刀位转换”按钮,数控系统会预先计数,转塔刀架将转动一个刀位。以此类推,按几次“刀位转换”按钮,系统就预先计数,转塔刀架将转动几个刀位,接着按“刀位转换”左边靠着的空白按钮,转塔刀架才真正转动至指定的刀位。此为“预选刀”功能,可避免因换刀不当而导致的撞刀操作。

示例如下:当前刀位为1号刀,要转换至4号刀,可连按“刀位转换”按钮三次,然后按“刀位转换”按钮左边靠着的空白按钮,4号刀就会转至正确的位置。

4.7 工作参数的设置

控制数控机床各轴手动回参考点，建立机床坐标系只是自动运行和 MDI 运行的前提。由于零件程序一般是以工件坐标系为基准编制的，且在加工过程中需要进行刀具补偿（对铣床来说是半径和长度补偿，对车床来说是刀尖圆弧半径和几何磨损补偿）。因此，为避免刀具与工件的碰撞或加工零件报废，确保零件加工的正确性，在加工前务必正确输入工件坐标系及刀具补偿数据。

此外，设置必要的工作参数（如串口参数），也是数控机床特定时正确加工所必不可少的。而为了更好地观察加工过程，一般可通过改变显示参数选择显示内容。

提示：正确设置机床参数和系统参数是数控机床工作的基础，但数控机床在安装、测试完数控系统后，在交付客户时，一般已设置好这些参数。操作者无须（最好不要）更改这些参数，但有个别参数与机床操作有关，需要用户设置，在本章 4.10 节将对机床参数和系统参数的设置作简单介绍。

4.7.1 工件坐标系的设置（F5→F1）

输入坐标系数据的操作步骤如下。

- 在主菜单（见图 4-7）下按“F5”键，进入设置功能子菜单，如图 4-9 所示。

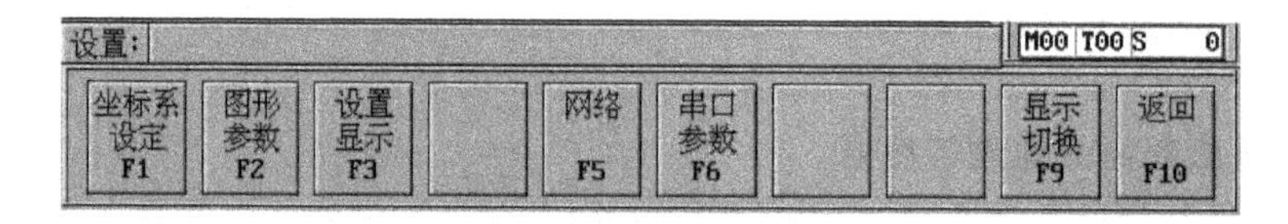

图 4-9 设置功能子菜单

- 在图 4-9 所示的子菜单下按“F1”键，进入坐标系手动数据输入方式，图形显示窗口首先显示 G54 坐标系数据，如图 4-10 所示。
- 按“PgDn”/“PgUp”键或直接按“F1”～“F8”键，选择要输入的数据类型，即 G54、G55、G56、G57、G58、G59 坐标系、当前工件坐标系的偏置值（坐标系零点相对于机床零点的值），或当前相对值零点。
- 在命令行输入所需数据，如在图 4-10 所示情况下输入“X200 Y300”，并按“Enter”键，将设置 G54 坐标系的 X 及 Y 偏置分别设为 200、300。
- 若输入正确，图形显示窗口相应位置将显示修改过的值；否则原值不变。

提示：编辑的过程中，在没按“Enter”键进行确认之前，可按“Esc”键退出编辑，但输入的数据将丢失，数控装置将保持原值不变。

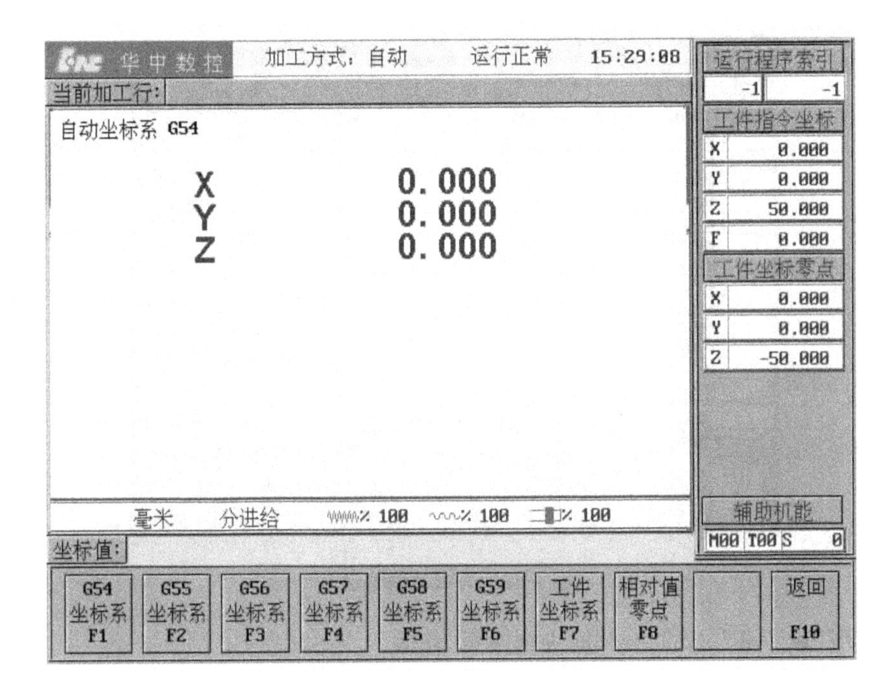

图 4-10 MDI 方式下坐标系的设置

4.7.2 铣床的刀具补偿值设置

在主菜单(见图 4-7)下按"F4"键，进入刀具补偿功能子菜单，命令行与菜单条的显示如图 4-11 所示。

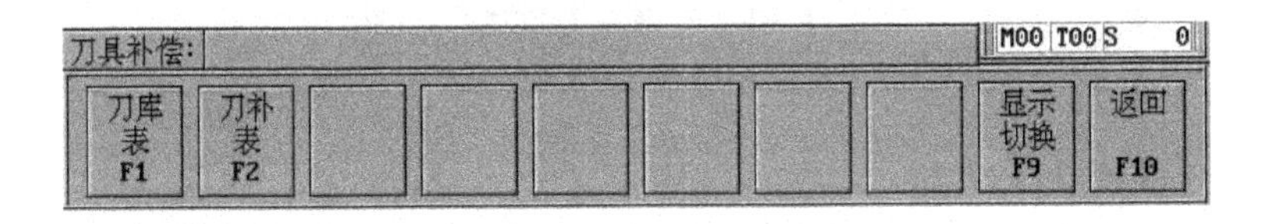

图 4-11 刀具补偿功能子菜单

1. 刀库数据设置(F4→F1)

输入刀库数据的操作步骤如下。

◎ 在刀具补偿功能子菜单下(见图 4-11)按"F1"键，进行刀库数据设置，图形显示窗口将出现刀库数据栏，如图 4-12 所示。

◎ 用"▲""▼""▶""◀""PgUp""PgDn"键移动蓝色亮条选择要编辑的选项。

◎ 按"Enter"键，蓝色亮条所指刀库数据的颜色和背景都发生变化，表示选中，同时有一光标在闪烁。

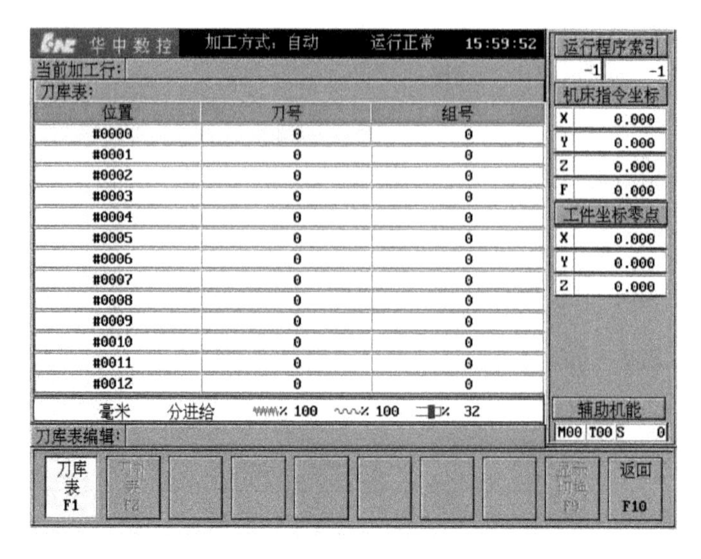

图 4-12　刀库表的修改

- 用“▶”“◀”“BS”“Del”键进行编辑、修改。
- 修改完毕，按“Enter”键确认。
- 若输入正确，图形显示窗口相应位置将显示修改过的值；否则原值不变。

2. 刀具数据设置(F4→F2)

输入刀具数据的操作步骤如下。

- 在刀具补偿功能子菜单下(见图 4-11)按“F2”键，进行刀具数据设置，图形显示窗口将出现刀具数据栏，如图 4-13 所示。

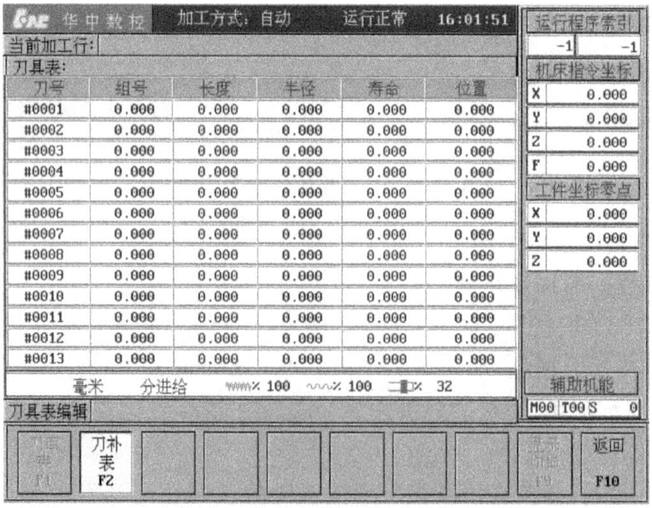

华中数控　加工方式：自动　运行正常　16:01:51

当前加工行：

刀具表：

刀号	组号	长度	半径	寿命	位置
#0001	0.000	0.000	0.000	0.000	0.000
#0002	0.000	0.000	0.000	0.000	0.000
#0003	0.000	0.000	0.000	0.000	0.000
#0004	0.000	0.000	0.000	0.000	0.000
#0005	0.000	0.000	0.000	0.000	0.000
#0006	0.000	0.000	0.000	0.000	0.000
#0007	0.000	0.000	0.000	0.000	0.000
#0008	0.000	0.000	0.000	0.000	0.000
#0009	0.000	0.000	0.000	0.000	0.000
#0010	0.000	0.000	0.000	0.000	0.000
#0011	0.000	0.000	0.000	0.000	0.000
#0012	0.000	0.000	0.000	0.000	0.000
#0013	0.000	0.000	0.000	0.000	0.000

运行程序索引　-1　-1

机床指令坐标　X 0.000　Y 0.000　Z 0.000　F 0.000

工件坐标零点　X 0.000　Y 0.000　Z 0.000

毫米　分进给　100　100　32

辅助机能　M00 T00 S 0

刀具表编辑

刀补表 F2　返回 F10

图 4-13　刀具数据的输入与修改

◎ 用“▲”“▼”“▶”“◀”“PgUp”“PgDn”键移动蓝色亮条选择要编辑的选项。

◎ 按“Enter”键，蓝色亮条所指刀具数据的颜色和背景都发生变化，表示选中，同时有一光标在闪烁。

◎ 用“▶”“◀”“BS”“Del”键进行编辑、修改。

◎ 修改完毕，按“Enter”键确认。

◎ 若输入正确，图形显示窗口相应位置将显示修改过的值；否则保持原值不变。

4.7.3 车床的刀具补偿值设置

在 HNC-21T 主菜单(见图 4-7)下按“F4”键，进入刀具补偿功能子菜单，命令行与菜单条的显示如图 4-14 所示。

图 4-14 刀具补偿功能子菜单

1. 刀偏数据设置(F4→F1)

在刀具补偿功能子菜单下(见图 4-14)按“F1”键，图形显示窗口将出现如图 4-15所示刀偏数据表，可进行刀偏数据设置。

华中数控 加工方式：自动 出错 09:21:14

当前加工行：G90 G00 X1000 Y1000 Z1000

绝对刀偏表：

刀偏号	X偏置	Z偏置	X磨损	Z磨损	试切直径	试切长度
#0001	-151.730	-480.916	0.000	0.000	29.200	0.000
#0002	13.314	4.910	0.000	0.000	29.200	0.000
#0003	-0.748	13.286	0.000	0.000	29.200	0.000
#0004	10.000	20.000	0.000	0.000	0.000	0.000
#0005	10.000	20.000	0.000	0.000	0.000	0.000
#0006	10.000	20.000	0.000	0.000	0.000	0.000
#0007	10.000	20.000	0.000	0.000	0.000	0.000
#0008	10.000	20.000	0.000	0.000	0.000	0.000
#0009	10.000	20.000	0.000	0.000	0.000	0.000
#0010	10.000	20.000	0.000	0.000	0.000	0.000
#0011	10.000	20.000	0.000	0.000	0.000	0.000
#0012	10.000	20.000	0.000	0.000	0.000	0.000
#0013	10.000	20.000	0.000	0.000	0.000	0.000

直径 毫米 分进给 100% 100% 100%

绝对刀偏表编辑：

运行程序索引 1 3

剩余进给 X 0.000 Z 0.000 F 0.000 S 0

工件坐标零点 X 259.350 Z 129.675

辅助机能 M00 T0000 CT00 ST00

X轴置零 F1 Z轴置零 F2 刀架平移 F5 返回 F10

图 4-15 刀偏数据表

刀具偏置补偿数据的设置有两种方法：一种是手工填写；另一种是采用试切法由数控装置自动生成。推荐采用试切法来设置刀具偏置补偿数据。

1）试切法填写刀具偏置值

试切法指的是通过试切，由试切直径和试切长度来计算刀具偏置值的方法。根据是否采用标准刀具，它又可以分为绝对刀偏法和相对刀偏法。

为方便用户的使用，HNC-21T 支持绝对刀偏和相对刀偏，可在“机床参数”的“刀补类型选择”选项中设置，具体设置方法请参考本章 4.10 节。

提示：工件坐标系的 X 向零点是建立在旋转轴的中心线上。

(1) 绝对刀偏法

绝对刀偏法是指每一把刀具独立建立自己的补偿偏置值（此时不存在标准刀具），如图 4-15 所示，该值将会反映到工件坐标系上。

绝对刀偏法对刀的具体步骤如下。

- 用光标键“▲”“▼”将蓝色亮条移动到要设置刀具的行。
- 用刀具试切工件的外径，然后沿 Z 轴方向退刀（在此过程中不要移动 X 轴）。
- 测量试切后的工件外径，将它手工填入图 4-15 中的试切直径这一栏，这样，X 偏置就设置好了。
- 用刀具试切工件的端面，然后沿 X 轴方向退刀。
- 计算试切工件端面到该刀具要建立的工件坐标系的零点位置的有向距离，将其填入到图 4-15 中试切长度这一栏，这样就把刀的 Z 偏置设置好了。

如果要设置其余的刀具可重复以上步骤。

提示：

① 对刀前机床必须先回机械零点。

② 试切工件端面到该刀具要建立的工件坐标系的零点位置的有向距离，也就是试切工件端面在要建立的工件坐标系中的 Z 轴坐标值。

③ 设置的工件坐标系 X 轴零点偏置＝机床坐标系 X 坐标－试切直径，因而试切工件外径后不得移动 X 轴。

④ 设置的工件坐标系 Z 轴零点偏置＝机床坐标系 Z 坐标－试切长度，因而试切工件端面后不得移动 Z 轴。

(2) 相对刀偏法

相对刀偏法是指有标准刀具（简称标刀），而其余的每一把刀具的偏置是相对于标刀的偏置。该值将不会反映到工件坐标系上，此时只建立一个由标刀确定的工件坐标系。其具体操作步骤如下。

- 先将标刀对刀，如果要选择作为标刀的刀具已经是标刀，就要用光标键“▲”“▼”将光标移到标刀位置，按“F5”键取消标刀；否则填入“试切直径”和“试切长度”参数时，系统会出现如图 4-16 所示提示。

图 4-16　相对刀偏法标刀对刀提示

◎ 按照绝对对刀法(共 5 个步骤)，对好要作为标刀的刀具偏置，建立该刀具所确定的工件坐标系。

◎ 设置标刀，按光标键“▲”“▼”，移动蓝色亮条到已对好刀的刀具位置，按“F5”键设置该刀为标刀，如图 4-17 所示。

华中数控　加工方式：自动　运行正常　09:38:51

当前加工行：

相对刀偏表：

刀偏号	X偏置	Z偏置	X磨损	Z磨损	试切直径	试切长度
#0001	-151.730	-6.000	0.000	0.000	29.200	6.000
#0002	165.044	6.000	0.000	0.000	29.200	0.000
#0003	150.982	19.286	0.000	0.000	29.200	0.000
#0004	161.730	26.000	0.000	0.000	0.000	0.000
#0005	161.730	26.000	0.000	0.000	0.000	0.000
#0006	161.730	26.000	0.000	0.000	0.000	0.000
#0007	161.730	26.000	0.000	0.000	0.000	0.000
#0008	161.730	26.000	0.000	0.000	0.000	0.000
#0009	161.730	26.000	0.000	0.000	0.000	0.000
#0010	161.730	26.000	0.000	0.000	0.000	0.000
#0011	161.730	26.000	0.000	0.000	0.000	0.000
#0012	161.730	26.000	0.000	0.000	0.000	0.000
#0013	161.730	26.000	0.000	0.000	0.000	0.000

运行程序索引：-1　-1
剩余进给：X 0.000　Z 0.000　F 0.000　S 0
工件坐标零点：X -151.730　Z -6.000
辅助机能：M00　T0000　CT00　ST00

直径　毫米　分进给　100%　100%　100%

相对刀偏表编辑：

X轴置零 F1　Z轴置零 F2　标刀选择 F5　返回 F10

图 4-17　标刀选择

◎ 选择要对刀的刀具，按光标键“▲”“▼”，移动蓝色亮条到要对刀的刀具位置。

◎ 按照绝对对刀法(共 5 个步骤)，对所选的刀具填入相应的数据。

如果要设置其余的刀具，就重复后两个步骤，这样就可对所有的刀具进行偏置。

提示：

在填写非标刀具的试切长度时，是指非标刀具试切工件端面在标刀已建立工件坐标系中的 Z 轴坐标值。

2)直接填写刀具偏置值

直接填写刀具偏置值就是参照标准刀具来直接填写刀具偏置值，其步骤如下。

◎ 执行相对刀偏法中的前三个步骤，填好标刀的偏置数据。

◎ 数控系统在手摇工作方式下，用标刀对准工件的一基准点，如图 4-18 的点 A。

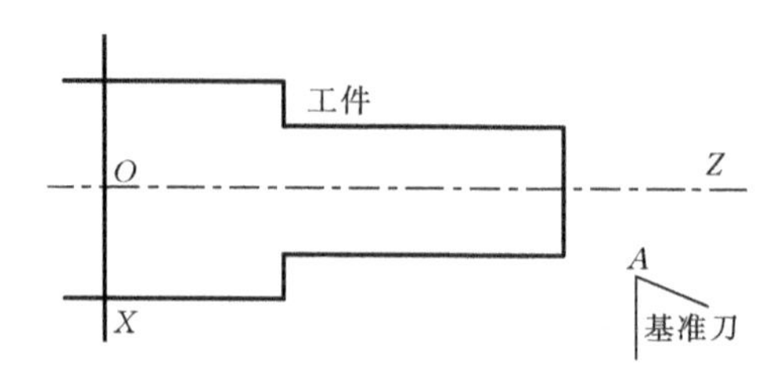

图 4-18　测量刀偏数据

◎ 按“F1”键，则屏幕上显示的 X 轴坐标清零；按“F2”键，则屏幕上显示的 Z 轴坐标清零；按“F3”键，则屏幕上显示的 X、Z 轴坐标清零。

◎ 旋转手摇脉冲发生器，退刀。

◎ 选择要对刀的刀具，按光标键“▲”“▼”，移动蓝色亮条到要对刀的刀具位置，手动换刀，同样旋转手摇脉冲发生器，使刀尖对基准点 A，这时屏幕上显示的坐标值就是该刀对基准刀的偏置值 ΔX、ΔZ。

◎ 将 ΔX、ΔZ 分别填入已选刀具的 X 偏置和 Z 偏置栏。

2. 刀补数据设置

车床的刀具可以多方向安装，并且刀具的刀尖也有多种形式，为使数控系统知道刀具的安装情况，以便准确地进行刀尖半径补偿，必须定义表示车刀刀尖方向的位置码。

车刀刀尖的位置码表示理想刀具头与刀尖圆弧中心的位置关系，如图 3-24 所示。一般大多数的刀尖方位为 3 号方位。

刀补数据设置的操作步骤如下。

◎ 在刀具补偿功能子菜单下（见图 4-14）按“F2”键，图形显示窗口将出现如图 4-19所示刀补数据栏，可进行刀补数据设置。

◎ 用“▲”“▼”“PgUp”“PgDn”键移动蓝色亮条选择要编辑的选项。

◎ 按“Enter”键，蓝色亮条所指刀具数据的颜色和背景都发生变化，表示选中，同时有一光标在闪烁。

◎ 用“▲”“▼”“BS”“Del”键进行编辑、修改。

◎ 修改完毕，按“Enter”键确认。

◎ 若输入正确，图形显示窗口相应位置将显示修改过的值；否则原值不变。

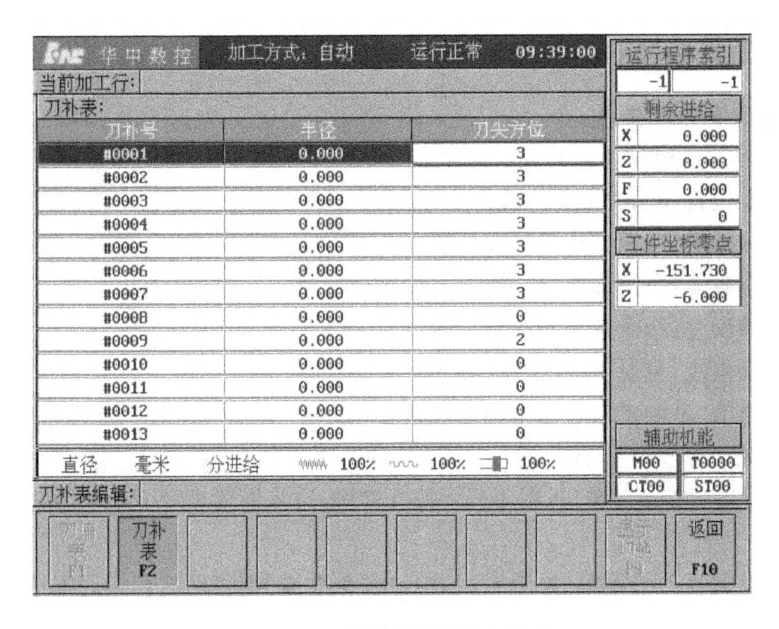

图 4-19 刀补数据的输入与修改

4.7.4 串口参数的设置(F5→F6)

设置串口参数的操作步骤如下。

- 在主菜单(见图 4-7)下按“F5”键,进入设置功能子菜单,如图 4-9 所示。
- 在设置功能子菜单(见图 4-9)下按“F6”键,进入串口参数设置方式,如图 4-20所示。

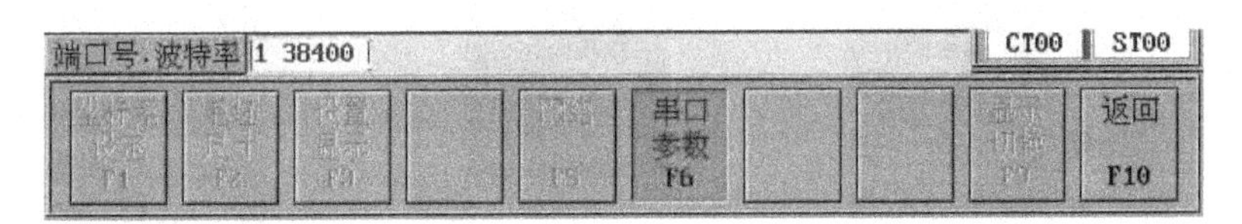

图 4-20 串口参数设置

- 在命令行输入“端口号”和“波特率”,如在图 4-20 所示情况下输入“1 38 400”,并按“Enter”键,设置的“端口号”和“波特率”分别为 1、38 400。
- 若输入正确,图形显示窗口相应位置将显示修改过的值;否则保持原值不变。

提示:

① 端口号——串口连接的端口号(1,2),默认值为 1。

② 波特率——串口传输时的速度(300…9 600,19 200,38 400…115 200),默认值为 38 400。

4.7.5 显示参数的设置(F5→F3)

1. 显示值类型选择

当前显示值包括下述几种。

- 指令位置:CNC 输出的理论位置。
- 实际位置:反馈元件采样的位置。
- 剩余进给:当前程序段的终点与实际位置之差。
- 跟踪误差:指令位置与实际位置之差。
- 负载电流:只对 HSV-11 型伺服有效。
- 补偿值:系统参数对每个轴的机械补偿。

显示值选择操作步骤如下。

- 在设置功能子菜单(见图 4-9)下按“F3”键,进入设置显示子菜单,如图 4-21 所示。
- 在设置显示子菜单(见图 4-21)中,用“▶”“◀”键移动红色标记框选中“显示值”选项。
- 用“▲”“▼”键移动红色圆标选中显示值类型。
- 按“Enter”键,即可选中相应的显示值。

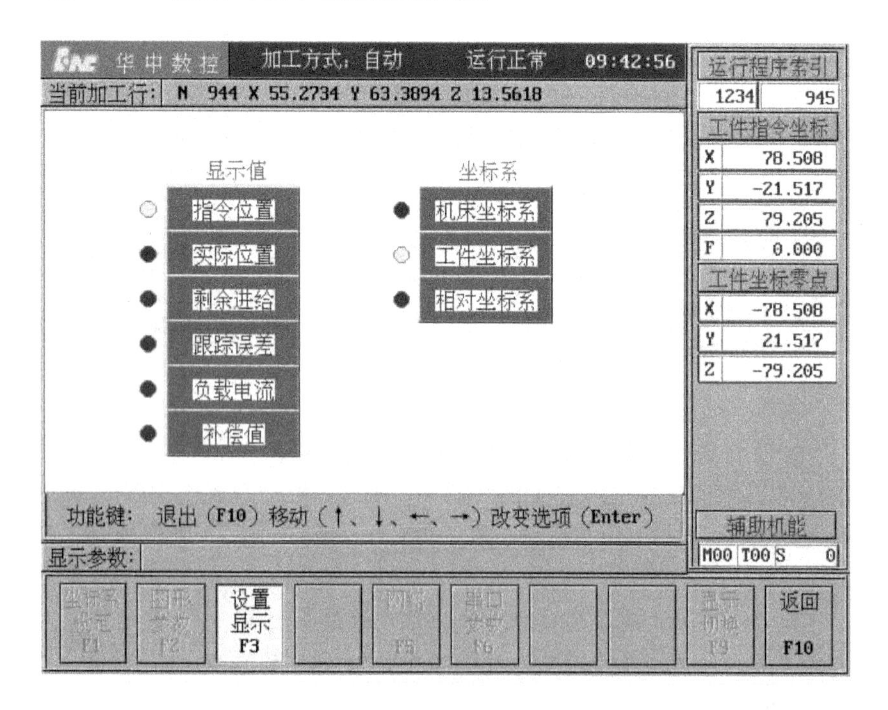

图 4-21 显示值和坐标系设置

2. 坐标系类型选择

由于指令位置与实际位置依赖于当前坐标系的选择，要显示当前指令位置与实际位置，首先要选择坐标系，操作步骤如下。

◎ 在设置显示子菜单(见图 4-21)中，用“▶”“◀”键移动红色标记框选中“坐标系”选项。

◎ 用“▲”“▼”键移动红色圆标选中坐标系类型。

◎ 按“Enter”键，即可选中相应的坐标系。

3. 图形显示参数

设置图形显示参数的操作步骤如下。

◎ 在设置功能子菜单(见图 4-9)下按“F2”键，系统给出如图 4-22 所示的提示，输入显示起始坐标 X、Y、Z 的坐标值。

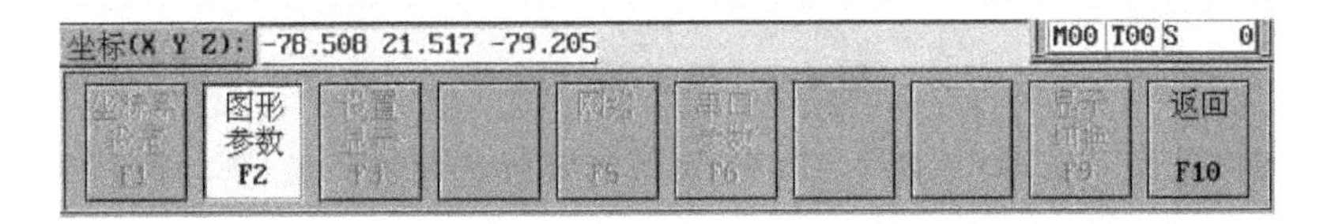

图 4-22　输入显示 X、Y、Z 轴起始坐标值

◎ 按“Enter”键，系统给出如图 4-23 所示的提示，输入 X、Y、Z 轴放大系数。

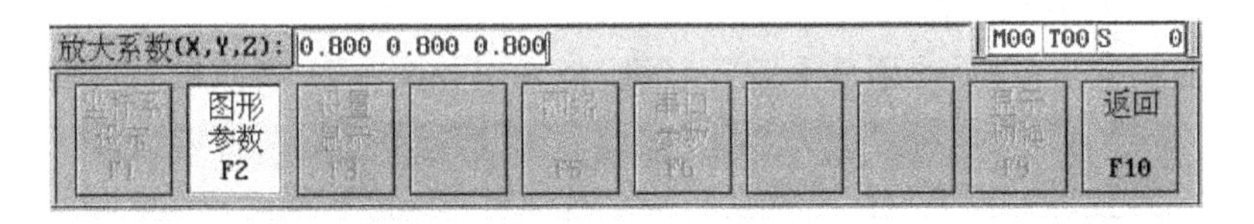

图 4-23　输入 X、Y、Z 轴放大系数

◎ 按“Enter”键，系统给出如图 4-24 所示的提示，输入 X、Y、Z 轴视角。

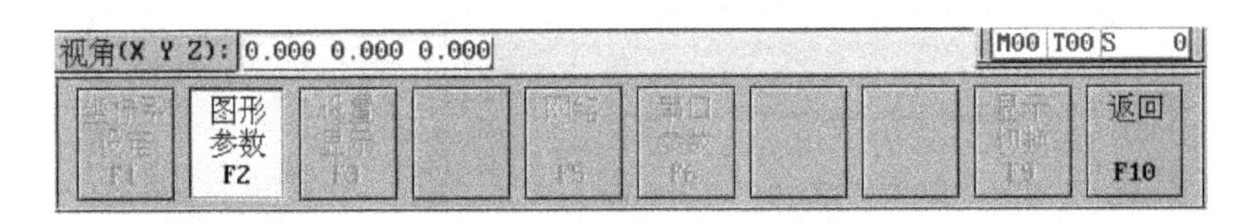

图 4-24　输入 X、Y、Z 轴视角

◎ 按“Enter”键，完成图形显示参数的输入。

提示：

① 一般不用输入图形显示参数，因为系统会自动选取最优化的图形显示参数。

② 三维图形的显示视角也可由“▲”“▼”“▶”“◀”键来控制，方法如下。

◎ 按“▲”“▼”键时，保持 Y、Z 轴视角不变，变动 X 轴视角参数。

◎ 按“▶”“◀”键时，保持 X、Y 轴视角不变，变动 Z 轴视角参数。

◎“按 PgUp”“PgDn”键时，保持 X、Z 轴视角不变，变动 Y 轴视角参数。

4.8 程序输入与校验

在数控系统主菜单(见图 4-7)下，按“F1”键进入程序功能子菜单，命令行与菜单条的显示如图 4-25 所示。

图 4-25 程序功能子菜单

在程序功能子菜单(见图 4-25)下，可以对零件程序进行编辑与校验等操作。

4.8.1 零件程序的输入

1. 选择待编辑的程序(F1→F1)

选择程序的操作方法。

① 在图 4-25 所示的菜单下按“F1”键，将弹出如图 4-26 所示的“选择程序”菜

华中数控 加工方式：回零 运行正常 11:03:58

当前加工行： G92 X0 Y0 Z50

当前存储器： 电子盘 DNC 软驱 网络

文件名	大 小	日 期
O0001	1K	2004-06-06
O1111	1K	2004-07-19
O1112	1K	2004-07-19
O1113	1K	2004-07-22
O1234	536K	2004-06-08
O3333	1K	2004-07-20
O8888	1K	2004-07-22
O8889	1K	2004-07-14
O9998	1K	2004-05-19
OEXAM	1K	2004-05-13
OEXAM1	1K	2004-05-11
OJIUBEI1	1K	2004-05-04
OT4	1K	2004-06-10

毫米 分进给 100% 100% 100%

程序:

运行程序索引 1234 1

工件指令坐标 X 0.000 Y 0.000 Z 0.000 F 0.000

工件坐标零点 X 0.000 Y 0.000 Z 0.000

辅助机能 M00 T00 S 0

选择程序 F1 编辑程序 F2 新建程序 F3 保存程序 F4 程序校验 F5 停止运行 F6 重新运行 F7 显示切换 F9 返回 F10

图 4-26 程序选择界面

单。

② 在图 4-26 所示的菜单下，用“▶”“◀”键选择程序源(待编辑程序的来源)。其中：

- 电子盘程序是指保存在电子盘上的程序文件；
- DNC 程序是指由串口发送过来的程序文件；
- 软驱程序是指保存在软驱上的程序文件；
- 网络程序是指建立网络连接后，由网络路径映射的程序文件。

③ 如果是 DNC 程序、软驱程序或网络程序，根据菜单命令条提示，按“Enter”键建立连接。

④ 用“▲”“▼”键选中程序源上的一个程序文件。

⑤ 按“Enter”键，即可将该程序文件选中并调入加工缓冲区，如图 4-27 所示。

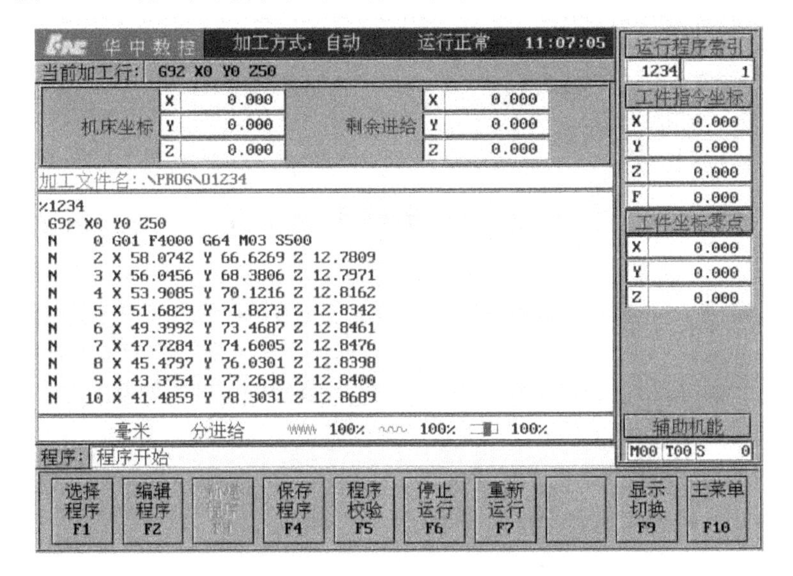

图 4-27 调入文件到加工缓冲区

⑥ 如果被选程序文件是只读 G 指令文件，则该程序文件编辑后只能另存为其他名字的程序文件。

提示：

① 任何一个程序，其文件名必须以字母“O”加上后面若干位数字、字母或符号构成。

② 电子盘中的程序是指数控装置启动时，由 NCBIOS. CFG 设置的 PROGPATH 目录中的程序。

2. 程序的编辑(F1→F2)

当选择一个零件程序后，在程序功能子菜单(见图 4-25)下按“F2”键，将弹出如图 4-28 所示的“编辑程序” 界面，在此界面下可以编辑当前程序。

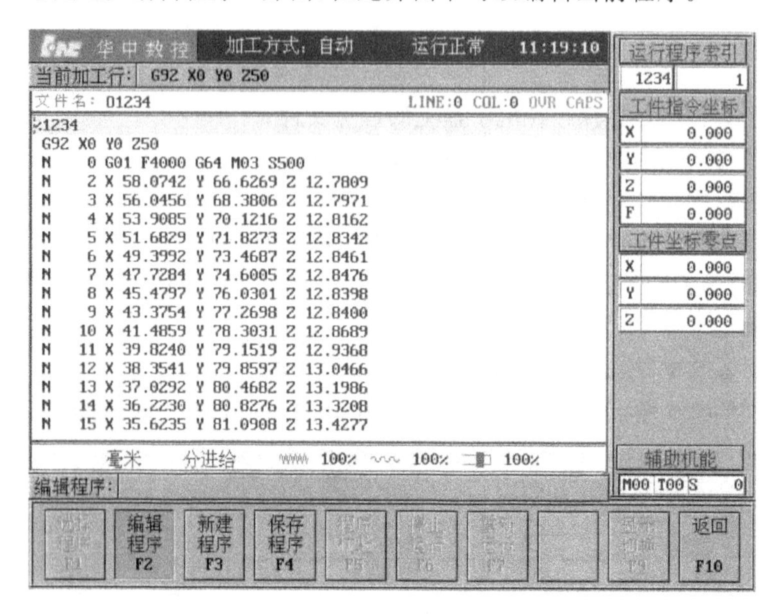

图 4-28　编辑程序界面

编辑过程中用到的主要快捷键的功能如下。

“Del”键：删除光标后的一个字符，光标位置不变，余下的字符左移一个字符位置。

“PgUp”键：使编辑程序向当前程序上方滚动一屏，光标位置不变，如果到了程序的第一页，则光标移到文件首行的第一个字符处。

“PgDn”键：使编辑程序向当前程序下方滚动一屏，光标位置不变，如果到了程序的最后一页，则光标移到文件末行的第一个字符处。

“BS”键：删除光标前的一个字符，光标向前移动一个字符位置，余下的字符左移一个字符位置。

“◀”键：使光标左移一个字符位置。

“▶”键：使光标右移一个字符位置。

“▲”键：使光标向上移一行。

“▼”键：使光标向下移一行。

4.8.2　零件程序的管理

1. 新建程序(F1→F2→F3)

在指定磁盘或目录下建立一个新文件，但新文件不能和已存在的文件同名。

在编辑程序界面(见图 4-28)下按“F3”键，进入如图 4-29 所示的“新建程序”菜单，数控系统提示“输入新建文件名”，光标在“输入新建文件名”栏闪烁，输入文件名后，按“Enter”键确认后，就可编辑新建文件。

图 4-29　新建程序界面

提示：系统设置保存程序文件的缺省目录为程序目录(Prog)。

2. 保存程序(F1→F4)

在编辑程序界面(见图 4-28)或在程序功能子菜单(见图 4-25)下按“F4”键，数控系统给出如图 4-30 所提示的文件保存的文件名。按“Enter”键，将以提示的文件名保存当前程序文件。如将提示文件名改为其他名字后，则数控系统可将当前编辑程序另存为其他文件，另存文件名不能和已存在的文件同名。

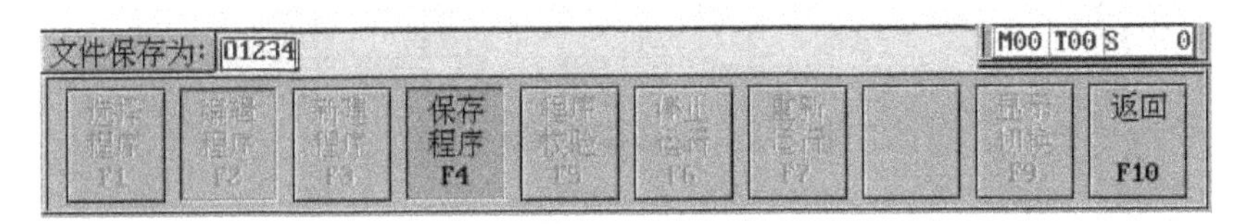

图 4-30　保存程序界面

如果存盘操作不成功，系统会给出如图 4-31 所示的提示信息，此时该程序文件是可读文件，不能更改保存，只能改为其他名字后保存。

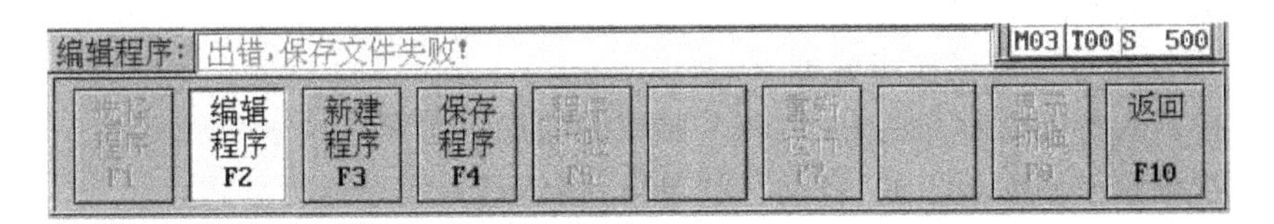

图 4-31　不能保存程序提示

3. 删除程序文件

删除程序文件的操作步骤如下。

- 在选择程序菜单中用“▲”“▼”键移动光标条选中要删除的程序文件。
- 按“Del”键，数控系统弹出如图 4-32 所示对话框，系统提示是否要删除选中的程序文件，按“Y”键将选中程序文件从当前存储器上删除；按“N”键则取消删除操作。

提示：因删除的程序文件不可恢复，所以在删除操作前应确认。

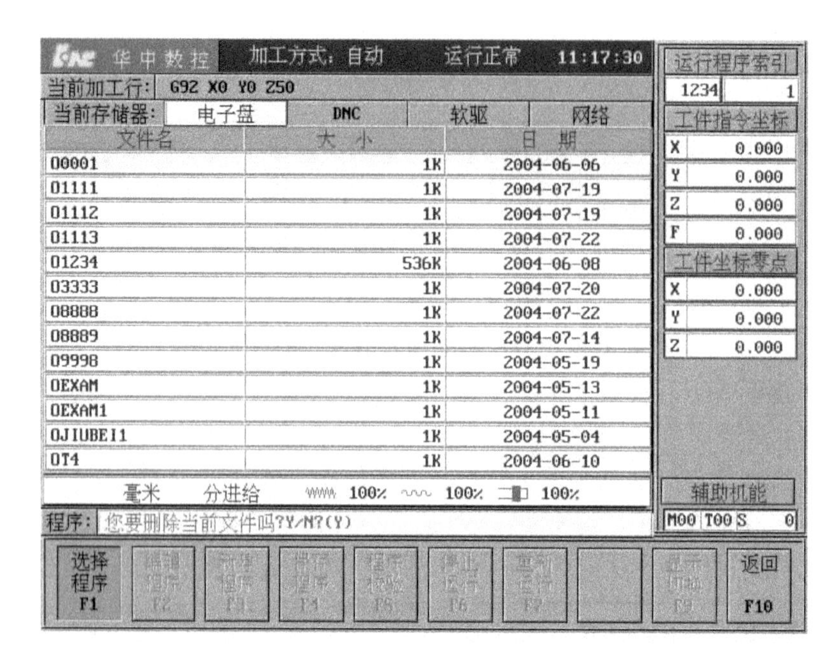

图 4-32　确认是否删除文件

4.8.3　零件程序的校验(F1→F5)

程序校验用于对调入加工缓冲区的程序文件进行校验,并提示可能的错误。

以前未在机床上运行的新程序在调入后最好先进行校验运行,正确无误后再启动,然后自动运行。

程序校验运行的操作步骤如下。

- 按调入待编辑程序的方法,调入要校验的加工程序。
- 按机床控制面板上的“自动”或“单段”按钮进入程序运行方式。
- 在程序菜单下,按“F5”键,此时软件操作界面的工作方式显示改为“自动校验”,如图 4-33 所示。
- 按机床控制面板上的“循环启动”按键,程序校验开始。
- 校验完后，若程序正确,光标将返回到程序的第一行,且软件操作界面的工作方式显示改为“自动”或“单段”;若程序有错,命令行将提示程序的哪一行有错。

提示：

① 在校验运行时,机床不动作。

② 为确保加工程序正确无误,请选择不同的图形显示方式来观察校验运行的结果。

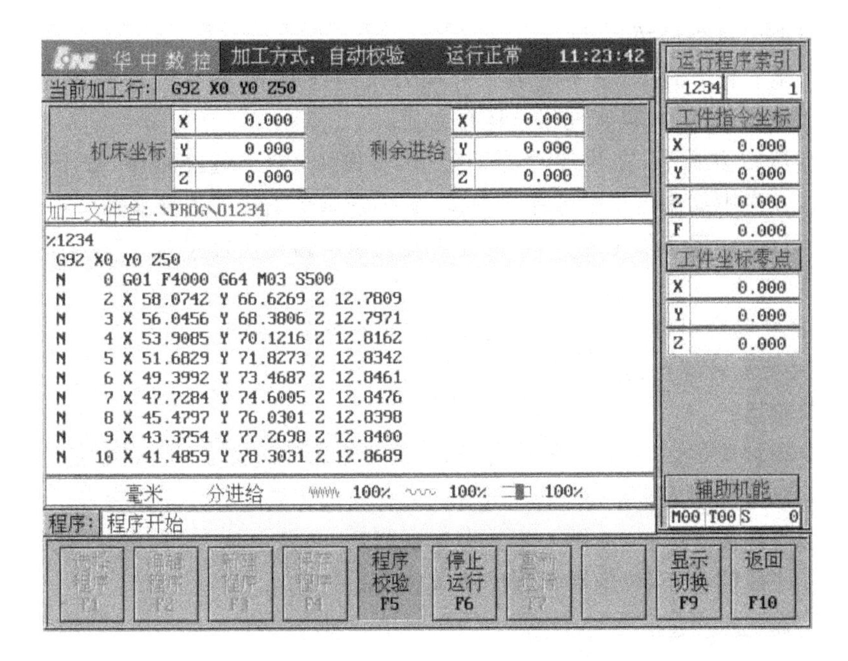

图 4-33　校验运行界面

4.9　程序运行与控制

4.9.1　正式加工前的试运行

在零件程序编制好后，首先可用数控装置的“程序校验”功能运行程序，在机床不动的情况下，对整个加工过程进行图形模拟加工，检查刀具轨迹是否正确。

为了确保不发生差错，在正式加工前，还可用以下几种试运行方法来检验程序。

1. 机床锁定循环

按下机床控制面板上的“机床锁住”按钮（灯亮），机床处于锁住状态。

在自动工作方式下，在程序功能子菜单（见图 4-25）下选择程序，按下“循环启动”按钮，伺服轴将不进给（有的机床还有锁住 M、S、T 等功能），但显示屏上的坐标轴位置信息按程序变化。通过观察机床坐标位置数据和报警显示来判断程序是否有语法、格式或数据错误。

提示：

① 在自动运行过程中，按“机床锁住”按键，机床锁住无效。

② 每次执行此功能后，须再次进行回参考点操作。

2. 机床空运行循环

在自动工作方式下，在不安装工件或刀具的情况下，按下机床控制面板上的"空运行"按钮（灯亮），机床处于空运行方式。

在空运行方式下，在程序功能子菜单（见图 4-25）下选择程序，按下"循环启动"按钮，程序中编制的进给速率被忽略，坐标轴以最大快移速度移动。

空运行不能用于加工零件，目的在于确认切削路径及程序。

提示：

① 在实际切削时，应关闭此功能；否则可能会造成危险。

② 此功能对螺纹切削无效。

3. 单段运行

在自动加工试切时，出于安全考虑，可选择单段执行加工程序的功能。

按下机床控制面板上的"单段"按钮（灯亮），机床处于单段运行方式。

在程序功能子菜单（见图 4-25）下，选择程序，每按一次"循环启动"按钮，仅执行一个程序段的动作，可使加工程序逐段执行。

4.9.2 零件程序的自动运行

如程序无误，取消空运行及机床锁定，机床重新回零后，可进行零件程序的自动运行。

在系统的主菜单操作界面下，按"F2"键进入程序"运行控制"子菜单，命令行与菜单条的显示如图 4-34 所示。

图 4-34 程序运行子菜单

在运行控制子菜单下，可以对程序文件进行运行控制操作。

1. 自动运行的启动、暂停、中止

（1）自动运行启动

- 按一下机床控制面板上的"自动"按键（指示灯亮）进入程序运行方式。
- 在程序功能子菜单（见图 4-25）下选择运行程序。
- 按一下机床控制面板上的"循环启动"按钮（指示灯亮），机床开始自动运行调入的零件加工程序。

（2）自动运行的暂停

在程序运行的过程中，若需要暂停运行，则只需按下机床控制面板上的"进给保持"按钮（指示灯亮）即可，系统处于进给暂停状态。

在自动运行暂停状态下，按下“循环启动”按钮，系统将重新启动，从暂停前的状态继续运行。

(3)中止运行

在程序运行的过程中，需要中止运行，可按下述步骤操作。

- 在程序运行的任何位置，按一下机床控制面板上的“进给保持” 按钮(指示灯亮)，系统处于进给保持状态。
- 按下机床控制面板上的“手动”键，将机床的 M、S 功能关掉。
- 此时如要退出，可按下机床控制面板上的“急停”按钮，中止程序的运行。
- 此时如要中止当前程序的运行，又不退出，可按下“程序”功能下的“F6”键(停止运行)，弹出如图 4-35 所示对话框。
- 按“N”键则暂停程序运行，并保留当前运行程序的模态信息(暂停运行后，可按“循环启动”按钮从暂停处重新启动运行)；按“Y”键则停止程序运行，并卸载当前运行程序的模态信息(停止运行后，只有选择程序后重新启动运行)。

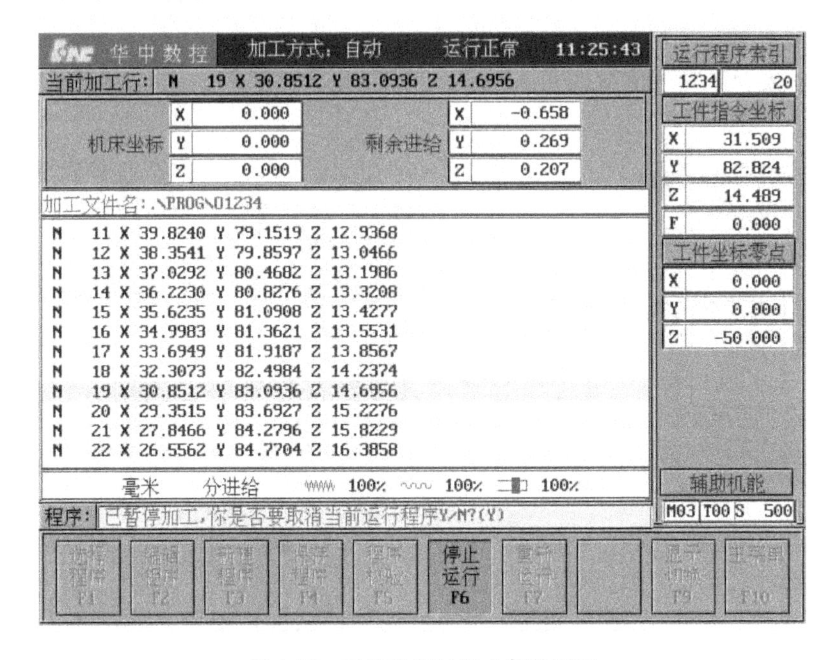

图 4-35 程序运行过程中暂停运行

(4)重新运行(F1→F7)

在当前加工程序中止自动运行后，希望程序重新开始运行时，可按下述步骤操作。

- 在程序菜单下，按“F7”键(重新运行)，系统给出如图 4-36 所示的提示。
- 按“N”键则取消重新运行。

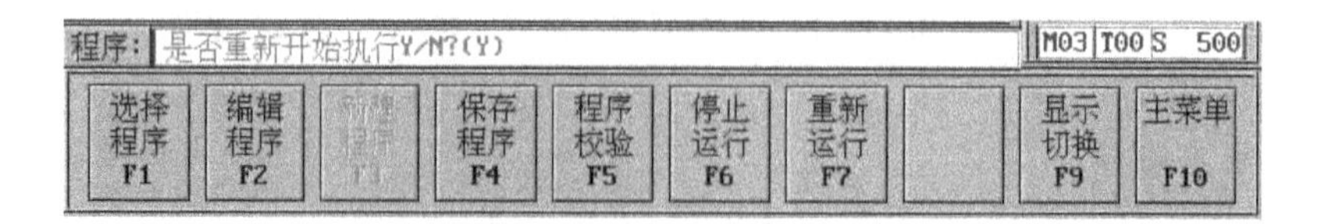

图 4-36　自动方式下重新运行程序

◦ 按“Y”键则光标将返回到程序的第一行，再按机床控制面板上的“循环启动”按钮，从程序的首行开始重新运行当前加工程序。

2. 自动运行的从任意行执行

在自动运行暂停状态下，除了能从暂停处重新启动继续运行外，还可控制程序从任意行执行。

(1) 从红色行开始运行

从红色行开始运行的操作步骤如下。

◦ 在运行控制子菜单(见图 4-34)下，按机床控制面板上的“进给保持” 按钮(指示灯亮)，数控系统处于进给保持状态。

◦ 用“▲”“▼”“PgUp”“PgDn”键移动蓝色亮条到要开始运行行，此时蓝色亮条变为红色亮条。

从红色行开始运行 F1
从指定行开始运行 F2
从当前行开始运行 F3

图 4-37　在暂停运行时从任意行运行

◦ 按“F1”键，系统给出如图 4-37 所示的对话框。

◦ 按“Enter”键选择“从红色行开始运行”选项，此时选中运行的行由红色亮条变为蓝色亮条。

◦ 按机床控制面板上的“循环启动”按钮，程序从蓝色亮条(即红色行)处开始运行。

(2) 从指定行开始运行

从指定行开始运行的操作步骤如下。

◦ 按机床控制面板上的“进给保持” 按钮(指示灯亮)，数控装置处于进给保持状态。

◦ 在运行控制子菜单(见图 4-34)下，按“F1”键，数控装置给出如图 4-37 所示的对话框。

◦ 用“▲”“▼”键选择“从指定行开始运行”选项，数控装置给出如图 4-38 所示的提示。

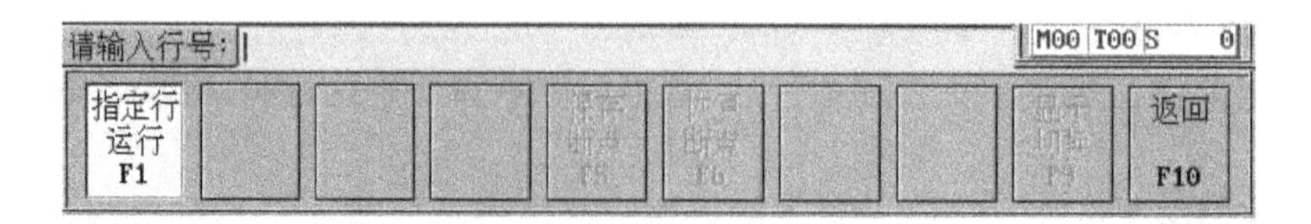

图 4-38　从指定行开始运行

◎ 输入开始运行的行号，按“Enter”键。

◎ 按机床控制面板上的“循环启动”按钮，程序从指定行开始运行。

(3)从当前行开始运行

从当前行开始运行的操作步骤如下。

◎ 按机床控制面板上的“进给保持”按钮(指示灯亮)，数控系统处于进给保持状态。

◎ 在运行控制子菜单(见图 4-34)下，按“F1”键，数控系统给出如图 4-31 所示的对话框。

◎ 用“▲”“▼”键选择“从当前行开始运行”选项，按“Enter”键。

◎ 按机床控制面板上的“循环启动”按钮，程序从蓝色亮条处开始运行。

3. 运行时干预

(1)进给快移速度修调

在自动方式或 MDI 方式下，当 F 指令编程的进给速度(快移速度)偏高或偏低时，可用进给修调(快速修调)右侧的“100%”和“+”、“ -”按键，修调程序中编制的进给速度。

按压“100%”按键(指示灯亮)，进给修调(快速修调)倍率被置为 100%；按一下“+”键，进给修调(快速修调)倍率递增 2%；按一下“-”键，进给修调倍率递减 2%。

(2)主轴速度修调

在自动方式或 MDI 方式下，当 S 指令编程的主轴速度偏高或偏低时，可用主轴修调右侧的“100%”和“+”、“ -”键，修调程序中编制的主轴速度。

按压“100%”键(指示灯亮)，主轴修调倍率被置为 100%；按一下“+”键，主轴修调倍率递增 2%；按一下“-”键，主轴修调倍率递减 2%。

(3)程序跳段

在自动方式下，按下“跳段”功能按钮(如果有此按钮)时，数控装置将不执行程序开头带有“/”符号的程序段，跳过此段执行下一个程序段。

4. 加工断点保存与恢复

一些复杂大型零件的加工时间一般都会超过一个工作日。如果数控装置能在零件加工一段时间后，保存断点(记住此时的各种状态)，关断电源，并在隔一段时间后，打开电源，能恢复断点(恢复上次中断加工时的状态)，继续加工，这将为机床操作者提供极大的方便。“世纪星”数控系统便有此项功能。

(1)保存加工断点(F2→F5)

保存加工断点的操作步骤如下。

◎ 按下机床控制面板上的“进给保持”按钮(指示灯亮)，系统处于进给保持状态。

◎ 在运行控制子菜单(见图 4-34)下,按“F5”键,数控系统提示输入保存断点的文件名,如图 4-39 所示。

图 4-39 输入保存断点的文件名

◎ 按“Enter”键,数控系统将自动建立一个名为当前加工程序名,后缀为 BP1 的断点文件,编程人员也可将该文件名改为其他名字,此时不用输入后缀。

(2) 恢复断点(F2→F6)

恢复加工断点的操作步骤如下。

◎ 如果在保存断点后,关断了数控系统电源,则上电后首先应进行回参考点操作;否则直接进入下一步骤。

◎ 在运行控制子菜单(见图 4-34)下,按“F6”键,数控系统给出所有的断点文件,如图 4-40 所示。

华中数控 加工方式: 自动 运行正常 16:17:23

当前加工行: N 16 X 34.9983 Y 81.3621 Z 13.5531

当前存储器: 电子盘 DNC 软驱

文件名	大小	日期
O001.BP1	9K	2004-06-14
O1234.BP1	9K	2004-06-21
OXIEFAN.BP1	9K	2004-06-16
OXIEFAN1.BP1	10K	2004-06-08

运行程序索引: 1234 17

机床指令坐标: X 0.000 Y 0.000 Z 0.000 F 0.000

工件坐标零点: X 0.000 Y 0.000 Z -50.000

毫米 分进给 100 100 32

辅助机能: M00 T00 S 0

恢复断点:

恢复断点 F6 返回 F10

图 4-40 选择要恢复的断点文件名

◎ 用“▲”“▼”键移动蓝色亮条到要恢复的断点文件名处,如当前目录下的“O0001.BP1”。

◎ 按“Enter”键,数控装置会根据断点文件中的信息,恢复中断程序运行时的状态,并给出如图 4-41 所示的提示。

图 4-41　运行断点文件调入后的系统提示

(3)定位至加工断点(F3→F7)

在保存断点后，如果对某些坐标轴还进行过移动操作，那么在从断点处继续加工之前，必须先重新定位至加工断点。其具体操作如下。

◎ 手动移动坐标轴到断点位置附近，并确保在机床自动返回断点时不发生碰撞。

◎ 在 MDI 方式子菜单下按“F7”键，自动将断点数据输入 MDI 运行程序段，如图 4-42 所示。

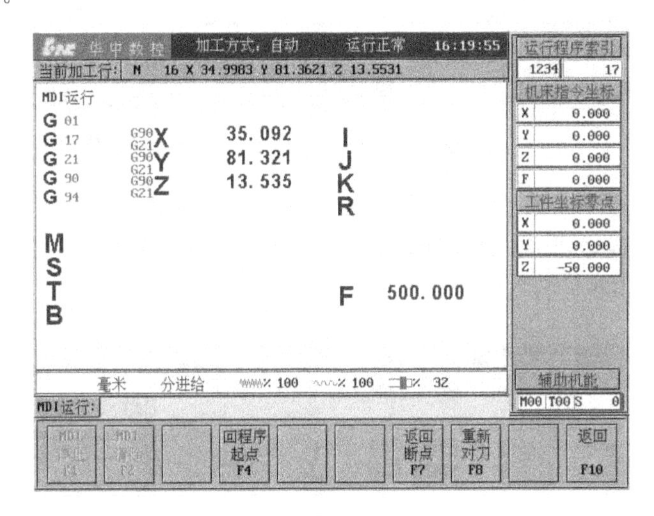

图 4-42　定位至断点系统界面

◎ 按“循环启动”按钮，启动 MDI 运行，系统将移动刀具到断点位置。

◎ 按“F10”键退出 MDI 方式。

定位至加工断点后，按机床控制面板上的“循环启动”按钮即可继续从断点处加工。

提示：在恢复断点之前，必须装入相应的零件程序；否则数控装置会提示“不能成功恢复断点”。

(4)重新对刀(F3→F8)

在保存断点后，如果工件发生过偏移需重新对刀，则需要重新对刀后继续从断点处加工，其步骤如下。

◎ 手动将刀具移动到加工断点处。

◎ 在 MDI 方式子菜单下按“F8”键，自动将断点处的工作坐标输入 MDI 运行程序段。

◎ 按“循环启动”按钮，数控装置将修改当前工件坐标系原点，完成对刀操作。

◎ 按“F10”键退出 MDI 方式。

在重新对刀并退出 MDI 方式后，按机床控制面板上的“循环启动”按钮即可继续从断点处加工。

4.9.3 MDI 运行

在图 4-7 所示的主操作界面下，按“F3”键进入 MDI 功能子菜单。命令行与菜单条的显示如图 4-43 所示。

图 4-43 MDI 功能子菜单

在 MDI 功能子菜单下，数控装置进入 MDI 运行方式，命令行的底色变成了白色，并伴有光标闪烁，如图 4-44 所示。这时可以从 MDI 键盘输入并执行一个 G 指令指令段，即“MDI 运行”。

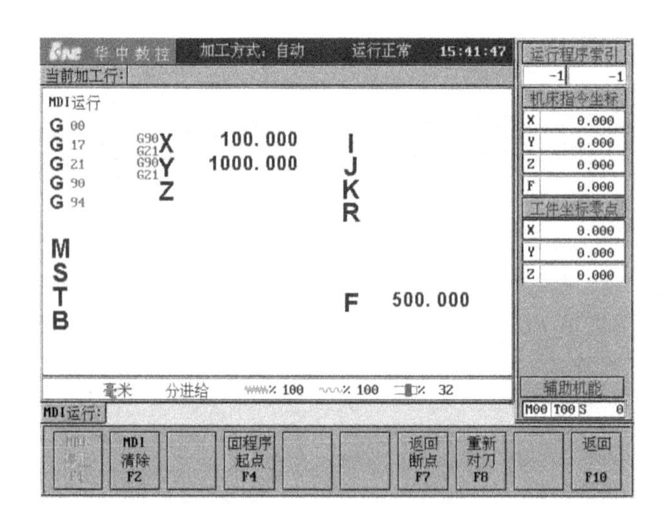

图 4-44 MDI 运行

提示：在自动运行过程中，不能进入 MDI 运行方式，但可在“进给保持”后进入。

1. 输入 MDI 指令段

MDI 输入的最小单位是一个有效指令字。因此,输入一个 MDI 运行指令段有以下两种方法。

- 一次输入,即一次输入多个指令字的信息。
- 多次输入,即每次输入一个指令字信息。

例如,要输入“G00 X100 Y1000” MDI 运行指令段,可以:

- 直接输入“G00 X100 Y1000”并按“Enter”键,图 4-44 显示窗口内关键字 G、X、Y 的值将分别变为 00、100、1000;
- 先输入“G00” 并按“Enter”键,图 4-44 显示的窗口内将显示大字符“G00”,再输入“X100”并按“Enter”键,然后输入“Y1000”并按“Enter”键,显示窗口内将依次显示大字符“X100”、“Y1000”。

在输入命令时,可以在命令行看见输入的内容,在按“Enter”键之前,当发现输入错误时,可用“BS”“▶”“◀”键进行编辑;按“Enter”键后,若发现输入错误,则可按“F2”键将输入的数据清除;若输入了错误的指令或信息,则数控系统会提示相应的错误,此时可重新输入正确的数据。

2. 运行 MDI 指令段

在输入完一个 MDI 指令段后,按一下操作面板上的“循环启动”按钮,数控系统将开始运行所输入的 MDI 指令。

如果输入的 MDI 指令信息不完整或存在语法错误,数控系统会提示相应的错误信息,此时不能运行 MDI 指令。

3. 修改某一字段的值

在运行 MDI 指令段之前,如果要修改已经输入的某一指令字,可直接在命令行上输入相应的指令字符及数值来覆盖。

例如,在输入“X100”并按“Enter”键后,希望 X 值变为 109,可在命令行上输入“X109”并按“Enter”键即可。

4. 清除当前输入的所有尺寸字数据

在输入 MDI 数据后,按“F2”键可清除当前输入的所有尺寸字数据(其他指令字依然有效),显示窗口内 X、Y、Z、I、J、K、R 等字符后面的数据全部消失。此时可重新输入新的数据。

5. 停止当前正在运行的 MDI 指令

在数控系统正在运行 MDI 指令时,按“F1”键可停止 MDI 运行。

4.10 显　示

HNC-21M(T)数控装置提供给用户图形、大字符、正文和位置联合显示等四种显示方式，同时在设置子菜单下，还可以设置显示值、坐标系和图形显示的毛坯尺寸。

4.10.1 显示切换（F9）

HNC-21M(T)的主显示窗口共有四种显示方式可供选择。

① 正文：当前加工的G指令程序。

② 大字符：由F5→F3选择的显示值（见4.7节）的大字符。

③ 图形显示：包括如下选项。

- 当前刀具轨迹的三维图形。
- 刀具轨迹在 XY 平面上的投影（主视图）。
- 刀具轨迹在 YZ 平面上的投影（正视图）。
- 刀具轨迹在 ZX 平面上的投影（侧视图）。
- 刀具轨迹的所有三视图及正侧视图。

④ 坐标值联合显示：工件坐标位置、相对坐标位置、机床坐标位置和剩余进给。

按"F9"键（显示切换），显示方式将在正文、大字符、图形和坐标值联合显示方式之间切换，4种显示方式如下所述。

- 当前加工程序的正文显示方式如图4-45所示，机床操作者在此显示方式下可查看加工程序运行时的G指令。

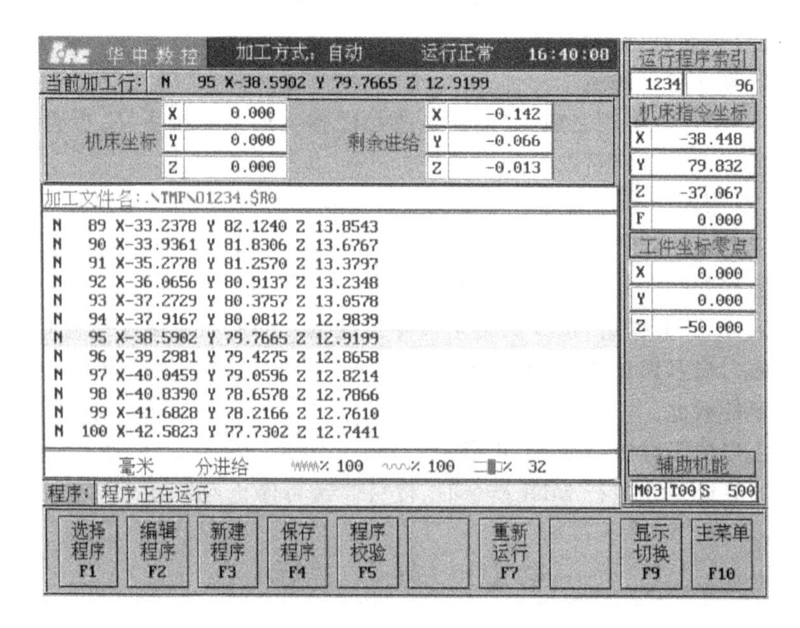

图4-45 正文显示

○ 大字符显示方式如图 4-46 所示。选好坐标系和显示值类型(见 4.7 节)后，可以用大字符显示当前位置值和当前加工程序。

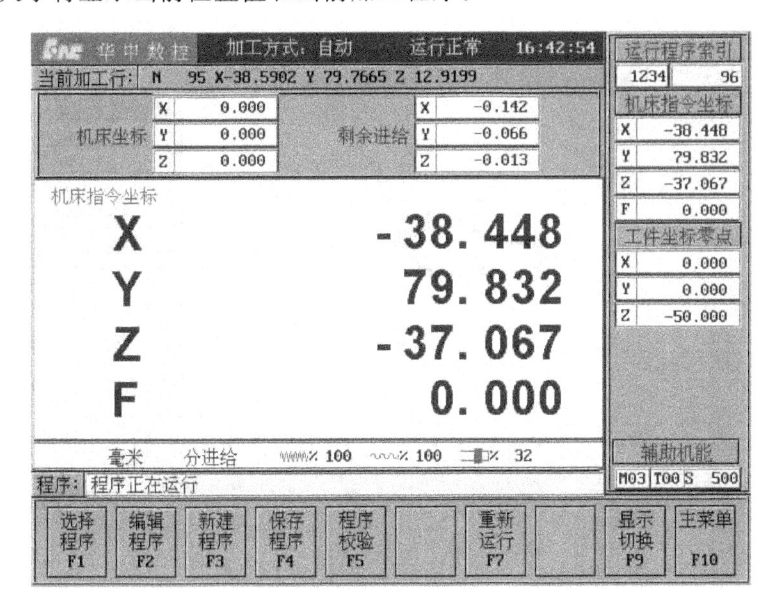

图 4-46　大字符显示

○ 当前加工程序的坐标值联合显示方式如图 4-47 所示，机床操作者在此显示方式下可同时查看工件坐标位置、相对坐标位置、机床坐标位置和剩余进给。

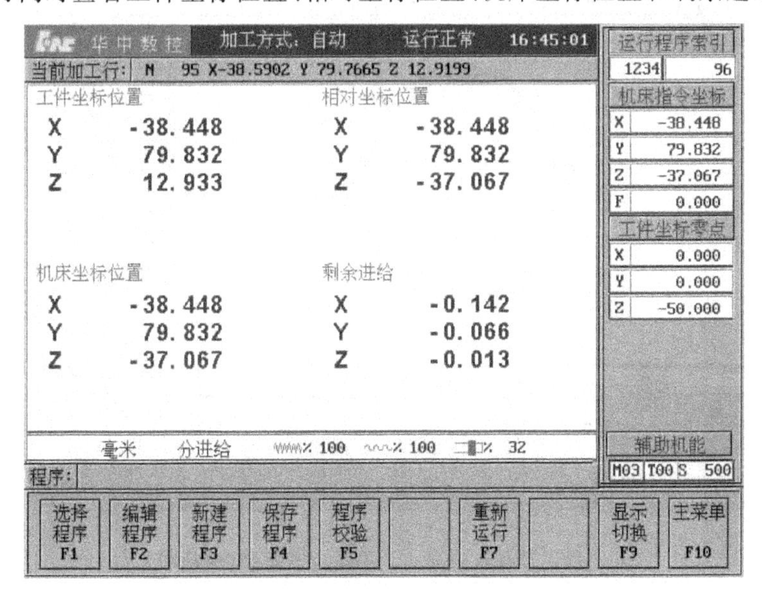

图 4-47　坐标值联合显示

◎ 当前加工程序的图形显示方式如图 4-48 至图 4-52 所示，机床操作者在此显示方式下可直观地查看加工程序的图形。

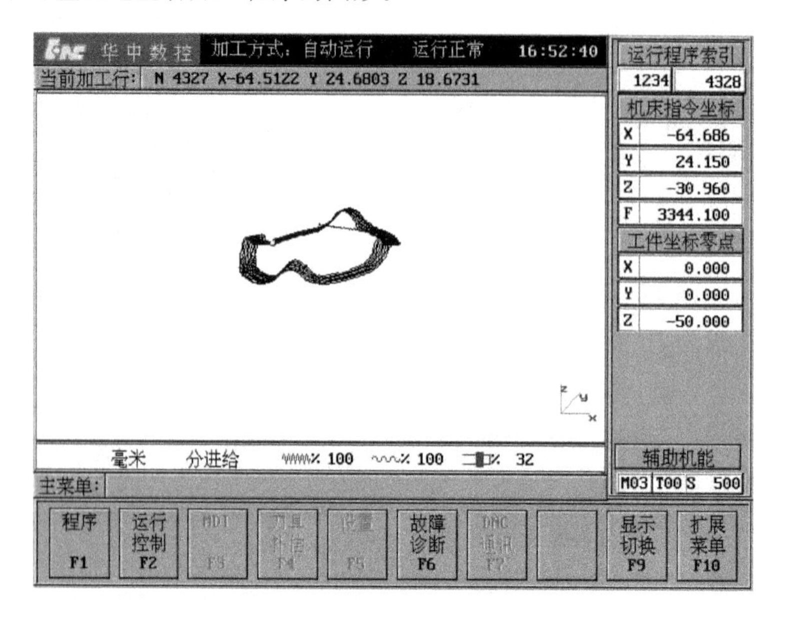

图 4-48　当前刀具轨迹的三维图形

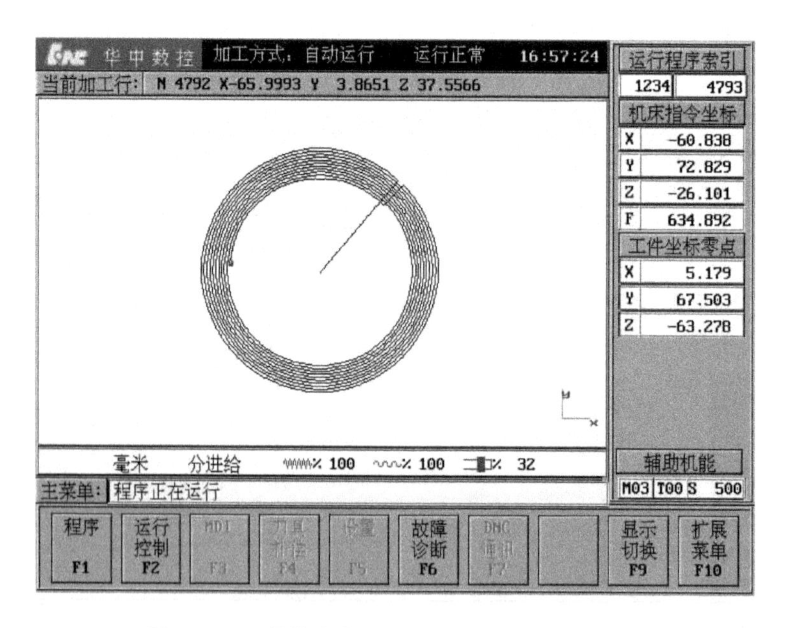

图 4-49　刀具轨迹在 XY 平面上的投影(主视图)

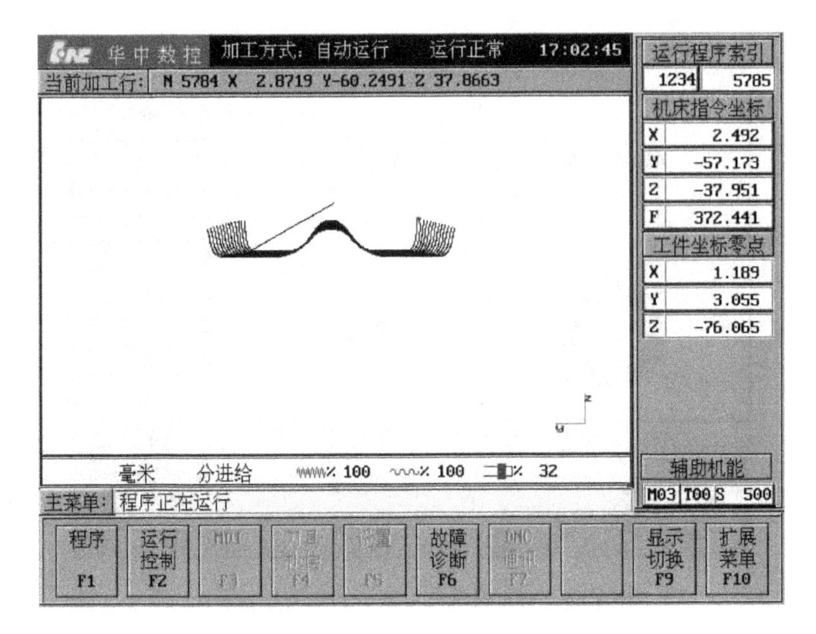

图 4-50　刀具轨迹在 YZ 平面上的投影(正视图)

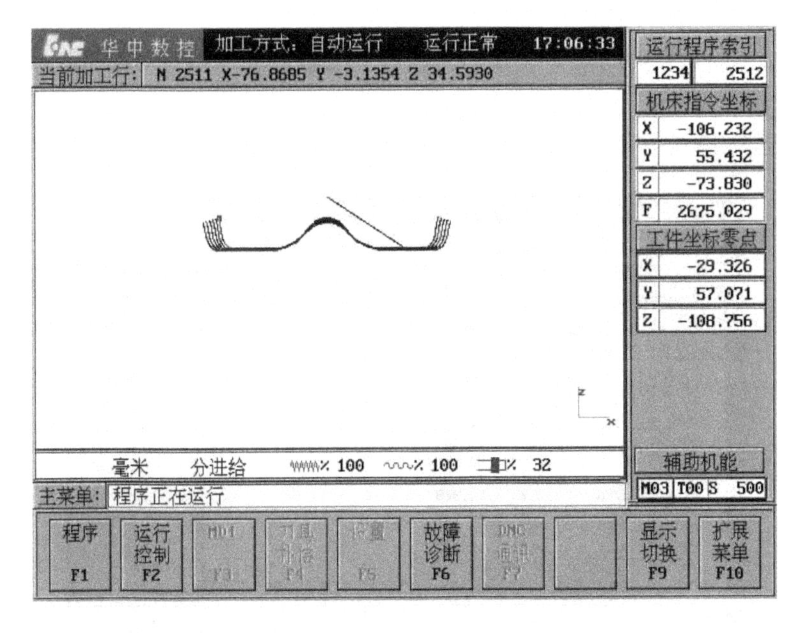

图 4-51　刀具轨迹在 ZX 平面上的投影(侧视图)

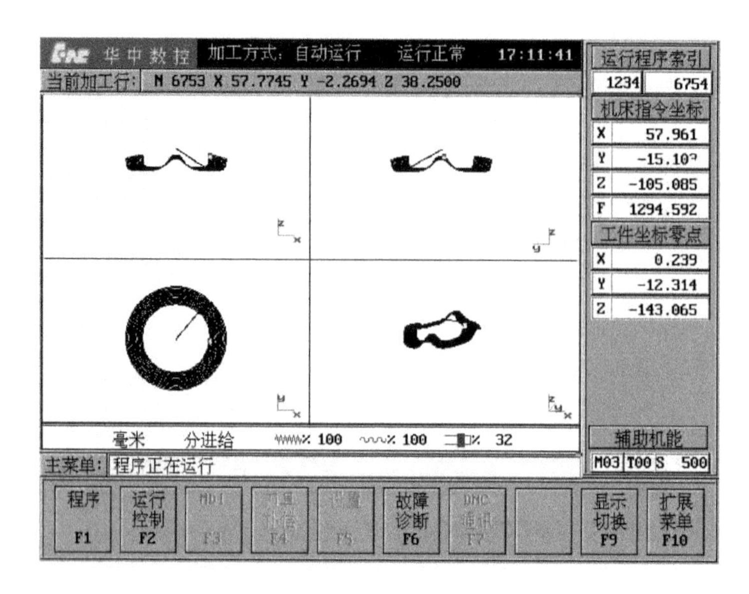

图 4-52　刀具轨迹的所有三视图及正侧视图

4.10.2　运行状态显示

在自动运行过程中，可以查看刀具的有关参数或程序运行中变量的状态，操作步骤如下。

- 在运行控制子菜单下，按“Alt＋F2”键，系统给出如图 4-53 所示“运行状态”

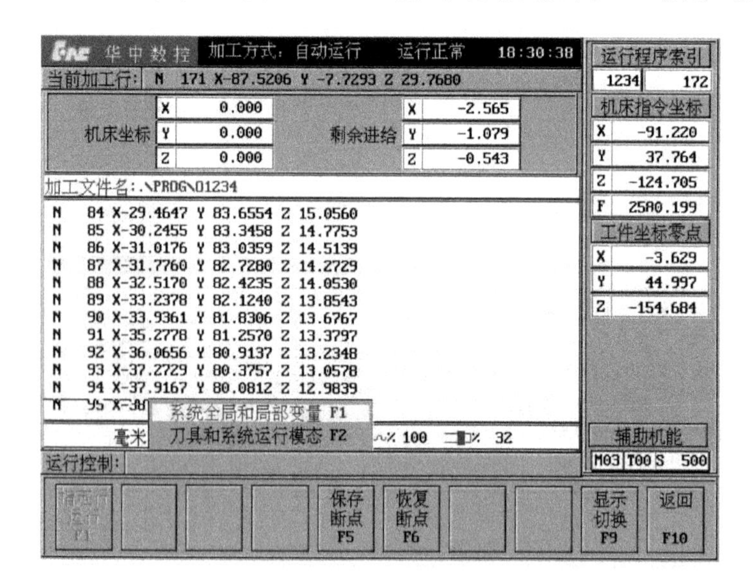

图 4-53　运行状态

菜单。

◎ 用“▲”“▼”键选中其中某一选项，如“系统全局和局部变量”。

◎ 按“Enter”键，弹出系统全局变量和局部变量菜单，然后选择要查看的项，按“Enter”键，弹出如图 4-54 所示画面。

◎ 用“▲”“▼”“PgUp”“PgDn”键可以查看每一子项的值。

◎ 按“Esc”键则取消查看。

华中数控　加工方式：自动运行　运行正常　18:32:45

当前加工行：N 715 X-40.3438 Y-73.3844 Z 13.1485

运行状态

索引号	值
#1000 当前机床位置X	-83.946
#1001 当前机床位置Y	-10.860
#1002 当前机床位置Z	27.568
#1003 当前机床位置A	
#1004 当前机床位置B	
#1005 当前机床位置C	
#1006 当前机床位置U	
#1007 当前机床位置V	
#1008 当前机床位置W	
#1009 车床直径编程	0
#1010 当前运行终点X	-84.020
#1011 当前运行终点Y	-13.759
#1012 当前运行终点Z	24.697

毫米　分进给　%100　%100　%32

运行控制：

运行程序索引　1234　716

机床指令坐标

X	-44.032
Y	-28.321
Z	-141.506
F	3611.676

工件坐标零点

X	-3.629
Y	44.997
Z	-154.684

辅助机能　M03 T00 S 500

指定行运行 F1　保存断点 F5　恢复断点 F6　显示切换 F9　返回 F10

图 4-54　系统运行模态

4.10.3　PLC 状态显示

在数控装置的主菜单下，按“F10”键进入扩展菜单，再按“F1”键进入 PLC 功能，命令行与菜单条的显示如图 4-55 所示。

图 4-55　PLC 功能子菜单

在 PLC 功能子菜单下，可以动态显示 PLC(PMC)状态，操作步骤如下。

◎ 在 PLC 功能子菜单下，按“F4”键，弹出如图 4-56 所示 PLC 状态显示菜单。

◎ 用“▲”“▼”键选择所要查看的 PLC 状态类型。

◎ 按“Enter”键，将在图形显示窗口显示相应 PLC 状态。

○ 按“PgUp”“PgDn”键进行翻页浏览，按“Esc”键退出状态显示。

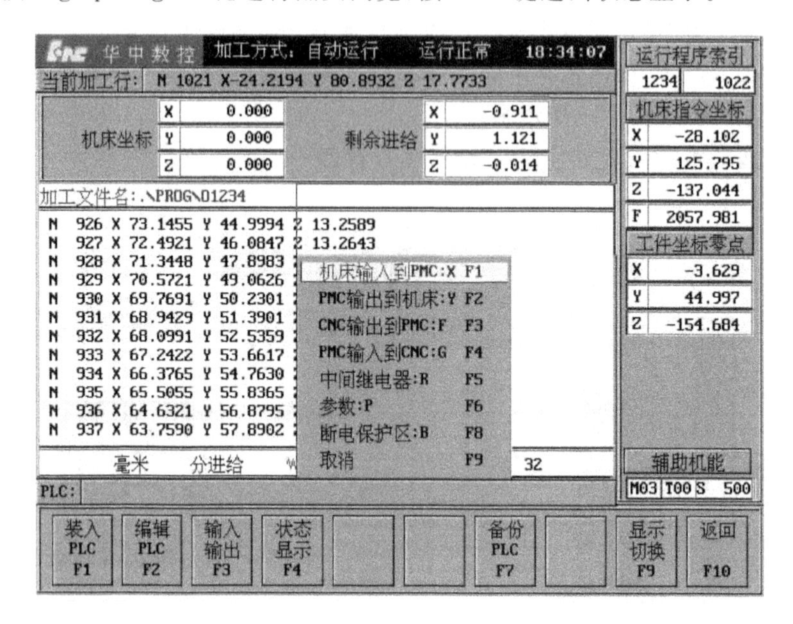

图 4-56 PLC 状态显示菜单

4.10.4 报警信息显示

在数控装置的主菜单界面下，按“F6”键进入故障诊断功能，命令行与菜单条的显示如图 4-57 所示。

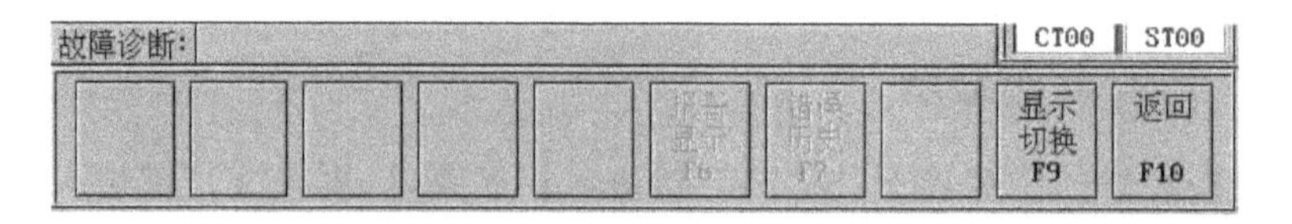

图 4-57 故障诊断子菜单

如果在数控装置启动或加工过程中出现了错误，则软件操作界面标题栏上的“运行正常”变为“出错”，同时不停地闪烁，此时，可用故障诊断功能诊断出错原因。

1. 当前故障显示(F6→F6)

显示当前报警信息的操作步骤很简单，在故障诊断子菜单(见图 4-57)下，按“F6”键，图形显示窗口将显示系统当前所有错误，如图 4-58 所示。

提示：如果没有报警信息，“F6”键将隐藏，按下“F6”键将不进行任何操作。

2. 故障历史记录(F6→F7)

显示错误历史的操作步骤是：在故障诊断子菜单(见图 4-57)下，按“F7”键，图形显示窗口将显示数控装置以前的错误，如图 4-59 所示。

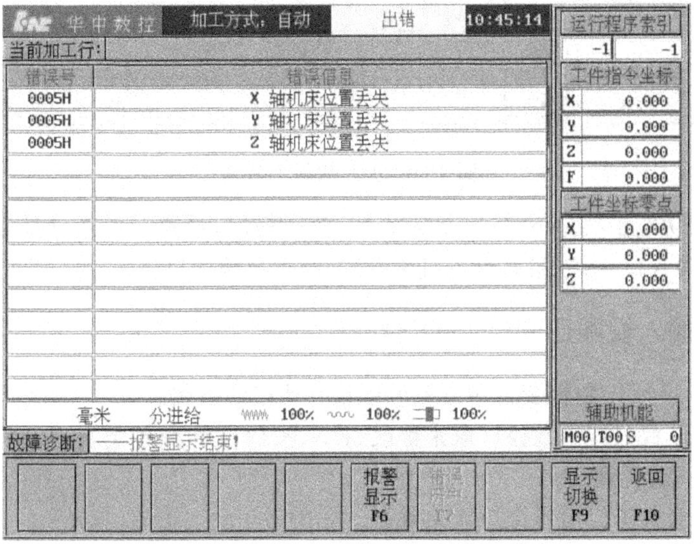

华中数控 加工方式：自动 出错 10:45:14

当前加工行：

错误号	错误信息
0005H	X 轴机床位置丢失
0005H	Y 轴机床位置丢失
0005H	Z 轴机床位置丢失

运行程序索引 -1 -1

工件指令坐标 X 0.000 Y 0.000 Z 0.000 F 0.000

工件坐标零点 X 0.000 Y 0.000 Z 0.000

毫米 分进给 100% 100% 100%

辅助机能 M00 T00 S 0

故障诊断：——报警显示结束！

报警显示 F6 错误历史 F7 显示切换 F9 返回 F10

图 4-58 报警信息显示

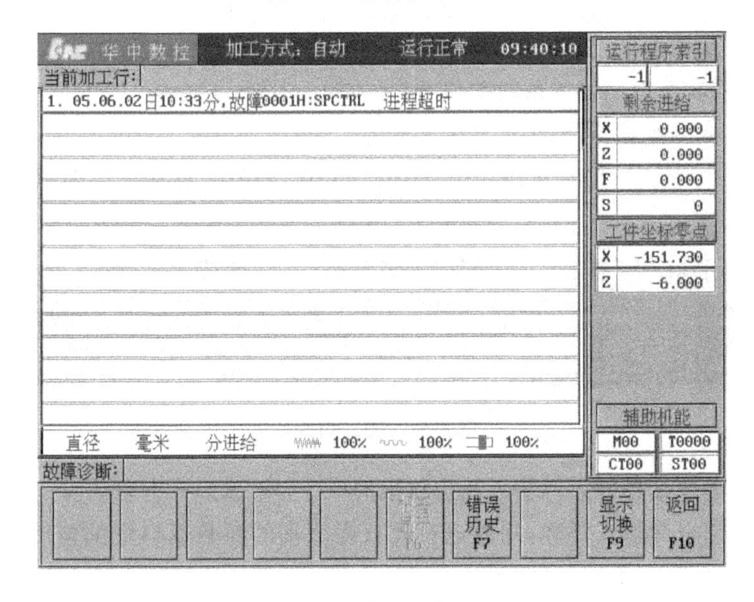

图 4-59 故障历史显示

4.11 机床参数设置

在数控装置的主菜单界面下，按“F10”键进入扩展菜单界面，再按“F3”键进入参数功能子菜单。命令行与菜单条的显示如图 4-60 所示。

图 4-60　参数功能子菜单

在参数功能子菜单下，可对机床参数进行查看与设置。如果仅是查看机床参数，则无需输入口令；如果要设置机床参数，则需要输入口令。

4.11.1　输入权限口令(F3→F3)

HNC-21M(T)数控装置对参数修改设有严格的限制。

- 有些参数只能由数控厂家来修改(HNC-21M(T)数控装置现已将此部分隐藏，操作者不能看到)。
- 有些参数可以由机床厂家来修改。
- 还有一部分参数可以由用户来修改。

在安装、测试完数控机床后，一般不用修改这些参数。

在特殊的情况下，如果需要修改某些参数，首先应输入修改的口令；口令本身也可以修改，其前提是输入修改的口令。

输入口令的操作步骤如下。

- 在参数功能子菜单(见图 4-60)下按“F3”键，数控装置会给出如图 4-61 所示的提示。

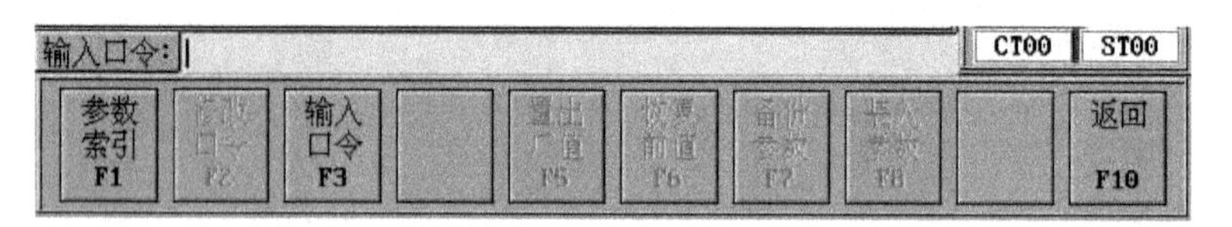

图 4-61　输入口令

- 在菜单命令条输入栏输入相应权限的口令，按“Enter”键确认。
- 若权限口令输入正确，则可进行此权限级别的参数或口令的修改；否则，数控系统会提示“输入口令不正确”。

4.11.2　修改口令(F3→F2)

修改口令的操作步骤如下。

- 按前述方法输入权限口令。
- 在参数功能子菜单下按“F2”键，弹出如图 4-62 所示提示。
- 在菜单命令条输入栏输入旧口令，按“Enter”键确认，将弹出如图 4-63 所示

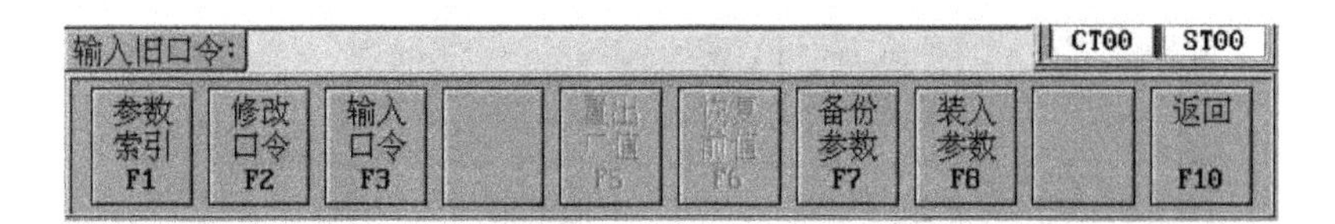

图 4-62　输入旧口令

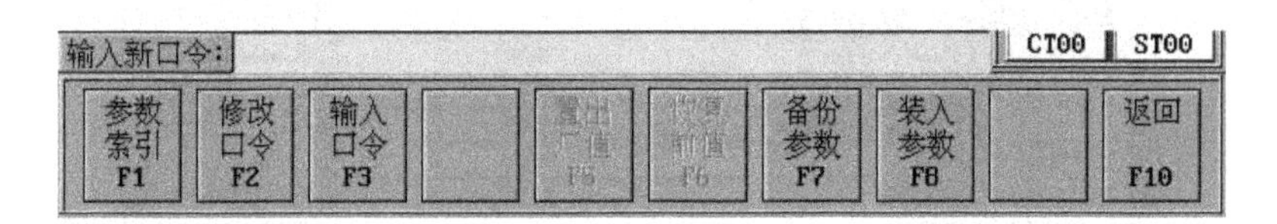

图 4-63　输入新口令

的提示。

◎ 在菜单命令条输入栏输入修改后的新口令，按“Enter”键，将再次弹出如图4-63所示的确认输入对话框。

◎ 在菜单命令条确认输入栏再次输入修改后的口令，按“Enter”键确认。

◎ 当核对正确后，权限口令修改成功；否则，会显示出错信息，权限口令不变。

4.11.3　参数查看与设置(F3→F1)

参数查看与设置的具体操作步骤如下。

◎ 在参数功能子菜单下，按“F1”键，数控装置将弹出如图 4-64 所示的参数索引子菜单。

◎ 用“▲”“▼”键选择要查看或设置的选项，按“Enter”键确定。

◎ 如果所选项有下一级菜单，如“轴参数”，则数控装置会弹出该参数索引子菜单的下一级菜单，如图 4-65 所示。

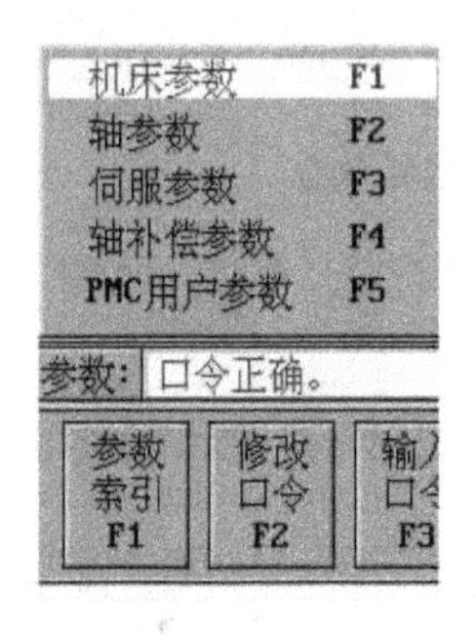

图 4-64　参数索引

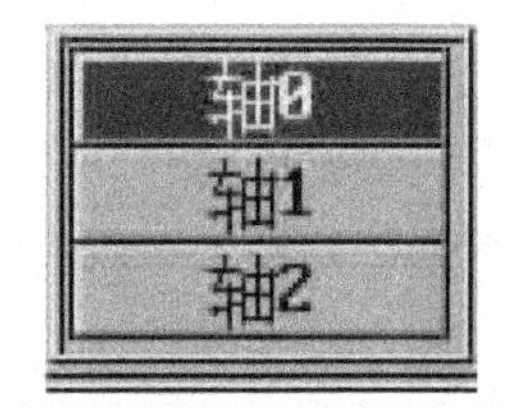

图 4-65　坐标轴参数索引

◎ 用同样的方法选择、确定选项，直到所选项没有下一级的菜单时为止。如“轴参数”中的“轴 0”，此时图形显示窗口将显示所选参数菜单的参数名及参数值，

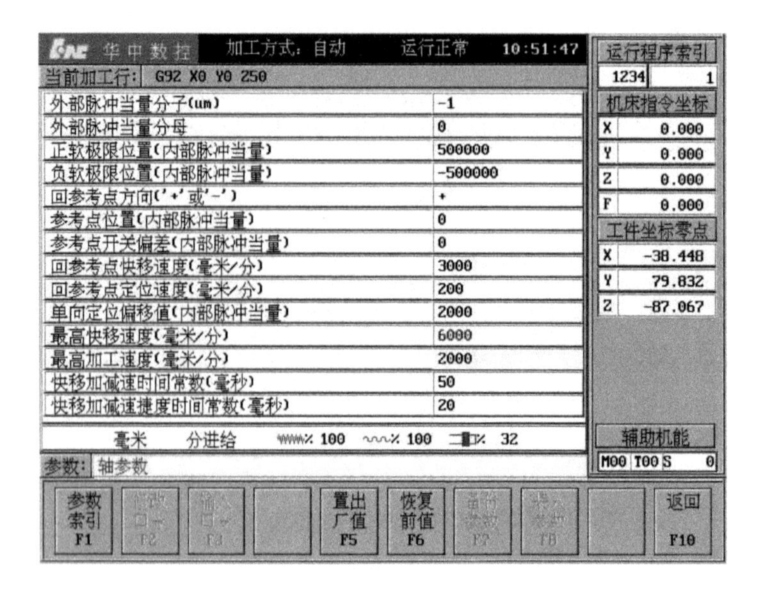

图 4-66　查看与设置系统参数

如图 4-66 所示。

○ 用“▲”“▼”“PgUp”“PgDn”等键移动蓝色亮条到要查看或设置的选项处。

○ 如果之前输入了设置此项所需的权限，按“Enter”键则进入编辑设置状态，用“▶”“◀”“BS”“Del”键进行编辑，按“Enter”键确认。

○ 按“Esc”键退出编辑。如果有参数被修改，数控装置将提示是否存盘，如图 4-67 所示，按“Y”键存盘，按“N”键不存盘。

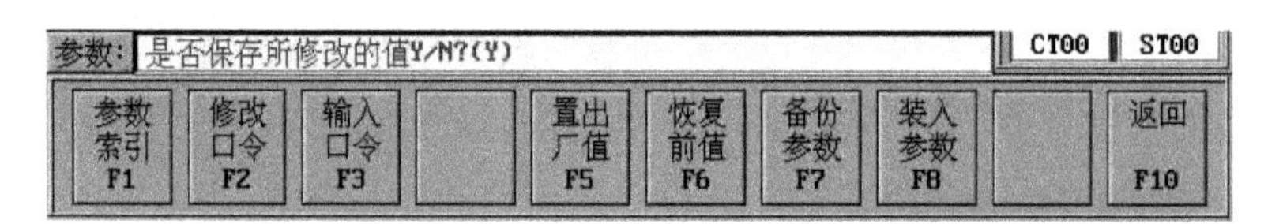

图 4-67　数控装置提示是否保存参数修改值

○ 按“Y”键后，数控装置将提示是否当缺省值（出厂值）保存，如图 4-68 所示。按“Y”键存为缺省值，按“N”键取消。

○ 数控系统回到上一级参数选择菜单后，若继续按“Esc”键将最终退回到参数

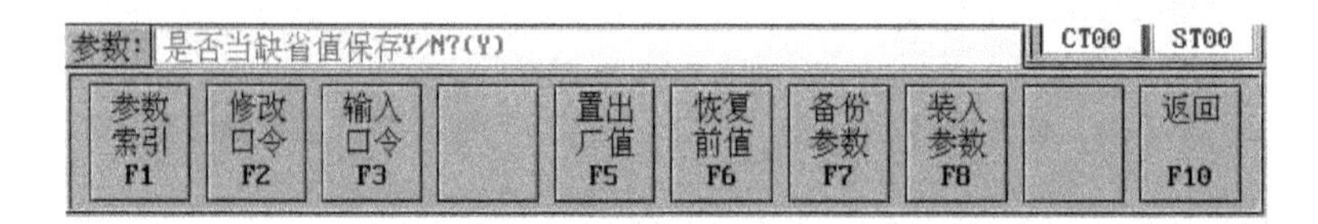

图 4-68　数控装置提示是否当缺省值保存

功能子菜单。

提示：

① 在修改参数过程中，在第 5 步或第 6 步之后，按“F5”键，显示窗口被选中的参数值将被设置为出厂值(缺省值)。

② 在修改参数过程中，在第 6 步之后，按“F6”键，显示窗口被选中的参数值将被恢复为修改前的值(此项操作只在参数值保存之前有效)。

4.11.4 备份参数(F3→F7)

为防止参数丢失，可以对参数进行备份，操作步骤如下。

◎ 在参数功能子菜单(见图 4-62)下按“F7”键，数控装置给出如图 4-69 所示的对话框。

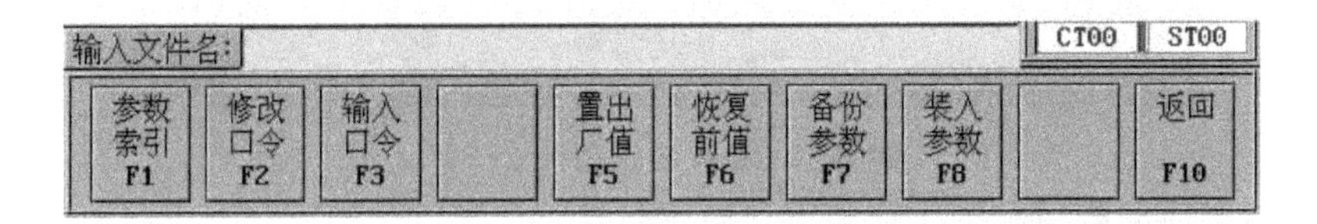

图 4-69 输入备份参数文件名

◎ 输入备份参数文件名后，按“Enter”键，即完成参数备份操作，数控装置的提示如图 4-70 所示。

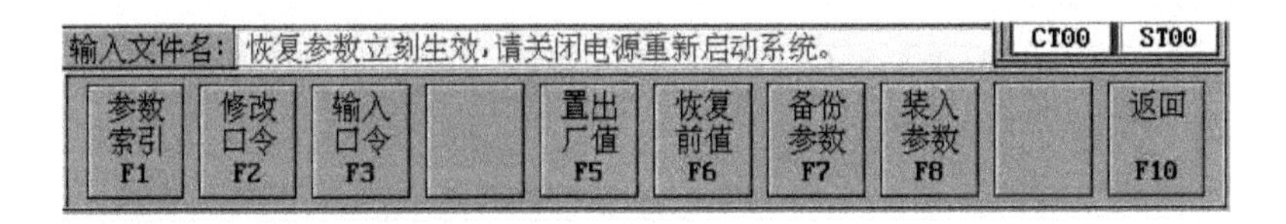

图 4-70 备份完毕

4.11.5 装入参数(F3→F8)

只有在输入权限口令后，才能装入参数。

装入参数的操作步骤如下。

◎ 按前述方法输入权限口令。

◎ 在参数功能子菜单(见图 4-60)下按“F8”键，数控装置弹出如图 4-71 所示界面。

◎ 用“▲”“▼”键移动蓝色亮条到要装入的文件名处，按“Enter”键，数控装置给出如图 4-72 所示的提示。

◎ 如果所选文件不是参数备份文件，数控装置会给出如图 4-73 所示的提示。

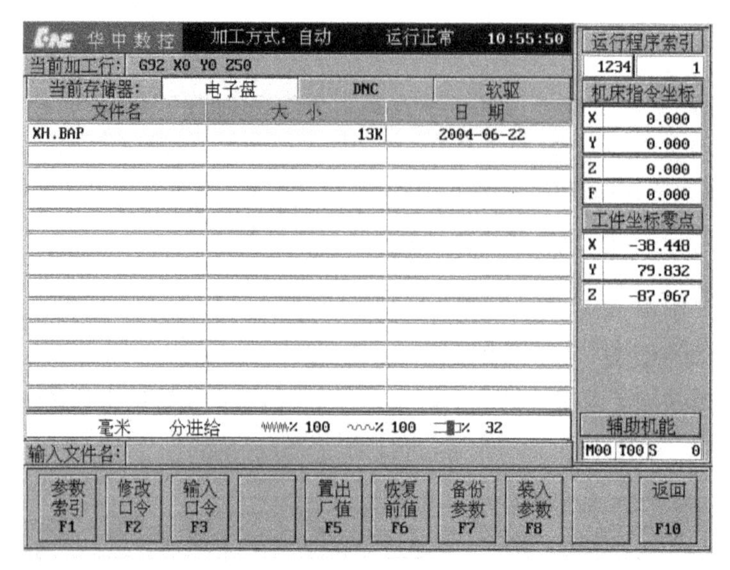

图 4-71 选择参数备份文件名

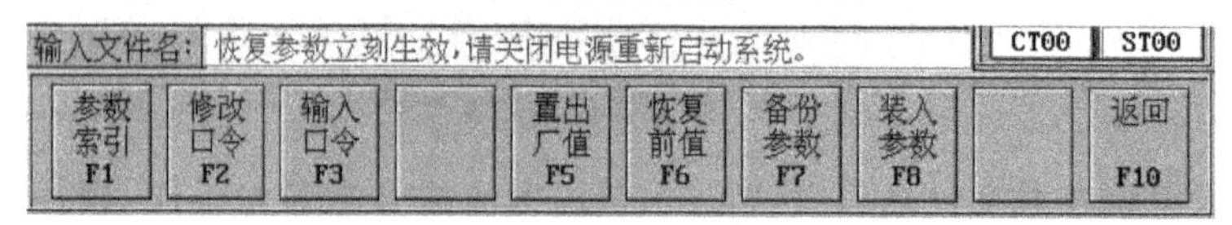

图 4-72 参数恢复生效

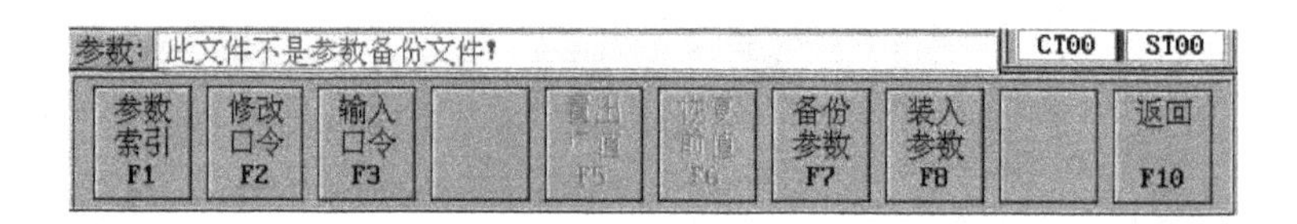

图 4-73 数控装置提示所选文件不是参数备份文件

4.12 网络与通信

HNC-21M(T)数控装置提供了网络功能选件。下面介绍数控装置的网络功能。

4.12.1 以太网连接

以太网连接的操作步骤如下。

- 在集线器(HUB)处连上网线。
- 在 HNC-21 M(T)数控装置的以太网接口处连上网线。

◎ 数控装置上电，如果以太网接口处的指示灯一闪一闪的，则说明以太网已连接好。

4.12.2 建立网络路径

建立网络路径的操作步骤如下。

◎ 在设置功能菜单(见图 4-9)下按“F5”键，弹出如图 4-74 所示的子菜单。

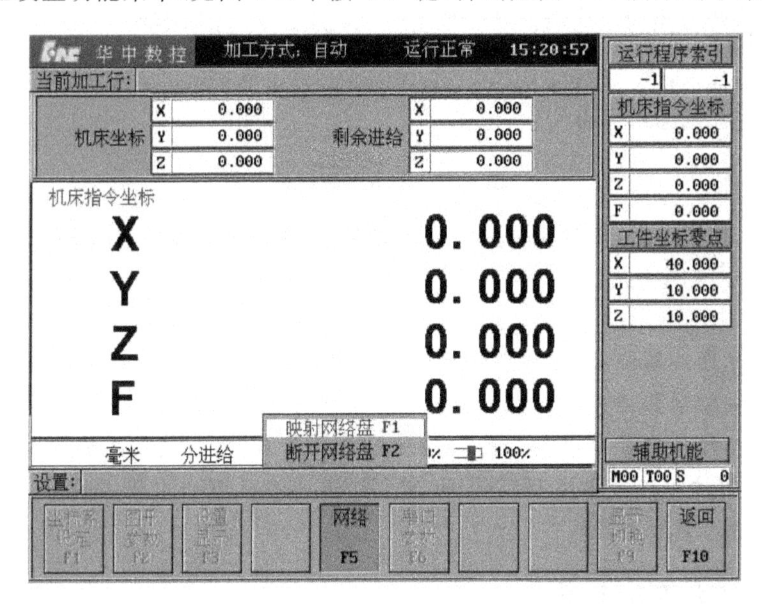

图 4-74 网络菜单界面

◎ 用“▲”“▼”键选中“映射网络盘”选项。

◎ 按“Enter”键，弹出如图 4-75 所示的映射路径输入框。

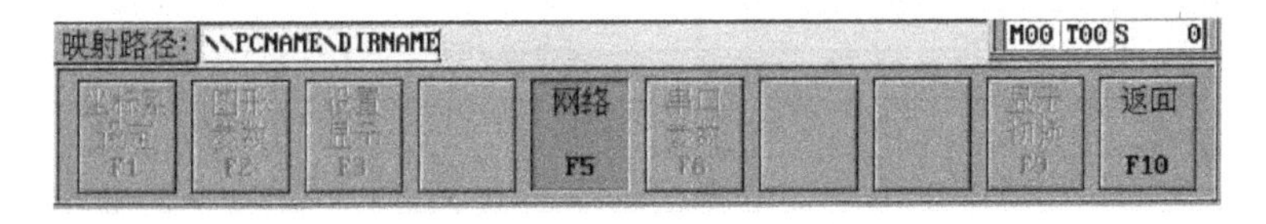

图 4-75 映射网络路径

◎ 在映射路径输入框内输入一个虚拟驱动器名及其对应的具体网络路径名，如\\COMPUTER\DIR。

◎ 按“Enter”键，系统给出如图 4-76 所示的提示。

◎ 按“Y”键，如果映射的网络路径不需要共享密码，则数控装置出现瞬间黑屏后又返回到软件操作界面，并建立了网络路径。

◎ 否则弹出如图 4-77 所示的画面。

图 4-76　建立网络连接

```
HCNC2000 Build 2001-03-30.
Copyright (C) Wuhan Huazhong Numerical Control System Co. Ltd.
tel:+86-27-87542713,87545256     fax:+86-27-87545256,87542713
email:market@HuazhongCNC.com     http://HuazhongCNC.com

The password is invalid for \\LK\SIMTOG. For more information, contact your
network administrator.
Type the password for \\LK\SIMTOG:_
```

图 4-77　输入共享密码

◎ 输入共享密码,按“Enter”键,数控装置出现瞬间黑屏后又返回到软件操作界面,并建立了网络路径。

提示:

① 建立网络路径后,可以像访问计算机内部的硬盘一样访问映射的网络盘。

② 虚拟驱动器名一般在 A～Z 中选择本地盘之外的盘符,如 X:。

③ 网络路径名要求以“\\”开始,然后才是机器名,再加“\”,再接具体的共享目录名,比如想访问机器名为 HCNC 的 MAILBOX 目录下的文件,则网络路径名为“\\HCNC\MAILBOX”。

4.12.3　断开网络路径

断开网络路径的操作步骤如下。

① 在网络菜单界面(见图 4-74) 中用“▲”“▼”键选中“断开网络盘”选项。

② 按“Enter”键,给出如图 4-78 所示断开网络路径的提示。

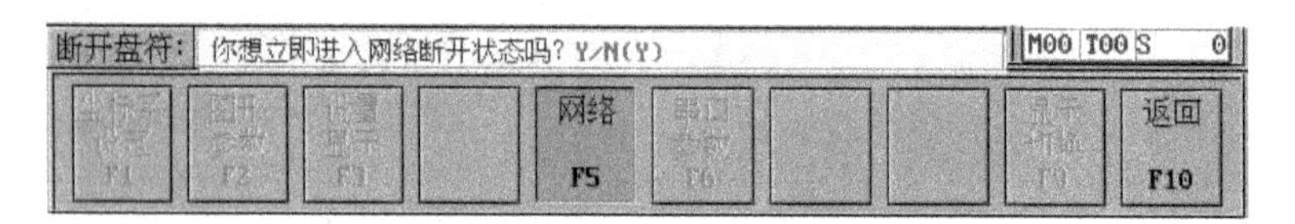

图 4-78　断开网络路径

③ 按“Y” 键,系统出现瞬间黑屏后又返回到软件操作界面,并断开了网络路径。

4.12.4　选择网络程序

在“程序”子菜单下按“F1”键,进入程序选择界面(见图 4-26),然后用方向键“▶”选中“网络”,这时,数控系统就会提示网络盘上的程序,然后和选择磁盘程序一样,移动蓝条选中即可。

4.12.5 RS-232 连接

(1)建立串口连接

在主菜单下按“F7”键，进入 DNC 通信状态，出现如图 4-79 所示界面。

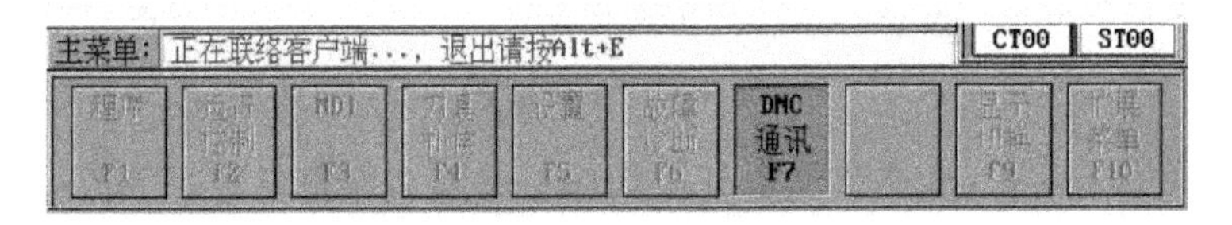

图 4-79 DNC 通信

如果数控装置接收到客户端的指令，将根据不同的指令进行不同的通信操作。它可以发送数据，也可以接收数据。在通常情况下，DNC 主要的功能是方便用户将参数文件或 PLC 文件从客户端传输到数控装置端，或从数控装置端传输到客户端。

(2)发送串口数据

这里，以将参数备份到用户的计算机为例说明。

- 按“F7”键使数控装置端进入通信待命状态。
- 在客户端界面(见图 4-80)点击“下载参数”按钮，然后选择文件下载存放的目录。
- 这时，如果数控装置接收到客户端发过来的联络信号，将出现如图 4-81 所

图 4-80 串口客户端界面

示的界面。

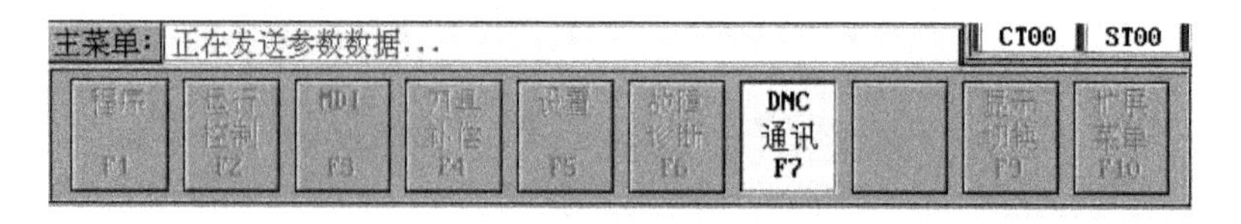

图 4-81　发送数据

◎ 发送完毕以后，数控装置会自动统计发送的文件数目和字节数，如图 4-82 所示。

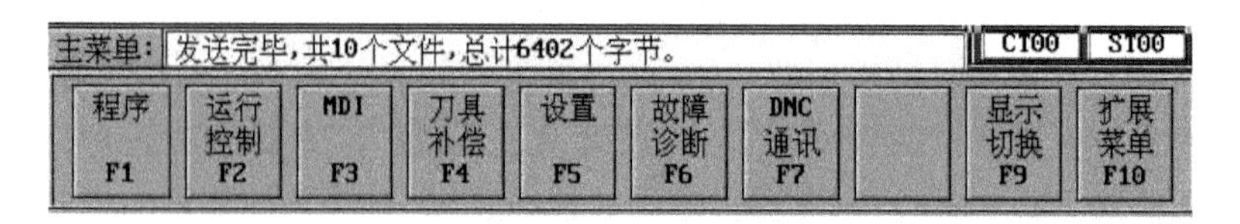

图 4-82　发送数据统计

(3)接收串口数据

这里，以获取 PLC 程序为例，将用户计算机里面的 PLC 程序上传到数控装置。

◎ 按"F7"键使数控装置端进入通信待命状态。

◎ 在客户端界面(见图 4-80)点击"上传 PLC"按钮，然后选择 PLC 文件所在的目录。

◎ 这时，如果数控装置接收到客户端发过来的联络信号，将出现如图 4-83 所示的界面。

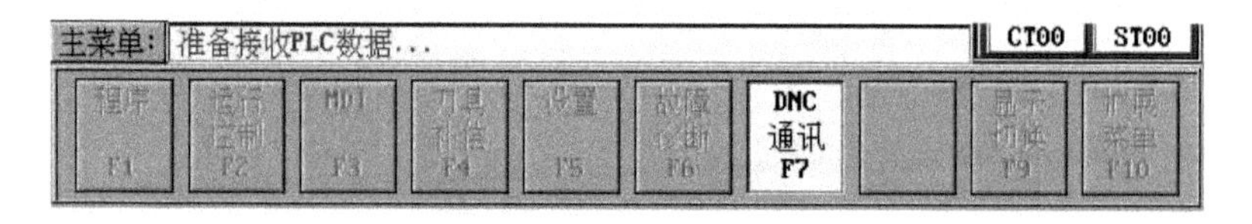

图 4-83　准备接收

◎ 一旦客户端开始发送 PLC 数据，数控装置将出现如图 4-84 所示的界面。

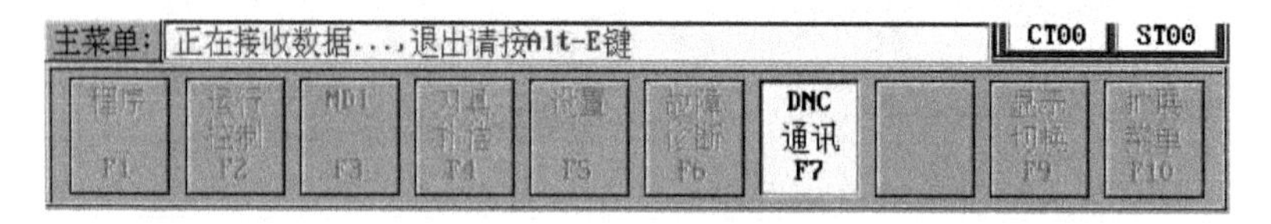

图 4-84　数据接收中

◎ 当文件接收完以后，数控装置会给出数据统计，如图 4-85 所示。

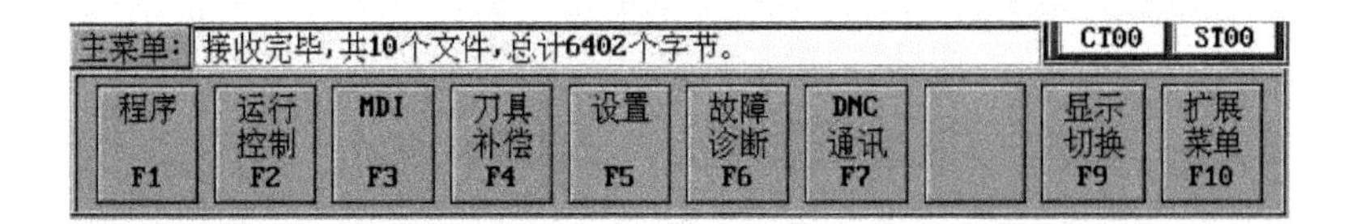

图 4-85　接收到的数据统计

4.12.6　串行口传送加工程序

当被加工的零件程序 G 指令数据量过于庞大时,可以采用一边传送数据、一边加工的方式来进行数控加工。具体操作如下。

首先,在“程序”子菜单下按“F1”键,进入程序选择界面(见图 4-26),然后用方向键“▶”选中 DNC,按下“Enter”键以后,数控装置进入等待联络状态(见图 4-86),一旦联络成功,您就可以按下操作面板上的“循环启动”按钮,开始加工了。

图 4-86　联络发送端

第 5 章　典型零件的编程与加工实训

5.1　典型零件的铣削编程与加工

5.1.1　零件图样

待铣削的六面体零件图样如图 5-1 所示，其三维图如图 5-2 所示。

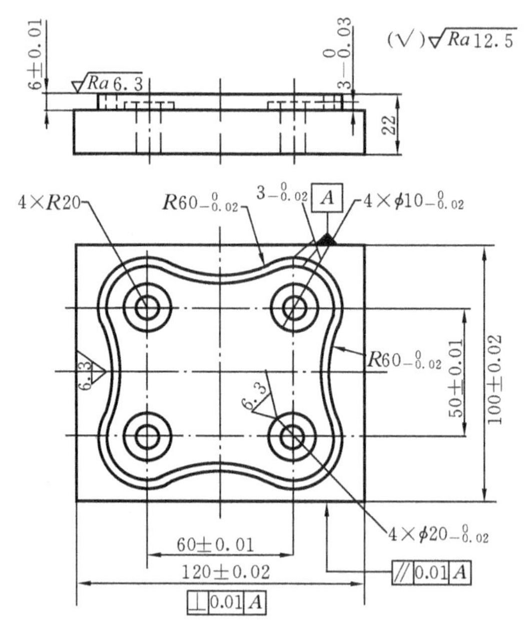

图 5-1　待铣削的零件图样

图 5-2　待铣削零件的三维图

5.1.2 加工工艺分析

要加工如图 5-1 所示的零件，需准备毛坯的外形尺寸为长×宽×高=125 mm×105 mm×22 mm，材料为 A3 钢。加工上、下平面和四周侧平面，如图 5-3 所示。

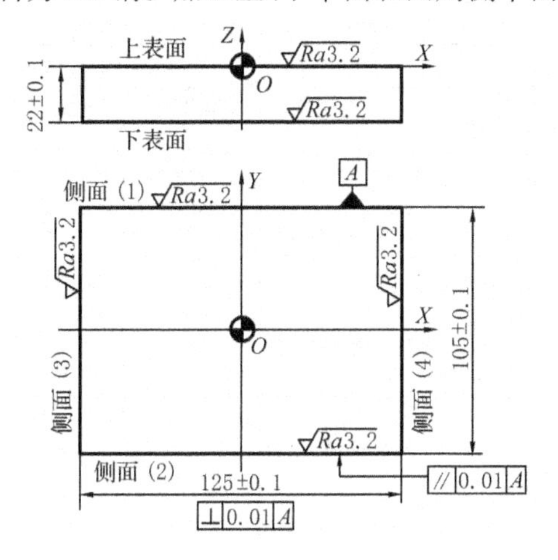

图 5-3　毛坯及其待加工表面

六面体加工工艺卡如表 5-1 所示。

表 5-1　六面体加工工艺卡

产品名称		零件名称				零件图号	
		平面铣削练习图					
设备型号		设备编号		夹具名称		备注	
				机用平口虎钳			
工序号	工序内容	刀具号	刀具规格/mm	主轴转速/(r/mm)	进给速度/(mm/min)	量具	程序号
1	粗加工上表面	T1	ϕ80 面铣刀	400	90		O0001
2	粗加工下表面	T1	ϕ80 面铣刀	400	90		O0001
3	精加工下表面	T1	ϕ80 面铣刀	600	120		O0001
4	粗加工侧面(1)	T1	ϕ80 面铣刀	400	90		O0002
5	精加工侧面(1)	T1	ϕ80 面铣刀	600	120		O0002
6	粗加工侧面(2)	T1	ϕ80 面铣刀	400	90		O0002
7	精加工侧面(2)	T1	ϕ80 面铣刀	600	120		O0002
8	粗加工侧面(3)	T1	ϕ80 面铣刀	400	90		O0002
9	精加工侧面(3)	T1	ϕ80 面铣刀	600	120		O0002
10	粗加工侧面(4)	T1	ϕ80 面铣刀	400	90		O0002
11	精加工侧面(4)	T1	ϕ80 面铣刀	600	120		O0002
编制	审核		批准		年 月 日	共 页	第 页

其中上表面加工为主要加工任务，这里给出其工艺卡，如表 5-2 所示。

表 5-2　上表面加工工艺卡

产品名称		零件名称				零件图号	
		平面铣削练习图					
设备型号		设备编号		夹具名称		备注	
				机用平口虎钳			
工序号	工序内容	刀具号	刀具规格/mm	主轴转速/(r/mm)	进给速度/(mm/min)	量具	程序号
1	装夹与对刀						
2	粗铣外轮廓	T2	ϕ36 肩铣刀	800	100		O0011
3	精铣外轮廓	T3	ϕ20 立铣刀	2 600	300		O0012
4	粗铣内型腔 3 mm 以上部分	T4	ϕ16 键槽铣刀	800	80		O0021
5	粗铣内型腔 3 mm 以下部分	T5	ϕ16 键槽铣刀	800	50		O0022
6	精铣四圆柱	T6	ϕ6 立铣刀	2 600	200		O0023
7	精铣内轮廓	T6	ϕ6 立铣刀	2 600	280		O0024
8	钻孔	T7	ϕ9.7 麻花钻	300	30		O0031
9	铰孔	T8	ϕ10 铰刀	300	50		O0032
编制	审核		批准		年 月 日	共 页	第 页

需要注意的是，在工艺卡制订过程中，刀具的选择是十分关键的。

刀具的选择是根据所需加工的类型来确定的。

加工平面一般用面铣刀；加工轮廓一般用立铣刀、肩铣刀；加工沟槽一般用键槽铣刀；加工曲面常用球头铣刀；加工孔一般先用中心钻，然后用麻花钻，之后根据需要选择铰还是镗；加工螺纹一般选择丝锥或螺纹铣刀。

在选择刀具大小时要考虑加工效率，以不会发生干涉的前提下尽可能选大。在加工余量比较大，比较复杂的情况下可以考虑先使用较大的刀具进行半精加工，然后进行精加工。

5.1.3　工装夹具及刀具的准备

根据图样及现有设备的条件，需要准备如下的工装夹具及刀具。

- 高精密平口钳。
- 游标卡尺。
- 深度尺。
- 千分尺。
- 杠杆百分表、杠杆千分表。

- 对刀杆及塞尺(或寻边器)。
- Z 轴设定器。
- 活动扳手。
- $\phi16$、$\phi6$ 键槽铣刀，$\phi16$、$\phi36$ 立铣刀，$\phi9.8$ 麻花钻，$\phi10$ 铰刀。
- 高精度垫块等。

下面介绍百分表、机用平口钳、寻边器以及 Z 轴设定器的用途及其使用方法。

1. 百分表

百分表是一种指示式量具，主要用于校正工件的安装位置，检验零件的形状和相互垂直位置的精度，如图 5-4 所示。表盘上刻有 100 格刻度，当大指针转过一格，相当于测量头向上或向下移动 0.01 mm，大指针转动一周，小指针转动一格，相当于测杆移动 1 mm。在使用中常用磁性表座来固定百分表的位置。

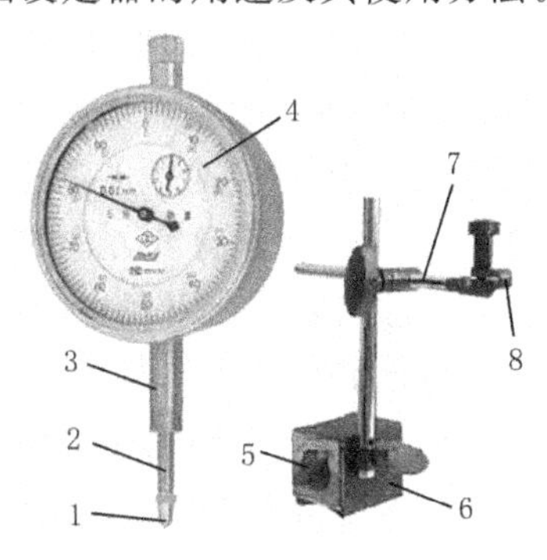

图 5-4　百分表与磁性表座

1—测头；2—测量杆；3—固定杆；4—刻度盘；5—磁性开关；6—磁座；7—接杆；8—表夹

2. 机用平口钳

(1)机用平口钳的种类

机用平口钳适用于中小尺寸和形状规则的工件安装，它是一种通用夹具，一般有非旋转式和旋转式两种，如图 5-5 所示。前者刚度较好，后者底座上有一个刻度盘，能够把平口钳转成任意角度。安装平口钳时，必须先将底面和工作台擦干净，用螺栓或配套压板固定在工作台上，并利用百分表校正钳口，使钳口与相应的坐标轴平行，以保证铣削的加工精度。

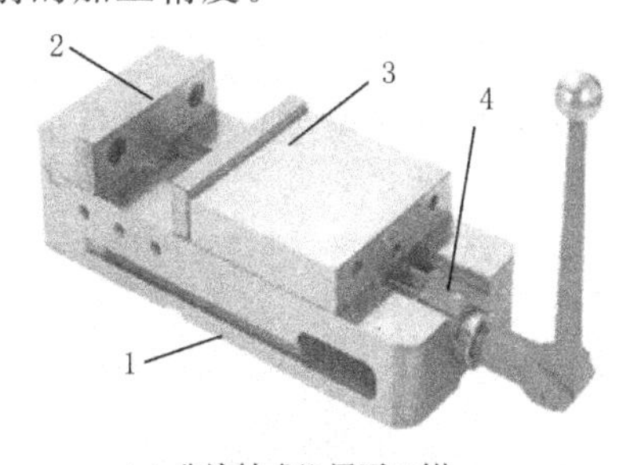

(a) 非旋转式机用平口钳

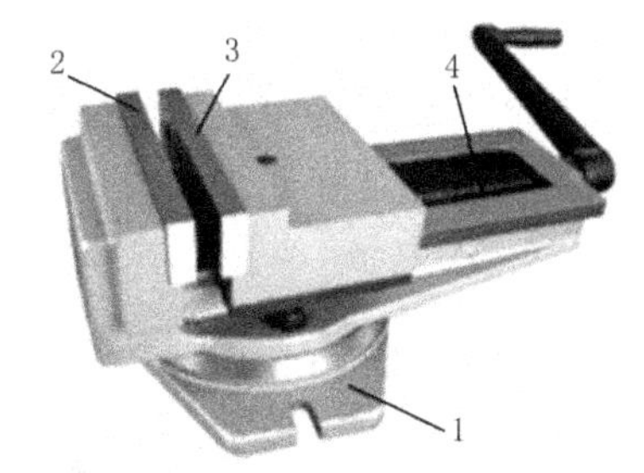

(b) 旋转式机用平口钳

图 5-5　机用平口钳

1—底座；2—固定钳口；3—活动钳口；4—螺杆

(2)机用平口钳的安装与校正方法

把机用平口钳安装在机床工作台上，钳口方向与 X 轴方向大约一致。用紧固螺栓将平口钳一端适当锁紧作为旋转轴，另一端夹紧力小一些。将百分表固定杆装在表座接杆上，将磁性开关旋至“ON”位，百分表就固定在机床主轴上了。百分表测量头接触平口钳钳口(测量杆应大致与固定平口钳面垂直)，作为基准表针调整为零。使用手轮沿 X 轴往复移动工作台，同时观察百分表的指针，校正钳口对 X 轴的平行度，直至百分表的指针变化范围不超过 0.01 mm，锁紧紧固螺栓，再检验一次平行度。

(3)机用平口钳安装工件的方法

平口钳安装好后，把工件放入钳口，并在工件的下面垫上比工件窄、厚度适当且加工精度较高的等高垫块，然后把工件夹紧。为了使工件紧密地靠在垫块上，应用铜锤或木锤轻轻地敲击工件，直到用手不能轻易推动等高垫块时，再将工件夹紧在平口钳内(对于高度方向尺寸较大的工件，不需要加等高垫块，直接装入平口钳)。工件应紧固在钳口中间的位置，装夹工件的高度以铣削尺寸高出钳口平面 3～5 mm 为宜。

用平口钳装夹表面粗糙度值较大的工件时，应在两钳口与工件表面之间垫一层铜皮，以免损坏钳口，并能增加接触面。

精加工必要时用百分表检查工件顶面与工作台是否平行。

注意：当加工贯通的型腔及孔的加工时，刀具不能碰到等高垫块，如有可能碰到时，可考虑更窄的垫块。

3. 寻边器

(1)寻边器的种类

对于利用已加工零件的轮廓作为基准来确定工件坐标系的情况下，一般使用寻边器来进行对刀。目前使用的寻边器有光电式寻边器和机械式寻边器，如图5-6所示。

(2)光电式寻边器

光电式寻边器确定工件坐标系与使用刀具试切对刀方法类似，其特点是光电式寻边器前端钢球接触工件后，寻边器便闪亮，如图5-7所示。

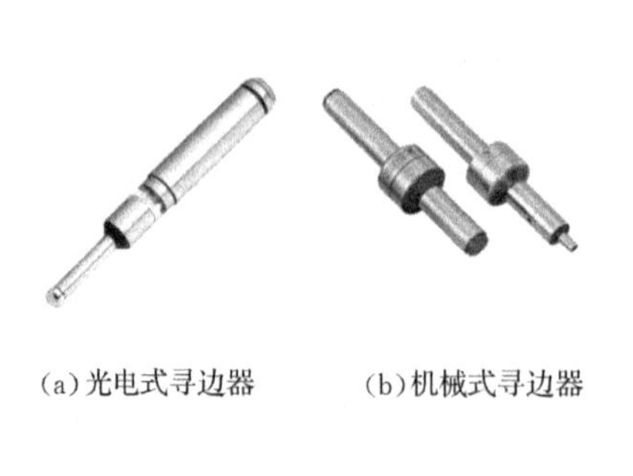

(a)光电式寻边器　(b)机械式寻边器

图 5-6　寻边器

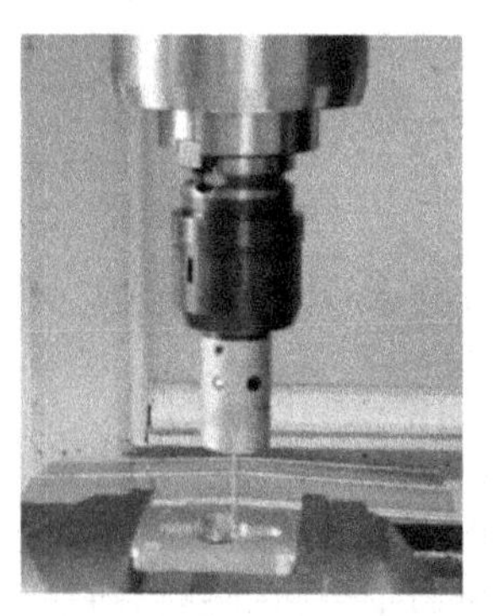

图 5-7　光电式寻边器的使用

注意当寻边器前端 $\phi10$ mm 球头与工件侧面的距离较小时，手摇脉冲发生器的倍率旋钮应选择“×10”或“×1”，且一个脉冲、一个脉冲地移动；寻边器出现发光或蜂鸣时应停止移动（此时光电寻边器与工件正好接触），且记录下所需要的当前位置的机床坐标值。

在退出时应注意其移动方向，如果移动方向发生错误会损坏寻边器，导致寻边器歪斜而无法继续准确使用。一般可以先沿 $+Z$ 方向移动退离工件，然后再作 X、Y 方向移动。使用光电式寻边器对刀时，在装夹过程中就必须把工件的各个面擦干净，不能影响其导电性。

（3）机械式寻边器

机械式寻边器内部结构如图 5-8 所示。

使用机械式寻边器的对刀过程如图 5-9 所示。

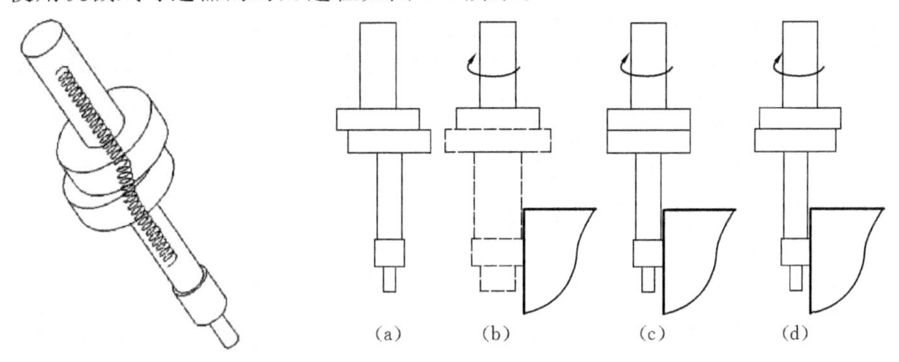

图 5-8　机械式寻边器内部结构　　**图 5-9　机械式寻边器对刀过程**

在图 5-9 中，图(a)所示为机械式寻边器装入主轴没有旋转时的状态；图(b)为主轴旋转时（转速为 200～300 r/min，转速不能过大，否则会在离心力的作用下，偏心式寻边器中的拉簧拉坏而引起偏心式寻边器损坏），寻边器的下半部分在内部拉簧（见图 5-8）的带动下一起旋转，在没有到达准确位置时出现虚像；图(c)所示为移动到准确位置后上下重合，此时应记录下所需要的当前位置的机床坐标值；图(d)所示为移动过头后的情况，下半部分没有出现虚像，但上下不重合，出现偏心。另外在观察机械式寻边器的影像时，不能只在一个方向观察，应在互相垂直的两个方向观察。

4. *Z* 轴设定器

用寻边器对刀只能确定 X、Y 方向的机床坐标值，而 Z 方向只能通过刀具或刀具与 Z 轴设定器配合来确定。

Z 轴设定器目前使用的有机械式 Z 轴设定器和光电式 Z 轴设定器，如图 5-10 所示。

Z 轴设定器的使用如图 5-11 所示。

(a)机械式Z轴设定器

(b)光电式Z轴设定器

图 5-10　Z 轴设定器

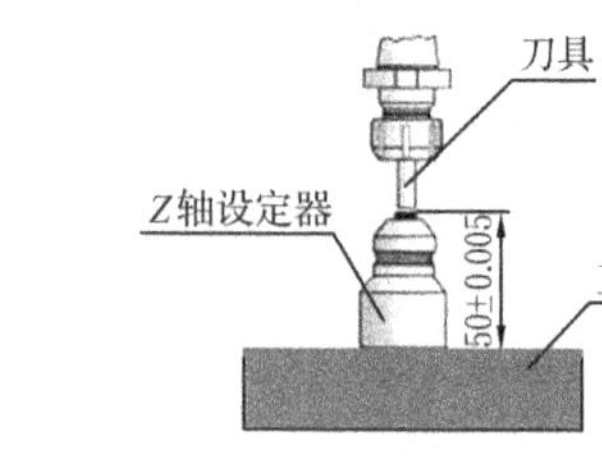

图 5-11　Z 轴设定器的使用

◎把 Z 轴设定器放置在已加工工件的水平表面上或工作台上，主轴上装好刀具，移动 X、Y 轴，使刀具尽可能处在 Z 轴设定器中心的上方。

◎移动 Z 轴，用刀具(主轴禁止转动)压下 Z 轴设定器圆柱台，机械式 Z 轴设定器使指针指到调整好的“0”位；光电式 Z 轴设定器让灯闪亮。

◎记录刀具当前的 Z 轴机床坐标值读数值，减去 Z 轴设定器的标准高 50 mm。例如：Z 轴机床坐标值显示为－175.12 mm，实际记录机床坐标值 Z 应为：－175.12 mm－50 mm＝－225.12 mm。

5.1.4　加工六面体的工序安排

1. 工序一：以工件底面和侧面找正定位夹紧，加工工件顶面

步骤 1　安装机用平口钳。

步骤 2　安装工件(毛坯)。

使用机用平口钳中装夹工件注意以下事项。

◎工件的被加工面必须高出钳口，否则就要用平行垫铁垫高工件。

◎为了能装夹得牢固，防止加工时工件松动，必须把比较平整的平面贴紧在垫铁和钳口上。要使工件贴紧在垫铁上，应该一面夹紧，一面用手锤轻击工件的子面，光洁的平面要用铜棒进行敲击，以防止敲伤光洁的表面。

◎为了不使钳口损坏和保持已加工表面，夹紧工件时在钳口处垫上铜片。

◎刚度不足的工件需要支承，以免夹紧力使工件变形。

步骤 3　安装刀具(面铣刀)。

步骤 4　在手动方式下对上表面进行粗加工。

◎选择手动方式，输入“M3S500”后，按“启动”。

◎如图 5-12 所示，转到手动加工方式，利用手持单元选择 X 轴移动，使面铣刀处在图中“试切位置”上方的位置；选择 Z 轴使面铣刀下降，当面铣刀接近工件表面时，将手持单元的进给倍率调到“×10”，然后继续下刀，当刀具接触到工件时停止下刀，记下 Z 轴坐标备用并退回到“位置 1”。根据工件上表面平整及粗糙度情况确定切深，一般取 0.3～0.5 mm(以将平面全部都铣到为准)。然后进入切削，如图 5-13 所示。

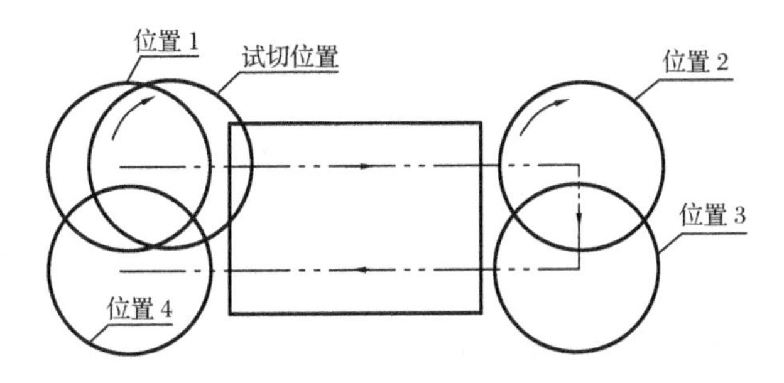

图 5-12　铣平面刀具移动轨迹

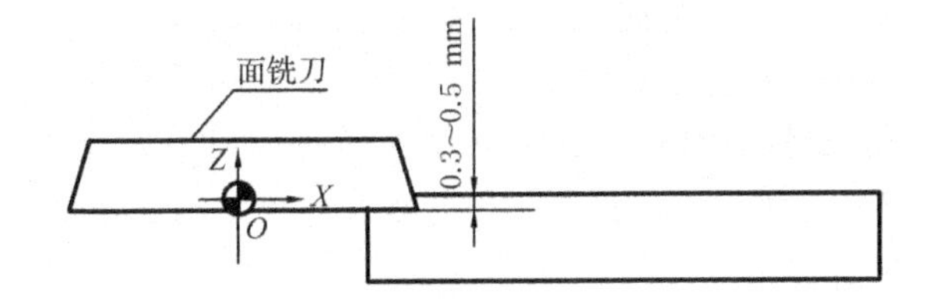

图 5-13　铣平面时的下刀

2. 工序二:加工上表面

◎ 保持 Z 方向不动,将刀具移动到"位置 1"的位置,准备进行加工。

◎ 程序的准备。

```
O0001
G92G91M3S600
Z－0.2F20
G01X110F120
Y－30
X－110
G00Z200
M30
```

◎ 输入加工程序后,按"启动"进行切削加工。

3. 工序三:以工件顶面为基准找正定位夹紧,加工工件底面

步骤与方法同工序一、二。

注意要保证工件厚度大于 22 mm。

4. 工序四:以工件顶面和侧面找正定位夹紧,加工工件相对的侧面

步骤与方法同工序一、二。

以工件顶面和侧面找正定位夹紧加工侧面(1),然后加工侧面(2)。用同样方法加工侧面(3)和侧面(4)。

程序如下。

```
O0002
G92M3S600
Z－0.2F20
G1X150F120
G0Z200
M30
```

注意:在加工相对侧面时要保证公差要求,即 100±0.02 和 120±0.02。

5. 工序五:表面粗糙度检查

将被测零件表面与表面粗糙度样块直接进行比较,以确定实际被测表面的表面粗糙度是否合格。

注意:使用的表面粗糙度样块和被测零件两者的材料及表面加工纹理方向应尽量一致。如果是大批量加工,也可以从成品零件中挑选几个样品,经检定后作为表面粗糙度样块使用。

5.1.5 对刀和坐标系的建立(G54、G92)

1. 对刀

(1)加工件的粗对刀

在粗铣加工前,可用试切法对刀。刀具和工件装好后,在手动方式下,分别移动 X、Y、Z 轴,让刀具与工件的左(或右)侧面留有一段距离(约 2mm 以上),然后转为增量方式(主轴为旋转状态),刚好轻微接触碰到工件时,记下机床坐标系下的 X 坐标值为 X_1。然后抬刀,移动 X 轴到工件的右(或左)侧,记下机床坐标值 X_2,同样的方法记下 Y_1、Y_2,图 5-14 所示为粗对 X、Y。利用刀具端面与工件的上表面接触,记下 Z 值,图 5-15 所示为粗对 Z。

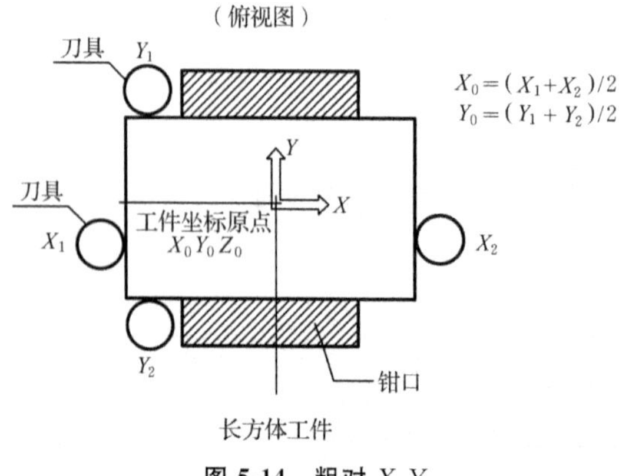

图 5-14 粗对 X、Y

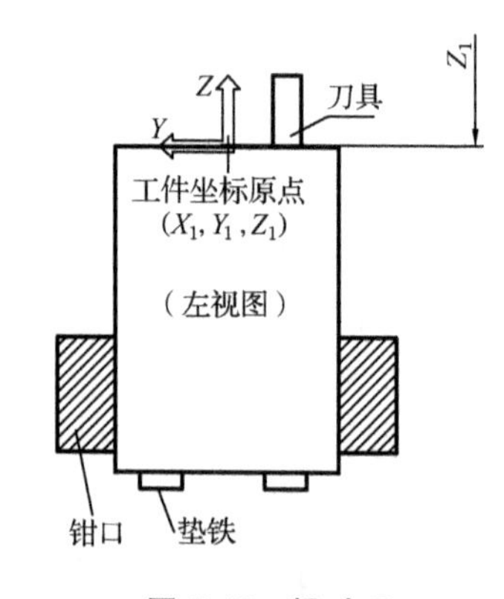

图 5-15 粗对 Z

假定工件坐标系的原点在工件的对称中心，那么，工件坐标系 X 轴的原点在机械坐标系下的值为

$$X_0 = (X_1 + X_2)/2$$
$$Y_0 = (Y_1 + Y_2)/2$$
$$Z_0 = Z$$

然后输入 X_0、Y_0、Z_0 的值到 G54 表中即可。

(2)加工件的精对刀

如果加工件的侧面是已经加工完成的表面，那么使用机械式寻边器或光电式寻边器来代替刀具测量 X、Y 即可，方法相同。

对于利用已加工零件的上表面作为基准来确定工件坐标系 Z 轴位置的情况下，一般使用 Z 轴设定器。

如果工件的上表面已经加工完成，就需要用 Z 轴设定器来进行对刀。具体方法如下。

- 将 Z 轴设定器放置在工件上表面上。
- 将刀具在不旋转的状态下接触 Z 轴设定器，得到一个值(一般是零)。
- 将 Z 轴设定器的标准高度减去即为 Z 值。

(3)数控铣床更换刀具的对刀

数控铣床在加工时一般备用一把相同的刀具，但换刀后的刀具深度值会发生变化。在加工前要把它设定好，这也是良好工作习惯的一部分。具体对刀方法如下。

在第一把刀对刀以后做下面的工作。

- 将 Z 轴设定器放置在机床工作台上(位置可在内侧边缘部分)。
- 将刀具在不旋转的状态下接触 Z 轴设定器到一个值(一般是零)。
- 将这时的 Z 值记住(标刀深度)。

在换刀后做下面的工作。

- 重复上述方法，并将这时的 Z_1 值记住。
- 在刀具表的深度补偿中将 Z_1 与 Z_0 的差值输入即可(目的是让现在的刀具端面与原来的刀具端面在相同的 Z 值)。
- 这时 G54 中的 X、Y、Z 值没有发生变化。

2. 建立工件坐标系

(1)使用 G54 设定工件坐标系

假定工件坐标系的原点在工件的对称中心，那么，工件坐标系各轴原点在机械坐标系下的值为

$$X_0 = (X_1 + X_2)/2$$
$$Y_0 = (Y_1 + Y_2)/2$$

$$Z_0 = Z$$

然后按 4.6 节的方法（在 HNC-21M 的软件操作界面中，顺序按下 F5→F1）输入 X_0、Y_0、Z_0 到 G54 坐标系即可。假设 $X_0=0$，$Y_0=100$，$Z_0=200$，则显示结果如图 5-16 所示。

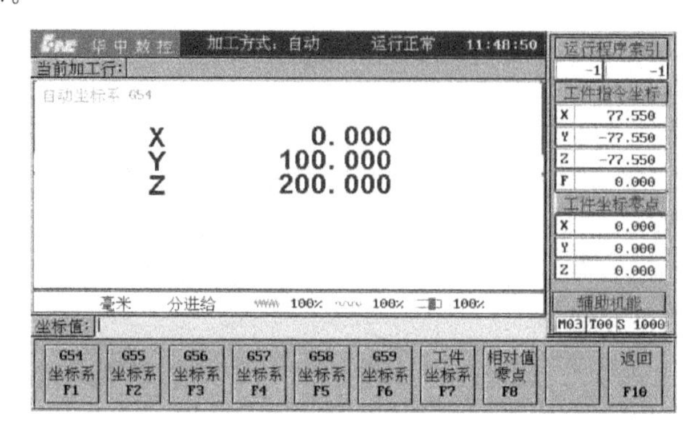

图 5-16　工件坐标系设置

（2）使用 G92 建立工件坐标系

G92 通过设置当前点（对刀点）在工件坐标系中的坐标来建立工件坐标系，对于粗铣平面用 G92 比较方便。

注意：机床断电后，G54，…，G59 设定工件坐标系的值是被保存的，G92 数值在机床断电后不被保存。

5.1.6　根据图样编制程序

1. 铣削外轮廓

```
O0011
N001 G40 G49 G80                  ;取消各种补偿
N002 G90 G00 G54 X0 Y0 Z100       ;选择 G54 坐标系
N003 M03 S800                     ;主轴正转
N004 G41 X－50 Y－80 D01           ;建立半径补偿
N005 Z50                          ;移动到安全高度
N006 Z10
N007 G43 G01 Z－6 F100 H01         ;建立长度补偿
N008 Y－25                         ;到切点
N009 G02 X－48.998 Y－18.75 R20    ;顺圆插补
N010 G03 X－48.998 Y18.75 R60      ;逆圆插补
N011 G02 X－22.5 Y43.51 R20
N012 G03 X22.5 R60
```

```
N013 G02 X48.995 Y18.75 R20
N014 G03 Y-18.75 R60
N015 G02 X22.5 Y-43.541 R20
N016 G03 X-22.5 R60
N017 G02 X-48.998 Y-18.75 R20
N018 G00 G49 Z100                ;取消长度补偿
N019 G00 G40 Y100                ;取消半径补偿
N020 M05                         ;主轴停止
N021 M30                         ;程序结束并返回程序头
```

2. 铣削余部①

```
O0021
N001 G40G49G80
N002 G90 G00 G54 X0 Y0 Z100
N003 M03 S800
N004 X-32 Y27
N005 Z50
N006 Z10
N007 G43 G01 Z1 F50 H01
N008 M98 P0056 L6                ;调用子程序 循环 6 次
N009 G90 G49 G00 Z100
N010 M05
N011 M30
%0056
N001 G91 G01 Z-1.5 F50
N002 G90 X32 F100
N003 Y12
N004 X-32
N005 Y-3
N006 X32
N007 Y-18
N008 X-32
N009 Y-27
N010 X32
N011 G91 G00 Z1
N012 G90 X-32 Y27
```

```
N013 M99                                        ;子程序结束并返回主程序
```

3. 铣削余部②

```
O0022
N001 G40 G80 G49
N002 G90 G00 G54 X0 Z0 Y0 Z100
N003 M03 S800
N004 X11 Y-27
N005 Z50
N006 Z100
N007 G43 G01 Z1 F50 H01
N008 M98 P0057 L6
N009 G49 G00 G90 Z100
N010 M05
N011 M30
%0057
N001 G91 G01 Z-1.5 F50
N002 G90 Y-6 F100
N003 X32
N004 Y6
N005 X11
N006 Y27
N007 X-11
N008 Y6
N009 X-32
N010 Y-6
N011 X-11
N012 Y-27
N013 X11
N014 X0
N015 Y27
N016 G91 G00 Z1
N017 G90 X11 Y-27
N018 M99
```

4. 铣削四圆柱

```
O0023
```

```
N001 G40 G49 G80
N002 G00 G90 G54 X0 Y0 Z100
N003 M03 S800
N004 Z50
N005 G43 Z10 H01
N006 M98 P0058 L6
N007 G90 G49 G00 Z100
N008 M05
N009 M30
%0058
N001 G91 Z-0.5
N002 M98 P0059
N003 G24 X0                    ;建立Y轴镜像
N004 M98 P0059
N005 G25 X0                    ;取消Y轴镜像
N006 G24 X0 Y0                 ;建立X,Y轴镜像
N007 M98 P0059
N008 G25 X0 Y0                 ;取消X,Y轴镜像
N009 G24 Y0                    ;建立X轴镜像
N010 M98 P0059
N011 G25 Y0                    ;取消X轴镜像
N012 M99
%0059                          ;子程序
N001 G90 G41 X20 Y5 D01
N002 G91 G01 Z-10 F100
N003 G90 Y25
N004 G02 I10
N005 G01 Y30
N006 G91 G00 Z10
N007 G90 G40 X0 Y0
N008 M99
```

5. 铣削内轮廓

```
O0024
N001 G40 G49 G80
N002 G90 G00 G54 X0 Y0 Z100
```

```
N003 M03 S800
N004 G41 X10 Y26.162 D01 (X20 Y16.162)
N005 Z50
N006 Z10
N007 G43 G01 Z-6 F100 H01
N008 G03 X0 Y36.162 R10 (X0 Y26.162 R20)           ;圆弧切入
N009 G02 X-23.625 Y40.760 R63
N010 G03 X-46.149 Y19.688 R17
N011 G02 Y-19.688 R63
N012 G03 X-23.625 Y-40.76 R17
N013 G02 X23.625 R63
N014 G03 X40.149 Y-19.688 R17
N015 G02 Y19.688 R63
N016 G03 X23.625 Y40.76 R17
N017 G02 X0 Y36.162 R63
N018 G03 X-10 Y26.162 R10 (X-20 Y16.162 R20)       ;圆弧切出
N019 G00 G49 Z100
N020 G40 Y100
N021 M05
N022 M30
```

6. 钻削四个孔

```
O0031
N001 G40 G80 G49
N002 G90 G00 G54 X0 Y0 Z100
N003 M03 S300
N004 G99 G73 X30 Y25 Z-25 R5 Q-2 K0.5 F30          ;钻削第一个孔
N005 Y-25                                           ;钻削第二个孔
N006 X-30                                           ;钻削第三个孔
N007 G98 Y25                                        ;钻削第四个孔
N008 G80 Y100                                       ;取消固定循环
N009 M05
N010 M30
```

7. 铰孔

```
O0032
N001 G40 G80 G49
```

```
N002 G90 G00 G54 X0 Y0 Z100
N003 M03 S300
N004 G98 G81 X30 Y25 Z－25 R5 F50                    ;铰孔
N005 Y－25
N006 X－30
N007 Y25
N008 G80 Y100
N009 M05
N010 M30
```

5.1.7 程序的输入与检查

1. 程序的输入

在 HNC-21M 的软件操作界面中，顺序按下“F1”(程序)→“F2”(编辑程序)→“F3”(新建程序)等键，将进入如图 5-17 所示的“新建程序”菜单，数控装置提示“输入新建文件名”，光标在“输入新建文件名”栏闪烁，输入文件名(如 O0001)后，按“Enter”键确认后，光标进入程序编辑区，就可编辑新建文件了，详见 4.7 节。

图 5-17 新建程序界面

提示：

① 任何一个程序，其程序头必须以字母“O”加上后面若干位数字、字母或符号构成；

② 输入完成后。必须仔细去检查，防止产生错误；

③ 在保存文件时，必须有“保存成功”的提示后，保存才能生效，系统设置保存程序文件的目录为 NCBIOS. CFG 设置的 PROGPATH 目录。

2. 程序的检查

(1)程序的调出

在 HNC-21M 的软件操作界面中，顺序按下“F1”(程序)→“F1”(选择程序)，用“▲”“▼”键选中程序源上所需程序文件，按“Enter”键确认，即可将该程序文件选中并调入加工缓冲区，详见 4.7 节。

(2)程序的校验

当程序调出后，确认是所要的加工程序。置机床控制面板上的运行方式为“自动”或“单段”，在程序菜单下，按“F5”(程序校验)键，然后按下机床控制面板上的

“循环启动”键，启动程序校验。在校验过程中，按“F9”(显示切换)键来选择显示模式，运行结果如图 5-18 所示。如果有误(命令行将提示程序的哪一行有错)，则在出错的程序段进行修改；确定准确无误后，准备执行程序。

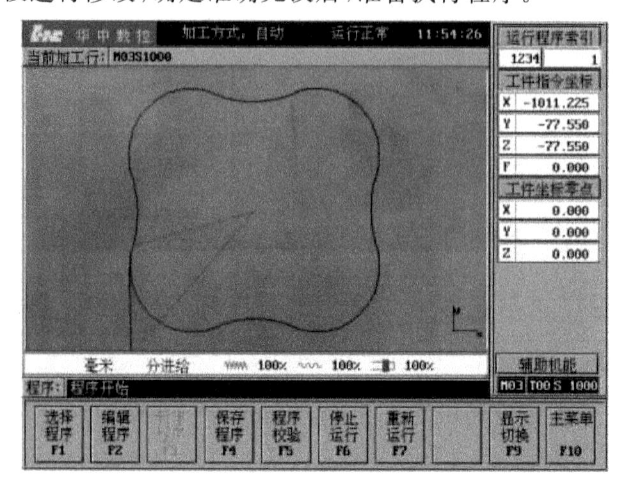

图 5-18 程序的校验

提示：

① 程序在“校验运行”时，机床是处于静止状态的；

② 在“校验运行”方式没有结束时，机床不可以做其他的运行。

5.1.8 切削用量的确定

铣削时合理地选择铣削用量，对保证零件的加工精度与加工表面质量、提高生产效率、提高铣刀的使用寿命、降低生产成本，都有着重要的作用。

在确定铣削用量时，首先根据选择的刀具直径和刀具材料确定主轴转速，然后根据主轴转速、每齿进给量、刀具齿数来确定工作台速度。工作台速度一般作为进给速度 F，但在实际加工中根据机床刚度、刀具寿命、冷却条件等因素适当进行调整。

1. 铣削速度 v_c

铣刀旋转切削时，刀尖的瞬时速度就是它的铣削速度 v_c，即刀尖在 1 min 内所经过的距离。铣削速度的单位是 m/min，铣削速度与铣刀直径、铣刀转速有关，即

$$v_c = \frac{\pi n d}{1\ 000}$$

式中：d 为铣刀直径，单位 mm；n 为主轴(铣刀)转速，单位 r/min；主轴(铣刀)转速为

$$n = \frac{1\ 000\ v_c}{\pi d}$$

铣削速度 v_c 在不同工作条件下推荐值如表 5-3 所示。

表 5-3 铣削速度 v_c 推荐值

工件材料	硬度 HBW	铣削速度 v_c/(m/min)	
		硬质合金铣刀	高速钢铣刀
低、中碳钢	<220 225～290 300～425	80～150 60～115 40～75	21～40 15～36 9～20
高碳钢	<220 225～325 325～375 375～425	60～130 53～105 36～48 35～45	18～36 14～24 9～12 9～10
灰铸铁	100～140 150～225 230～290 300～320	110～115 60～110 45～90 21～30	24～36 15～21 9～18 5～10
铝镁合金	95～100	360～600	180～300

2. 工作台速度 v

在确定主轴转速后，工作台速度为

$$v = f_z \times z \times n$$

式中：f_z 为每齿进给量，单位 mm/z；z 为刀具齿数；n 为主轴转速，单位 r/min。

其中在不同工作条件下每齿进给量 f_z 的推荐值如表 5-4 所示。

表 5-4 每齿进给量 f_z 推荐值 mm

工件材料	工件材料硬度 HBW	硬质合金		高速钢			
		端铣刀	三面刃铣刀	圆柱形铣刀	立铣刀	端铣刀	三面刃铣刀
低碳钢	<150 150～200	0.20～0.40 0.2～0.35	0.15～0.30 0.12～0.25	0.12～0.20 0.12～0.20	0.04～0.20 0.03～0.18	0.15～0.30 0.15～0.30	0.12～0.20 0.10～0.15
中、高碳钢	120～180 180～220 220～300	0.15～0.50 0.15～0.40 0.12～0.25	0.15～0.30 0.12～0.25 0.07～0.20	0.12～0.20 0.12～0.20 0.07～0.15	0.05～0.20 0.04～0.20 0.03～0.15	0.15～0.30 0.15～0.25 0.10～0.20	0.12～0.20 0.07～0.15 0.05～0.12
灰铸铁	150～180 180～200 200～300	0.20～0.50 0.20～0.40 0.15～0.30	0.12～0.30 0.12～0.25 0.10～0.20	0.20～0.30 0.15～0.25 0.10～0.20	0.07～0.18 0.05～0.15 0.03～0.10	0.20～0.35 0.15～0.30 0.10～0.15	0.15～0.25 0.12～0.20 0.07～0.12
铝镁合金	95～100	0.15～0.38	0.12～0.30	0.15～0.20	0.05～0.15	0.20～0.30	0.07～0.20

3. 铣削深度

根据不同的加工工件材料、不同的加工刀具材料，选择在不同加工过程的铣削深度如表 5-5 所示。

表 5-5　铣削深度 a_p 的推荐值　　mm

工件材料	高速钢铣刀		硬质合金铣刀	
	粗铣	精铣	粗铣	精铣
铸铁	5～7	0.5～1	10～18	1～2
软钢	<5	0.5～1	<12	1～2
中硬钢	<4	0.5～1	<7	1～2
硬钢	<3	0.5～1	<4	1～2

按上述方法确定本工件的切削用量如表 5-6 所示。

表 5-6　切削用量表

	主轴转速/(r/min)	进给速度/(mm/min)	进刀量/mm
粗铣外轮廓	800	100	1.5
精铣外轮廓	1 200	80	0.15
粗铣内轮廓	800	100	1.5
精铣内轮廓	1 200	60	0.15
铣中间多余部分	800	100	1.5
铣四凸台	800	100	1.5
精铣四凸台	1 000	60	0.15
钻孔	400	30	—
铰孔	500	50	—

5.1.9　刀补的建立和加工

按 4.6 节介绍的方法(依次按下“F4”(刀具补偿)→“F2”(刀补表))，在刀具表中输入所需的半径补偿值 R 和长度补偿值 H。

例如，刀具选用 $\phi16$ 的键槽铣刀，在粗加工中则在 R 中输入 8.15，其中 8 为刀具的标准半径，0.15 为精加工余量；在精加工中则在 R 中输入 $8-a=7.99$(其中，$a=0.01$，a 为刀具的半径磨损量，可以在粗加工或半精加工后，测量实际尺寸与理论尺寸的差而得出)，刀具表参数的输入如图 5-19 所示。

在实际加工中，如果要将所加工零件比编程零件的形状放大或缩小，可以将 R

华中数控 加工方式：自动 运行正常 17:51:22

当前加工行：

刀具表：

刀号	组号	长度	半径	寿命	位置
#0001	0	0.000	7.990	0	0
#0002	0	0.000	0.000	0	1
#0003	-1	0.000	0.000	0	-1
#0004	-1	0.000	0.000	0	-1
#0005	-1	0.000	0.000	0	-1
#0006	-1	0.000	0.000	0	-1
#0007	-1	0.000	0.000	0	-1
#0008	-1	0.000	0.000	0	-1
#0009	-1	0.000	0.000	0	-1
#0010	-1	0.000	0.000	0	-1
#0011	-1	0.000	0.000	0	-1
#0012	-1	0.000	0.000	0	-1
#0013	-1	0.000	0.000	0	-1

运行程序索引 -1 -1

工件指令坐标 X 364.716 Y -364.716 Z -364.716 F 0.000

工件坐标零点 X 0.000 Y 0.000 Z 0.000

毫米 分进给 100% 100% 100%

辅助机能 M03 T00 S 1000

刀具表编辑

刀库表 F1 刀补表 F2 显示切换 F9 返回 F10

图 5-19 刀具表参数的输入

值相应缩小或放大。

在粗加工中尽量选用大的刀具（ϕ16）和进给速度。例如：在铣削外轮廓时，选用 ϕ16 的刀具，在四个拐角点处仍然有剩余部分未切除（也能使用直径大于16 mm的刀具）。若选用 ϕ16 的刀具则需要在半径补偿中扩大半径值，铣掉多余部分。铣削内轮廓与四个圆柱之间的部分时，选用 ϕ6 的刀具，因为它们之间的空隙为7 mm。

在开始切削工件的前一程序段中，根据左刀补或右刀补的原则，相应以 G00 或 G01 方式来移动一段 X 或 Y 的距离来建立刀补。但是要注意加刀补后的路径不能发生干涉。例如，从程序中可以看到，刀具从中心点移动到“X－50　Y－80”建立刀补，在执行 Y－25 程序段中开始执行刀补。切削完毕后，程序段“N019 G00 G40 Y100”将刀具移动到安全位置，并取消刀具半径补偿。

在 Z 轴移动到安全距离以后开始切削工件以前，须建立长度补偿。例如，在铣削外轮廓时，从程序中可以看到，刀具移动到切削工件表面以上 10 mm 的后一程序段中建立了刀补，即“G43 G01 Z0 F100 H01”程序段。执行过程中加上刀补。切削完毕后，在抬刀过程中即可取消长度补偿，取消长度补偿的程序段为“G00 G49 Z100”。

5.1.10 凸台、内型腔、薄壁的加工注意事项

在加工凸台时，要使加工面与平口钳台面之间有一定的距离，并以第五铣削面

为基准，保持水平。在编制凸台加工程序时，要避免在节点处进刀。要考虑到可能会影响加工表面质量的问题。例如在加工外轮廓时，要沿着 $\phi40$ 圆弧切线方向进刀；铣圆柱也要切线进切线出。

在加工内型腔时，根据其轮廓尺寸，尽可能多地铣去多余部分。在本例中，先在四个圆柱中间铣“70×80”、“80×28”的交叉矩形。在编制铣内型腔的程序时，内型腔上半部分中多余部分较少，并且中间又无凸台，可以利用半径补偿的放大功能来铣削多余部分(即把半径补偿值定的比实际刀具半径要大得多)。但要考虑补偿值的极限值，以防止干涉。比如：在本例中有一圆弧半径为 17 mm。所以，它最大边只能放大到 17 mm；否则，会出现刀具干涉的现象。在加工薄壁时，要选择合理的进给速度及主轴转速，要防止薄壁变形。在铣圆柱时采用镜像编程，以简化程序。

5.1.11 检查与检验

工序加工完毕，检验零件尺寸是否合格，检验图样要求的精度是否合格。在测量时，不要卸下工件；否则，一旦尺寸不准确就难以修正。在零件尺寸精度、几何精度、粗糙度等要求达到后，可卸下工件。图 5-20 所示为加工好的工件。

图 5-20　铣削加工好的工件

5.2　典型零件的车削编程与加工(1)

5.2.1 零件图样

待车削零件的图样如图 5-21 所示。

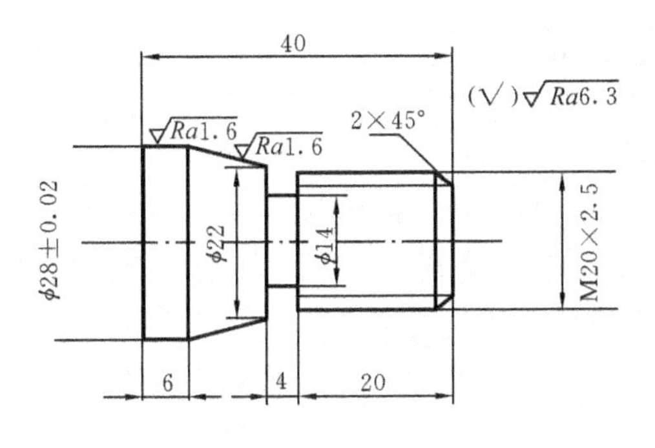

图 5-21 车削零件图样

5.2.2 准备工作

1. 机床的准备

采用配置 HNC-21T 数控装置的 CJK6032-4 车床对工件进行加工。在切削加工前,要求检查机床的各个部分是否可以正常工作,切削液的开启及机床的防护是否正常,并且对机床需润滑部分加油等。

2. 加工工艺的准备

在对数控车床检查完毕后,接下来对图样进行分析,确定加工工艺。其加工工艺为

车端面→车外圆→切槽→车螺纹→切断

3. 量具、刀具的准备

所用的量具有螺旋测微仪、游标卡尺、螺纹对刀板、螺纹环规等。

根据零件的要求及机床的实际加工能力来确定刀具的数量和类型。加工如图所示零件至少需要四种刀具,即 90°外圆车刀、4 mm 切槽刀、2 mm 切断刀、60°螺纹车刀,如图 5-22 所示。

图 5-22 切断刀、外圆车刀、螺纹刀、切槽刀(从左到右)

5.2.3 刀具的安装

将 90°外圆车刀作为 1# 刀(基准刀),4 mm 切槽刀作为 2# 刀,60°螺纹车刀作

为 3＃刀，2 mm 切断刀作为 4＃刀。

刀具的安装要注意如下两个方面的问题。

1. 刀具的中心高

刀具的中心高要求刀具的切削部位与棒料的中轴线等高，其上下偏差的范围不能超过该工件直径的 1%。在通常情况下如果切槽刀的刃口较锋利，则其刀具的安装位置应比该工件的轴线稍高一点。

2. 刀具安装的位置

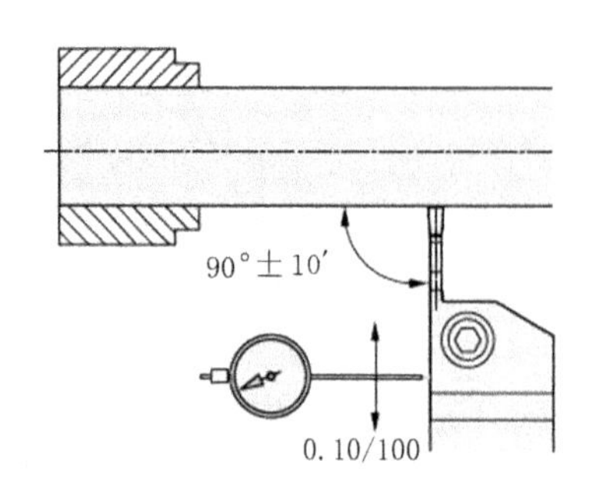

图 5-23　刀具安装位置

刀具安装要确保刀具的工作角度，也就是常说的刀具要装正。但是，对于特殊的曲面或有特殊要求的加工部位，也可以适当地调整刀具的工作角度。其遵循的原则是：在保证刀具寿命的前提下，取较大的前角，大的主偏角。在这个例题中，外圆车刀的主偏角可以偏大一点，但是要确保其后刀面不对已加工的表面造成挤压。切槽刀和螺纹刀一定要装正（即与毛坯轴线垂直）。刀具安装位置如图 5-23 所示。

总之，刀具的选择主要取决于工件的结构、工件的材料、工序的加工方法及加工精度。

5.2.4　工件的装夹

根据这个例题所给的零件及工艺的要求对工件进行装夹。该工件毛坯长 70 mm，要求装夹部位≥20 mm，留下 10 mm 的间隙作为刀具与卡盘之间的安全距离，故需伸出 50 mm，用钢尺测量。装夹工件遵循的原则是：在毛坯棒料装夹的过程中，尽量减小工件的跳动，要保证工件被夹紧并且被夹部分受力均匀。

5.2.5　试切

1. 端面的试切

毛坯装夹后，由于粗坯的表面不平，不能进行对刀，故要对其进行简单的切削使表面平整。但是切削的量要小，约为 0.5～1 mm。并且要根据毛坯直径，在试切后不能影响到加工尺寸。以下为切削的操作步骤。

首先，启动机床的主轴正转，在“手动”的加工方式下将刀具快速靠近工件，将倍率调小接近工件，然后调整好要切削的量，在“手动”的加工方式下按住“－X”键对工件的端面进行切削，直到将工件的端面切平为止。切平端面后记下此时的 Z_1 值（机床坐标）并按住“＋X”键退刀。

2. 外圆的试切

由于粗坯的外圆表面同样比较毛糙，故同样要做简单的切削。在切削时也要注意其切削量的选择不易过大，以免对刀具造成损伤和该工件的加工尺寸受到影响。用“手动”的加工方式试切外圆，一般试切 0.5～1 mm，在不影响加工尺寸的前提下车约 20 mm。最后，在“手动”的加工方式下，按住“＋Z”键和“快进”键退出刀具。然后测量工件直径 d_1 和“X_1”的值(机床坐标)。

试切的目的是将毛坯的毛糙表面修整，以方便后续的对刀工作和建立工件坐标系。

提示：外圆的试切用来确定 X 值，而端面的试切是用来确定 Z 值。

5.2.6 坐标系的确定(G54、G92)

1. G92 建立工件坐标系

如果需要将工件右端面中心确定为 G92 坐标原点，则只要将对刀点经“手动”移到该点即可。若移动对刀点到机床坐标值(X_2,Z_2)点，只要将 $X=X_1-X_2=a$，$Z=Z_1-Z_2=b$(X_1、Z_1 为试切所得的值)的值写到程序 G92 Xa Zb 中，即将工件右端面中心确定为 G92 坐标原点。

2. 设定 G54 工件坐标系

如果需要将工件右端面中心确定为 G54 坐标原点，则根据试切时 X_1 的坐标值，将 X_1-d_1 的数值定为 X_0。根据 Z_1 的坐标值，令 $Z_1=Z_0$，将 Z_0 和 X_0 的值输入零点偏置表 G54 的 X、Z 中即可。

G54 的值一旦设定，就自动保存在数控系统中，直到人为的修改或删除。G92 则只是暂时寄存，一旦机床断电，其值就自动被清除。同时，G92 是通过起刀的位置来确定其工件的坐标原点的。

在 HNC-21T 数控系统里只要在刀偏表中把端面试切深度定为“0”，把试切直径定为 d_1，X 的值定为 X_1，Z 的值定为 Z_1，就可将工件右端面中心确定为工件坐标原点。

5.2.7 对刀

确定好工件坐标原点(即程序原点)后，就为加工编程做好了准备。对于需要多刀切削加工的工艺，必须将每把刀具相对该工件的对刀值(即工件坐标原点的位置)找到，从而在程序中确保该刀具的正确加工。

1. 刀偏表

按 4.6 节介绍的方法(依次按下“F4”(刀具补偿)→“F1”(刀偏表))，进入刀偏表，将上述两个对刀值设置在数控系统的刀偏表中。

提示：不同的刀具所得的刀偏值要与刀具号对应。

2. 1♯刀的对刀

在1♯刀试切后，把此时的 X 值记录在X偏置中，把试切的外圆直径 d 填入刀偏表的“试切直径”中。端面试切后在刀偏表中记下试切长度为零，把此时的 Z 值记录在Z偏置中，这时就将工件坐标原点定在工件右端中心。

3. 2♯刀的对刀

选择合适的位置换2♯刀(4 mm切槽刀)对刀。

先进行回参考点操作，其操作方法请参考4.4节。然后在“手动”方式下将刀具靠近工件的圆柱面：在“增量”方式下选择合适倍率，将刀具靠近工件圆柱面，直到刀具接触工件为止(或者切一个槽)，如图5-24所示。记下此时在机床坐标系下的 X 向实际坐标值，然后在刀偏表中记下试切直径 d。

图5-24　圆柱面对刀

按相同的方法将刀具靠近工件的端面，直到接触工件为止(或者切少量一点 Z 向深度的端面)，如图5-25所示。记下此时在机床坐标系下的 Z 向实际坐标值，然后在刀偏表中记下试切长度为“0”。此时2♯切槽刀的对刀点是切槽刀的左端点。

图5-25　端面对刀

刀补值是根据刀尖圆弧半径的值来确定的，而其长度的补偿是由其偏置来设定的，即刀偏值。刀偏值还可以确定装夹时刀具左右偏移的大小。

刀具的偏置值由其对刀所得到的值来确定。对刀所得出的 X 向和 Z 向实际坐标值就是该刀具在 X 向的偏置和 Z 向的偏置。而通常会用多刀去加工一个完整的零件，也就是说要同时去找若干把刀具的偏置值。于是，就可以设置其中一把刀具为“标准刀具”，其他刀具以该“标准刀具”为基准得出相对的偏置值。

刀偏值设定的步骤如下。

① 依次按下“F4”(刀具补偿)键→“F1”(刀偏表)键。

② 将光标移至＃0001 栏 90°外圆刀被指定为标刀上，按下“标刀选择”，该处变成红色。

③ 将该刀具对刀所得的值 X、Z 实际坐标值分别填入其“X 偏置”“Z 偏置”中，如图 5-26 所示。

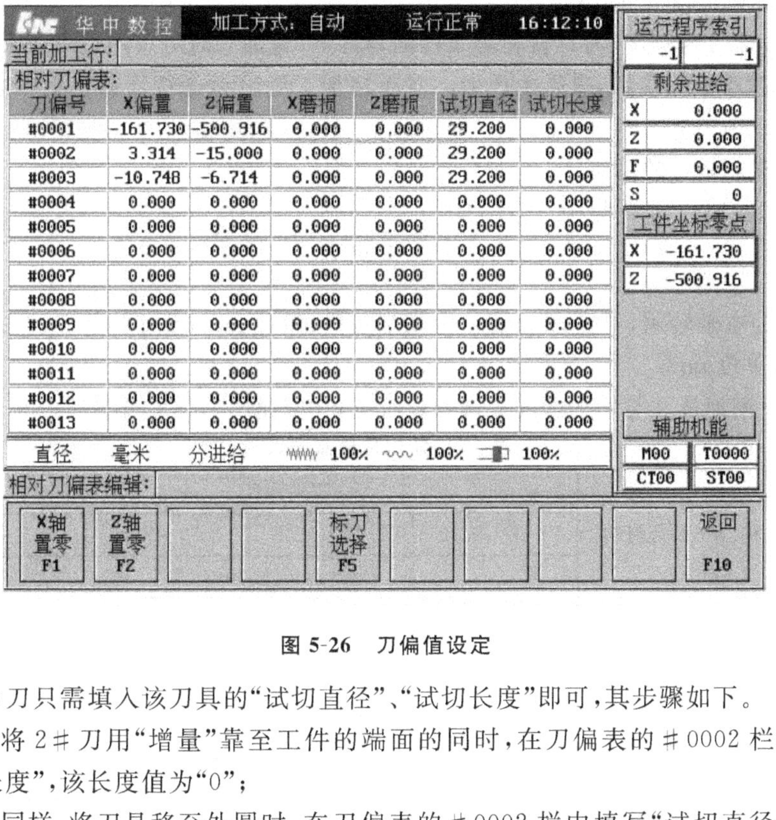

华中数控 加工方式：自动 运行正常 16:12:10

当前加工行：

相对刀偏表：

刀偏号	X偏置	Z偏置	X磨损	Z磨损	试切直径	试切长度
#0001	-161.730	-500.916	0.000	0.000	29.200	0.000
#0002	3.314	-15.000	0.000	0.000	29.200	0.000
#0003	-10.748	-6.714	0.000	0.000	29.200	0.000
#0004	0.000	0.000	0.000	0.000	0.000	0.000
#0005	0.000	0.000	0.000	0.000	0.000	0.000
#0006	0.000	0.000	0.000	0.000	0.000	0.000
#0007	0.000	0.000	0.000	0.000	0.000	0.000
#0008	0.000	0.000	0.000	0.000	0.000	0.000
#0009	0.000	0.000	0.000	0.000	0.000	0.000
#0010	0.000	0.000	0.000	0.000	0.000	0.000
#0011	0.000	0.000	0.000	0.000	0.000	0.000
#0012	0.000	0.000	0.000	0.000	0.000	0.000
#0013	0.000	0.000	0.000	0.000	0.000	0.000

直径 毫米 分进给 100% 100% 100%

相对刀偏表编辑：

运行程序索引 -1 -1

剩余进给 X 0.000 Z 0.000 F 0.000 S 0

工件坐标零点 X -161.730 Z -500.916

辅助机能 M00 T0000 CT00 ST00

X轴置零 F1 | Z轴置零 F2 | 标刀选择 F5 | 返回 F10

图 5-26　刀偏值设定

2＃刀只需填入该刀具的“试切直径”、“试切长度”即可，其步骤如下。

① 将 2＃刀用“增量”靠至工件的端面的同时，在刀偏表的＃0002 栏中填写“试切长度”，该长度值为“0”；

② 同样，将刀具移至外圆时，在刀偏表的＃0002 栏中填写“试切直径”，该值为外圆值。

刀具的刀尖圆弧半径值可以直接填入刀偏表中“半径”栏下。其步骤为依次按下“F4”(刀具补偿)键→“F2”(刀补表)键,输入半径值在“半径”栏。在通常情况下,刀尖圆弧半径补偿与否只对工件的斜面和圆弧面产生影响(即过切造成其斜曲面或圆弧面变小)。刀尖圆弧半径补偿只能在G00、G01的指令指令下建立或者取消。

4. 其他刀的对刀

3#刀60°螺纹车刀的对刀。首先试切外圆,然后填刀偏表中的“试切直径”;Z方向用刀尖对准试切端面,再在刀偏表中填写“试切长度”,该长度值为“0”。

提示:螺纹车刀一定要装正,即刀尖的60°角平分线与主轴轴线垂直。

4#切槽刀对刀方法与2#刀相同。

5.2.8 切削参数

数控车床加工中的切削参数包括切削深度、主轴转速和进给速度。

1. 切削深度 a_p 的确定

在车床自身刚度、刀具材料等条件的容许下,粗加工时尽可能选取较大的切削深度,以减少走刀次数,提高生产力。对于精加工则应考虑适当留出精车余量,通常取0.1～0.5 mm。

2. 主轴转速的确定

主轴转速计算公式为

$$n = \frac{1\ 000 v_c}{\pi d}$$

式中:n 为主轴转速,单位 r/min;v_c 为切削速度,单位 m/min;d 为零件待加工表面的直径,单位 mm。

而切削速度又与切削深度和进给量有关,切削速度的确定可参考表5-7。

表5-7 切削用量参考表

零件材料	刀具材料	切削深度 a_p/mm			
		0.38～0.13	2.40～0.38	4.70～2.40	9.5～4.70
		v (m/min)			
低碳钢	硬质合金	215～365	165～215	120～165	90～120
中碳钢	硬质合金	130～165	100～130	75～100	55～75
灰铸铁	硬质合金	135～185	105～135	75～105	60～75
黄铜、青铜	硬质合金	215～245	185～215	150～185	120～150
铝合金	硬质合金	215～300	135～215	90～135	60～90

根据切削速度确定主轴转速。

3. 进给速度的确定

进给速度主要是指在单位时间里,刀具沿进给方向移动的距离,单位为

mm/min。在数控机床程序中可以选用每转进给速度(mm/r)来表示进给速度。

① 每转进给速度是指工件每转一周,车刀沿进给方向移动的距离(mm/r),它与切削深度有着较密切的关系。粗车时一般取为 0.3～0.8 mm/r,精车时常取 0.1～0.3 mm/r,切断时宜取 0.05～0.2 mm/r。

② 确定进给速度的原则如下。

- 当工件的质量要求能够得到保证时,为提高生产效率,可选择较高的进给速度。
- 切断、车削深孔或用高速钢刀具车削时,宜选择较低的进给速度。
- 刀具空行程,特别是远距离"回零"时,可以设定尽量高的进给速度。
- 进给速度应与主轴转速和切削深度相适应。

③ 进给速度的确定。

每分钟进给速度的计算式为

$$F = nf \ (\mathrm{mm/min})$$

式中:n 为主轴转速,单位 r/min;f 为每转进给速度,单位 mm/r。

根据材料及所给的刀具来确定该工件的切削参数。如材料为铝件,选高速钢的刀具,那么,该工件粗车时的切削参数如下:主轴转速为 800 r/min,切削进给速度为 100 mm/min,每次切削深度为 1～2 mm。在精车时的切削参数如下:主轴转速为 1 200 r/min,切削进给速度为 60 m/min,切削的吃刀量为 0.2～0.5 mm。各机床的条件及加工过程中遇到的实际情况不同,可适当调节其切削的参数。但是在大批量产品加工的过程中,加工工件的参数及一些数据一旦确定下来,就必须严格按所确定的数据加工,不可擅自改动。

5.2.9 加工程序

```
%1000                                ;程序号
G28 U0 W0                            ;回零
T0101                                ;换1#刀工作,刀补01号
M03 S1000                            ;主轴正转
G90 G98 G00 X28 Z2                   ;绝对值编程,每分钟进给,快速定位
G01 Z0 F100                          ;刀具靠至端面
G71 U0.5 R1 P007 Q012 X0.5 F100      ;外圆切削复合循环
N007 G01 X16 F50                     ;直线插补至φ16 mm处
    G01 X20 Z-2                      ;车削2×45°倒角
    X-24                             ;切削至24 mm
    X22                              ;切削至φ22 mm
    X28 Z-34                         ;切斜线
```

```
N012 G01 Z-40                       ;切削至 40 mm
G00 X30 Z0                          ;快速退刀至外圆 φ30 mm 端面处
G01 X19.98 F100                     ;切削至螺纹大径
Z-24 F50
G00 X30
Z150                                ;快速定位到安全距离处换刀
T0202                               ;换 2#切槽刀,刀补 02 号
M03 S300                            ;换主轴转速至 300 r/min
G00 Z-24                            ;快速定位至 φ24 mm×24 mm 处
G01 Z14 F20                         ;切槽
G04 P2                              ;暂停 2 s
G01 X22 F100                        ;退刀
G00 X30
Z150                                ;快速定位至安全距离处
T0303                               ;换 03#螺纹刀切削,刀补 03 号
M03 S600                            ;换主轴转速至 600 r/min
G00 X19.19 Z5                       ;快速定位至起刀加点处
G76 C5 A60 X17.16 Z-21 K1.01 I0 U0.1 V0.1 Q0.3 F2.5
                                    ;螺纹切削复合循环
G00 X30
Z150                                ;快速退刀
T0404
G00 X29
    Z-40
M03 S400
G01 X0 F20                          ;切断
    X29 F100
G00 X30
    Z150
M05                                 ;主轴停转
G28 U0 W0                           ;回零
M30                                 ;程序停止并回到程序起始位
```

5.2.10 程序的输入与校验

数控车床程序的输入与校验方法与数控铣床完全相同。

5.2.11 加工和加工中的注意事项与手动调整

校验程序结束后进入加工方式，按“循环启动”按钮进行加工。冷却液可通过手动方式打开。

加工中注意事项：工件在加工过程中，必须做好各项防护措施，如关闭防护罩；在加工时，工夹装置若有松脱或工件有振动都必须立即终止其运行，并对其重新调整；如遇刀具磨损或者崩裂，则必须立即停止运行并换刀；必要时，要检查一下其他工装设备。

手动调整：加工中可以调整“主轴转速”和“进给速度”。“主轴修调”的倍率在0%～150%之间调整；“进给修调”的倍率在0%～150%之间调整。通过调整可提高工件的表面质量和加工效率。

在卸下工件之前，必须对照工件图样的要求，对各项尺寸的要求及公差要求进行检测，一定要在符合要求的前提下，才能卸下工件；否则，一旦工件卸下后再进行二次装夹时，就很难保证其形位公差的要求。

5.3 典型零件的车削编程与加工(2)

5.3.1 零件图样

待车削零件的图样如图5-27所示。

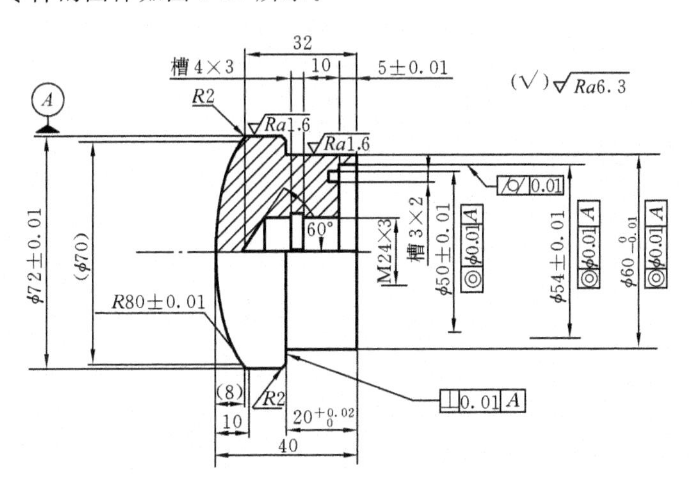

图5-27 待车削零件的图样

5.3.2 对所给的图样进行工艺分析

首先根据零件外形和切削材料的特性，选择刀具的形式、尺寸和材料。然后根据工件的类型、具体加工内容以及给定的加工条件进行综合分析，在清楚加工内容后，结合机床类型和夹具类型，制订工艺路线，确定每一工序。

加工现场提供的机床为 CJK6032 数控车床。由于是经济型数控车床，一次只能安装 4 把刀具，因此需要多次换刀。

通过对图样及其技术要求的分析，确定工艺基准为零件的轴心线，制订两次装夹调头加工的方案，保证加工质量。加工工艺卡如表 5-8 所示。

表 5-8　加工工艺卡

产品名称		零件名称				零件图号	
		车削零件 2					
设备型号		设备编号		夹具名称		备注	
CJK6032				三爪卡盘			
工序号	工序内容	刀具号	刀具规格/mm	主轴转速/(r/mm)	进给速度/(mm/min)	备注	程序号
1	车端面	T1	端面车刀	1 200	100	工件装夹后伸长 45 mm	%0010
2	钻孔		ϕ18 麻花钻	400		深度 32	
3	车内孔	T4	内孔车刀	800	100	内孔 ϕ20.76 深度 28 mm	%0020
						内孔 ϕ54 深度 5 mm	
4	车内孔槽、内螺纹	将 4 号刀位的内孔车刀换为 5 号内孔槽车刀并对刀					
		T5	内孔槽车刀	400	10	宽度 4 mm	%0030
		T3	内螺纹车刀	600		M24 螺距 3 mm	%0030
5	车端面槽	T2	端面槽车刀	400	15	槽宽 3 mm 深度 2 mm	%0040
6	车外圆	T1	外圆车刀	1 000	100	外圆 ϕ60 长度 20	%0050
						车 $R2$	
						外圆 ϕ72	
7	切断	T6	切断车刀	将 4 号刀位的内孔槽车刀换为 6 号切断车刀，并对刀			
				400	30	42 mm 长	%0051
8	调头装夹					找中心	
9	车圆弧面	T1	外圆车刀	1 000	50		%0060
编制		审核	批准		年 月 日	共　页	第　页

5.3.3 对毛坯进行装夹、试切、对刀

1. 装夹

在装夹毛坯时，应尽量减少工件的跳动。装夹要留出刀具的退刀空间，保证毛坯被装夹紧，并且被夹部分受力均匀。

2. 试切

装夹后要对工件进行试切。但是要注意，外圆上的试切不宜过长、过多，只需将外圆表面一周均匀切削去除即可，主要是不要影响到后续的加工尺寸。

3. 对刀

① 外圆车刀对刀与前例（见 5.2 节）所述相同。

② 内孔车刀对刀要保证中心高（可根据具体情况略高于中心），可以用尾架顶针为参照基准。首先对钻的内孔进行试切，量出内径，输入刀偏表确定 X，试切端面输入刀偏表确定 Z。

③ 在内孔螺纹刀对刀时，一定要保证中心高，然后将刀尖靠近已试切的内孔与端面交界处，即可得到它的 Z 向对刀值（没有必要非常准确）。X 向对刀值可以直接在内孔中试切得到。注意：螺纹车刀一定要装正，即刀尖的 60°角平分线与主轴轴线垂直。

④ 切槽刀对刀，如图 5-28 所示。安装刀具时要保证中心高，然后试切端面边缘一槽，确定 X、Z 偏置后，量直径值填入刀偏表的“试切直径”中，量深度输入到刀偏表中的“试切长度”中。

图 5-28　切槽刀对刀

刀偏表设置如图 5-29 所示。

华中数控　加工方式：自动　运行正常　16:17:04

当前加工行：

相对刀偏表：

刀偏号	X偏置	Z偏置	X磨损	Z磨损	试切直径	试切长度
#0001	-160.596	-409.727	0.000	0.000	77.540	0.000
#0002	-94.930	43.970	0.000	0.000	74.500	-2.280
#0003	0.000	0.000	0.000	0.000	0.000	0.000
#0004	0.000	0.000	0.000	0.000	0.000	0.000
#0005	0.000	0.000	0.000	0.000	0.000	0.000
#0006	0.000	0.000	0.000	0.000	0.000	0.000
#0007	0.000	0.000	0.000	0.000	0.000	0.000
#0008	0.000	0.000	0.000	0.000	0.000	0.000
#0009	0.000	0.000	0.000	0.000	0.000	0.000
#0010	0.000	0.000	0.000	0.000	0.000	0.000
#0011	0.000	0.000	0.000	0.000	0.000	0.000
#0012	0.000	0.000	0.000	0.000	0.000	0.000
#0013	0.000	0.000	0.000	0.000	0.000	0.000

直径　毫米　分进给　100%　100%　100%

相对刀偏表编辑：

X轴置零 F1　Z轴置零 F2　标刀选择 F5　返回 F10

运行程序索引：-1　-1

相对实际坐标：X 160.596　Z 0.000　F 0.000　S 0

工件坐标零点：X -160.596　Z -489.727

辅助机能：M00　T0000　CT00　ST00

图 5-29　刀偏表设置

5.3.4 钻孔及内孔切削时注意的事项

由于CJK6032-4型车床为四工位下刀位加工，故钻头必须装夹在尾架上。机床操作者操作钻孔加工的过程如下（如果是车削中心则可以一次性装刀和对刀）。

- 钻头装在钻套里，安装在尾座上夹紧，以免钻削时有松脱现象。
- 在钻孔时，必须将钻头的中心与被钻削工件的中心对正、对齐，方可钻削，如图5-30所示。工件不能有任何的跳动或摆动现象；否则，钻头极易折断、崩碎。

图5-30 钻头中心与被钻削工件的中心对正、对齐

- 在钻孔时，每次进刀的深度要控制在一定的范围内，以防止切屑不容易排出，从而将钻头卡住，这种情况严重时可以折断钻头。因此，钻一段要退出，然后再钻。如果钻孔的直径较大，则可先钻一个直径较小的孔，然后再钻大孔。

内孔切削时要注意以下几个方面。

- 刀具在内孔中加工，其进刀方向、退刀方向与外圆切削方向恰好相反，要注意其编程的路径轨迹。
- 在内孔钻削时，要注意排屑方面的要求。必要时，要终止其切削过程，退刀、排屑，然后再进行切削。
- 在内孔车削时，为保证排屑方面的要求，一般由内向外切削。

5.3.5 二次装夹后的切削

对二次装夹切削的零件，为保证同轴的要求，必须对其进行打表校调，直至消除其间隙为止，方可进行下一步的程序加工；否则，不能保证零件的形位公差的要求。二次装夹后必须对后续加工中所使用的刀具重新对刀，重新确定其工件坐标的值。

5.3.6 编写切削加工程序

1. 车端面

程序略。

2. 车内孔程序

```
%0020
G28 U0 W0
T0404
G90 G00 X17.5 Z5
M03 S800
G01 Z0 F100
M98 P2000 L5
G01 Z0.5 F100      ;实际加工应为0,但要留出余量做精加工,故为0.5
X21
M98 P3000 L9
M03 S1000          ;精加工
G01 Z5 F50
X20
Z-5
X54
Z2
G00 X20
Z150
M05
M30
%2000
G01 W-27 F100
U1.5
W27
U-1
M99
%3000
G01 W-1 F100
X54
W0.5
```

```
G00 X21
M99
```

3. 车内孔槽及内孔螺纹程序

```
%0030
G28 U0 W0
T0405
G90 G00 X20 Z5
M03 S400
G01 X19 F100
Z－19
G01 X24 F10
G04 P2
G01 X20 F100
Z0
G00 Z150
M05
T0303
M03 S600
G90 G00 X21 Z0
G76 C5 R－1 E－3 A60 X24.890 Z－15 K1.948 U0.1 V0.1 Q0.3 F3
G00 X21
Z5
Z150
M05
M30
```

4. 车端面槽程序

```
%0040
G28 U0 W0
T0202
G90 G00 X44 Z5
M03 S400
G01 Z－3 F100
G01 Z－7 F15
G04 P2
G01 Z0 F100
```

```
G00 X30
Z150
M05
M30
```

5. 车台阶外圆程序

```
%0050
G28 U0 W0
G90 G00 Z150
        X20
T0101
G00 X75
Z5
M03 S800
G01 Z0 F100
G71 U0.5 R1 P100 Q200 X0.5 F100
M03 S1000
N100 G01 X60 F50
     Z-20
     X68
G03 X72 Z-22 R2
G01 X72
    Z-25
G01 X75
    Z20
M05
M30
```

6. 车端面大圆弧程序

```
%0060
G28 U0 W0
T0101
G90 G00 X75 Z5
M03 S800
G01 Z0 F100
G72 W0.5 R1 P100 Q200 X0.5 F100
N100 G01 Z-1.18 F50      ;第二次装夹时切除多余的量为 1.18 mm
```

```
X0
N200 Z0
G00 Z150
X75
Z5
G01 Z－1.18 F100
G71 U0.5 R1 P300 Q400 X0.5 F100
M03 S1000
N300 G01 X0 F50
G03 X72 Z－11.18 R80 F50 ;原尺寸为 10 mm,因是一次对刀,故其被切去的
                          1.18 mm的加工量要计算在内,下面的－18.18
                          mm 也是如此
G01 X72 F50
N400 Z－18.18
G00 X75
    Z150
M05
G28 U0 W0
M30
```

习　　题

1. 零件如图 5-31 所示,编制其铣削加工程序并完成铣削加工。
2. 零件如图 5-32 所示,编制其铣削加工程序并完成铣削加工。
3. 零件如图 5-33 所示,编制其铣削加工程序并完成铣削加工。
4. 零件如图 5-34 所示,编制其车削加工程序并完成车削加工。
5. 零件如图 5-35 所示,编制其车削加工程序并完成车削加工。

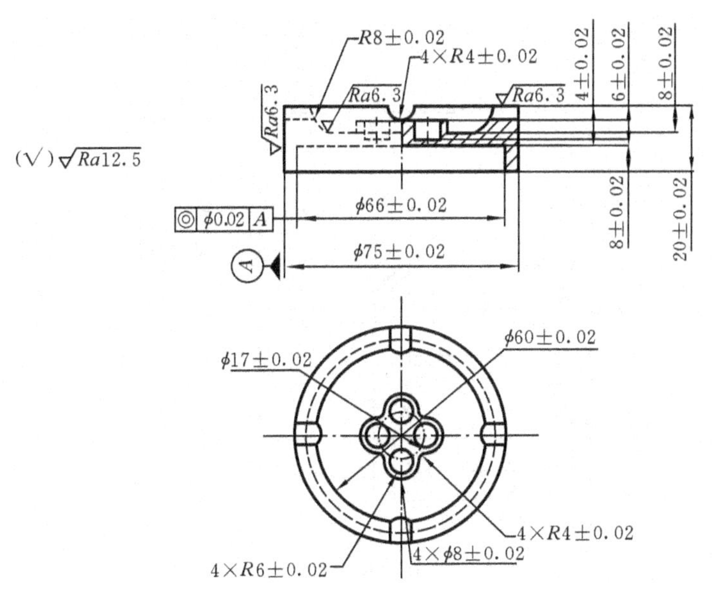
R8±0.02
4×R4±0.02
Ra6.3
Ra6.3
Ra6.3
(√) Ra12.5
4±0.02
6±0.02
8±0.02
8±0.02
20±0.02
◎ ϕ0.02 A
ϕ66±0.02
ϕ75±0.02
A
ϕ60±0.02
ϕ17±0.02
4×R4±0.02
4×ϕ8±0.02
4×R6±0.02

图 5-31

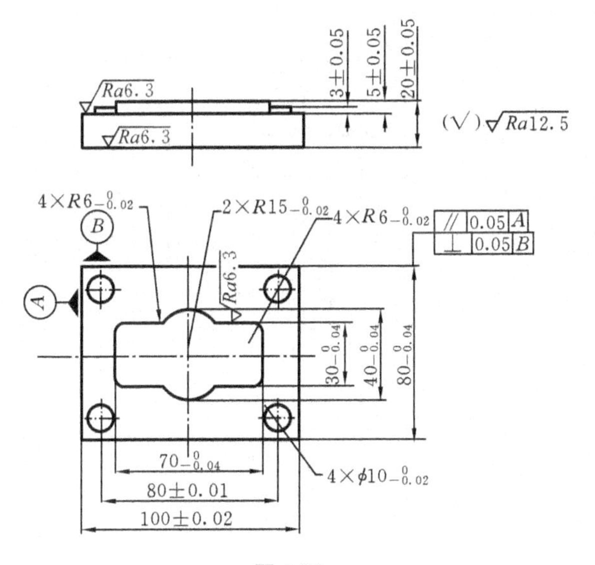
Ra6.3
Ra6.3
3±0.05
5±0.05
20±0.05
(√) Ra12.5
4×R6 -0.02 0
2×R15 -0.02 0
4×R6 -0.02 0
// 0.05 A
⊥ 0.05 B
B
A
Ra6.3
30 -0.04 0
40 -0.04 0
80 -0.04 0
70 -0.04 0
80±0.01
100±0.02
4×ϕ10 -0.02 0

图 5-32

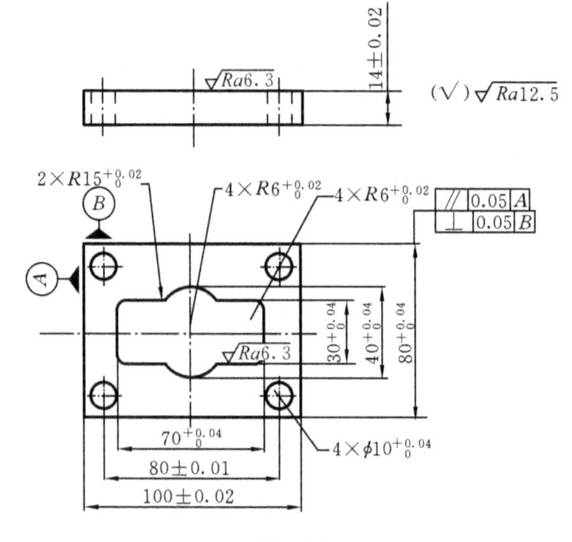

Ra6.3
14±0.02
(√) Ra12.5
2×R15+0.02 0
4×R6+0.02 0
4×R6+0.02 0
B
A
// 0.05 A
⊥ 0.05 B
30+0.04 0
40+0.04 0
80+0.04 0
Ra6.3
70+0.04 0
4×φ10+0.04 0
80±0.01
100±0.02

图 5-33

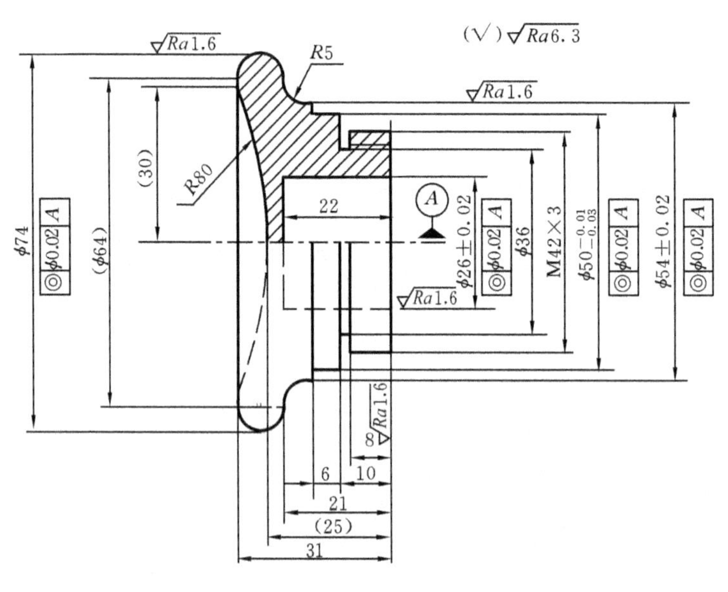

Ra1.6
(√) Ra6.3
R5
Ra1.6
(30)
R80
22
A
φ74
(φ64)
◎ φ0.02 A
φ26±0.02
φ36
M42×3
φ50−0.01 −0.03
φ54±0.02
Ra1.6
Ra1.6
8
6
10
21
(25)
31

图 5-34

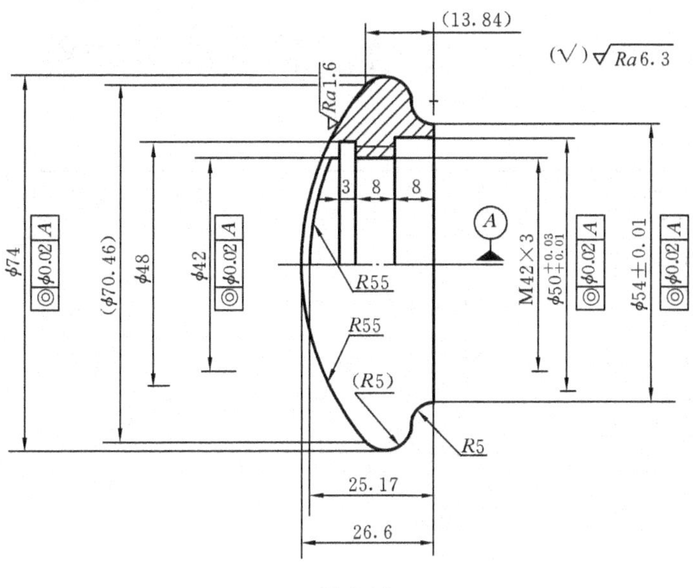

(13.84)
(√) Ra6.3
Ra1.6
3
8
8
A
ϕ74
ϕ0.02 A
(ϕ70.46)
ϕ48
ϕ42
ϕ0.02 A
R55
R55
(R5)
R5
M42×3
ϕ50+0.03 +0.01
ϕ0.02 A
ϕ54±0.01
ϕ0.02 A
25.17
26.6

图 5-35

附录 A　HNC-21M 数控装置准备功能一览表

G 指令	组	功　　能	参数(后续地址字)	索引
G00		快速定位	X,Y,Z,4TH[注 1]	P
▶ G01	01	直线插补	同上	
G02		顺圆插补	X,Y,Z,I,J,K,R	
G03		逆圆插补	同上	
G04	00	暂停	P	—
G07	16	虚轴指定	X,Y,Z,4TH	—
G09	00	准停校验	—	—
▶ G17		*XY* 平面选择	X,Y	
G18	02	*ZX* 平面选择	X,Z	—
G19		*YZ* 平面选择	Y,Z	
G20		英寸输入		
▶ G21	08	毫米输入	—	—
G22		脉冲当量输入		
G24	03	镜像开	X,Y,Z,4TH	—
▶ G25		镜像关		
G28	00	返回到参考点	X,Y,Z,4TH	—
G29		由参考点返回	同上	
G34	00	攻丝	K,F,P	—
G38		极坐标编程	X,Y,Z	—
▶ G40		刀具半径补偿取消		
G41	09	左刀补	D	—
G42		右刀补	D	
G43		刀具长度正向补偿	H	—
G44	10	刀具长度负向补偿	H	—
▶ G49		刀具长度补偿取消	—	—
G50	04	缩放关		—
G51		缩放开	X,Y,Z,P	
G52	00	局部坐标系设定	X,Y,Z,4TH	—
G53		直接机床坐标系编程		
G54		工件坐标系 1 选择		
▶ G55		工件坐标系 2 选择	—	—
G56	11	工件坐标系 3 选择		
G57		工件坐标系 4 选择		

续表

	G指令	组	功能	参数(后续地址字)	索引
	G58		工件坐标系5选择	—	—
	G59		工件坐标系6选择		
	G60	00	单方向定位	X,Y,Z,4TH	—
▶	G61	12	精确停止校验方式	—	—
	G64		连续方式		
	G65	00	子程序调用	P,A～Z	—
	G68	05	旋转变换	X,Y,Z,P	—
▶	G69		旋转取消		
	G73	06	深孔钻削循环	X,Y,Z,P,Q,R,I,J,K	—
	G74		逆攻丝循环	同上	
	G76		精镗循环	同上	
▶	G80		固定循环取消	同上	
	G81		定心钻循环	同上	
	G82		钻孔循环	同上	
	G83		深孔钻循环	同上	
	G84		攻丝循环	同上	
	G85		镗孔循环	同上	
	G86		镗孔循环	同上	
	G87		反镗循环	同上	
	G88		镗孔循环	同上	
	G89		镗孔循环	同上	
▶	G90	13	绝对值编程	—	—
	G91		增量值编程		
	G92	00	工件坐标系设定	X,Y,Z,4TH	—
▶	G94	14	每分钟进给	—	—
	G95		每转进给		
▶	G98	15	固定循环返回起始点	—	—
	G99		固定循环返回到R点		

提示：

① 4TH指的是X、Y、Z之外的第4轴，可用A、B、C等命名；

② 00组中的G指令是非模态的，其他组的G指令是模态的；

③ 标记▶者为模态指令的缺省值。

附录 B　HNC-21T 数控装置准备功能一览表

G 指令	组	功　　能	参数(后续地址字)
G00	01	快速定位	X，Z
▶ G01		直线插补	同上
G02		顺圆插补	X，Z，I，K，R
G03		逆圆插补	同上
G04	00	暂停	P
G20	08	英寸输入	—
▶ G21		毫米输入	
G28	00	返回到参考点	X，Z
G29		由参考点返回	同上
G32	01	螺纹切削	X，Z，R，E，P，F
G37		半径编程	—
▶ G36	17	直径编程	—
▶ G40	09	刀尖半径补偿取消	
G41		左刀补	D
G42		右刀补	D
G52	00	局部坐标系设定	X，Z
G54	—	—	—
▶ G55			
▶ G56	11	零点偏置	—
G57			
G58			
G59			
G65		宏指令简单调用	P，A～Z
G71	06	外径/内径车削复合循环	X，Z，U，W，C，P，Q，R，E
G72		端面车削复合循环	
G73		闭环车削复合循环	
G76		螺纹切削复合循环	
G80	01	内/外径车削固定循环	X，Z，I，K C，P，R，E
G81		端面车削固定循环	
G82		螺纹切削固定循环	
G90	13	绝对值编程	—
▶ G91		增量值编程	
G92	00	工件坐标系设定	X，Z

续表

G 指令	组	功　　能	参数(后续地址字)
▶ G94	14	每分钟进给	—
G95		每转进给	
▶ G96	16	恒切削线速度控制	—
G97	16	取消恒切削线速度控制	

提示：

① 00 组中的 G 指令是非模态的，其他组的 G 指令是模态的；

② 标记▶者为模态指令的缺省值。

附录C　FANUC 数控装置的准备功能 G 指令及其功能

G 指令	组别	用于数控车床的功能	用于数控铣床的功能	附注
▶G00	01	快速定位	相同	模态
G01		直线插补	相同	模态
G02		顺时针圆弧插补	相同	模态
G03		逆时针圆弧插补	相同	模态
G04	00	暂停	相同	非模态
▶G10		数据设置	相同	模态
G11		数据设置取消	相同	模态
G17	16	*XY* 平面选择	相同(缺省状态)	模态
G18		*ZX* 平面选择(缺省状态)	相同	模态
G19		*YZ* 平面选择	相同	模态
G20	06	英制(in)	相同	模态
G21		米制(mm)	相同	模态
▶G22	09	行程检查功能打开	相同	模态
G23		行程检查功能关闭	相同	模态
▶G25	08	主轴速度波动检查关闭	相同	模态
G26		主轴速度波动检查打开	相同	非模态
G27	00	参考点返回检查	相同	非模态
G28		参考点返回	相同	非模态
G30		第二参考点返回	×	非模态
G31		跳步功能	相同	非模态
G32	01	螺纹切削	×	模态
G36	00	*X* 向自动刀具补偿	×	非模态
G37		*Z* 向自动刀具补偿	×	非模态

续表

G指令	组别	用于数控车床的功能	用于数控铣床的功能	附注
▶G40	07	刀尖半径补偿取消	刀具半径补偿取消	模态
G41		刀尖半径左补偿	刀具半径左补偿	模态
G42		刀尖半径右补偿	刀具半径右补偿	模态
G43		×	刀具长度正补偿	模态
G44		×	刀具长度负补偿	模态
G54			刀具长度补偿取消	模态
G50	00	工件坐标原点设置,最大主轴速度设置		非模态
G52		局部坐标系设置	相同	非模态
G53		机床坐标系设置	相同	非模态
▶G54	14	第一工件坐标系设置	相同	模态
G55		第二工件坐标系设置	相同	模态
G56		第三工件坐标系设置	相同	模态
G57		第四工件坐标系设置	相同	模态
G58		第五工件坐标系设置	相同	模态
G59		第六工件坐标系设置	相同	模态
G65	00	宏程序调用	相同	非模态
G66	12	宏程序模态调用	相同	模态
▶G67		宏程序模态调用取消	相同	模态
G68	04	双刀架镜像打开	×	
▶G69		双刀架镜像关闭	×	
G70	00	精车循环	×	非模态
G71		外圆/内孔粗车循环	×	非模态
G72		端面粗车循环	×	非模态
G73		模型车削循环	高速深孔钻孔循环	非模态
G74		端面啄式钻孔循环	左旋攻螺纹循环	非模态
G75		外径/内径啄式钻孔循环	粗镗循环	非模态
G76		螺纹车削多次循环	×	非模态

续表

G指令	组别	用于数控车床的功能	用于数控铣床的功能	附注
▶G80	10	钻孔固定循环取消	相同	模态
G81		×	钻孔循环	
G82		×	钻孔循环	
G83		端面钻孔循环	×	模态
G84		端面攻螺纹循环	攻螺纹循环	模态
G85		×	镗孔循环	
G86		端面镗孔循环	镗孔循环	模态
G87		侧面钻孔循环	背镗循环	模态
G88		侧面攻螺纹循环	×	模态
G89		侧面镗孔循环	镗孔循环	模态
G90	01	外径/内径车削循环	绝对坐标编程	模态
G91		×	增量坐标编程	模态
G92		单次螺纹车削循环	工作坐标原点设置	模态
G94		端面车削循环	×	模态
G96	02	恒表面速度设置	×	模态
▶G97		恒表面速度设置取消	×	模态
G98	05	每分钟进给	×	模态
▶G99		每转进给	×	模态
G107		圆柱插补	×	
G112		极坐标插补	×	
▶G113		极坐标插补取消	×	
▶G250		多棱柱车削取消	×	
G251		多棱柱车削	×	

注意：

① 数控车床的G指令是FANUC-0T系列数控装置的A系列指令，可选的B、C系列的某些G指令的含义与A系列的有差别；

② 当机床电源打开，或按重置键时，标有“▶”符号的G指令被激活，即为缺省状态；

③ 不同组的 G 指令可以在同一程序段中出现，如果在同一程序段中指定同组的 G 指令，最后指定的 G 指令有效；

④ 由于电源打开或按重置，使系统被初始化时，已指定的 G20 或 G21 指令保持有效；

⑤ 由于电源打开使系统被初始化时，G22 指令被激活；由于重置使系统被初始化时，已指定的 G22 或 G23 指令保持有效；

⑥ 数控车床 A 系列的 G 指令用于钻孔固定循环时，刀具只返回钻孔初始平面；

⑦ 表中“×”符号表示该 G 指令不适用这种机床。

附录D FANUC数控装置的辅助功能M指令及其功能

M指令	用于数控车床的功能	用于数控铣床的功能	附注
M00	程序停止	相同	非模态
M01	程序选择停止	相同	非模态
M02	程序结束	相同	非模态
M03	主轴顺时针旋转	相同	模态
M04	主轴逆时针旋转	相同	模态
M05	主轴停止	相同	模态
M06	×	换刀	非模态
M08	切削液打开	相同	模态
M09	切削液关闭	相同	模态
M10	接料器前进	×	模态
M11	接料器返回	×	模态
M13	1号压缩空气吹管打开	×	模态
M14	2号压缩空气吹管打开	×	模态
M15	压缩空气吹管关闭	×	模态
M17	两轴变换	×	模态
M18	三轴变换	×	模态
M19	主轴定向	×	模态
M20	自动上料器工作	×	模态
M30	程序结束并返回	相同	非模态
M31	旁路互锁	相同	非模态
M38	右中心架夹紧	×	模态
M39	右中心架松开	×	模态
M50	棒料送料器夹紧并送进	×	模态

续表

M 指令	用于数控车床的功能	用于数控铣床的功能	附注
M51	棒料送料器松开并退回	×	模态
M52	自动门打开	相同	模态
M53	自动门关闭	相同	模态
M58	左中心架夹紧	×	模态
M59	左中心架松开	×	模态
M68	液压卡盘夹紧	×	模态
M69	液压卡盘松开	×	模态
M74	错误检测功能打开	相同	模态
M75	错误检测功能关闭	相同	模态
M78	尾架套筒送进	×	模态
M79	尾架套筒退回	×	模态
M80	机内对刀器送进	×	模态
M81	机内对刀器退回	×	模态
M88	主轴低压夹紧	×	模态
M89	主轴高压夹紧	×	模态
M90	主轴松开	×	模态
M98	子程序调用	相同	模态
M99	子程序调用返回	相同	模态

注意：

① 符号“×”表示该 M 指令不适用这种机床；

② 配有同一系列数控系统的机床，由于机床生产厂家不同，某些 M 指令的含义可能有差别。

参考文献

[1] 叶伯生.数控原理及系统[M].北京:中国劳动社会保障出版社,2004.
[2] 韩鸿鸾.数控编程[M].北京:中国劳动社会保障出版社,2004.
[3] 刘雄伟.数控机床操作与编程培训教程[M].北京:机械工业出版社,2001.
[4] 叶伯生.计算机数控系统原理、编程与操作[M].武汉:华中理工大学出版社,1999.
[5] 林洁.数控加工程序编制[M].北京:航空工业出版社,1993.
[6] 王侃夫.数控机床故障诊断及维护[M].北京:机械工业出版社,2000.
[7] 任建平.现代数控机床故障诊断与维修[M].北京:国防工业出版社,2002.
[8] 刘雄伟.数控加工理论与编程技术[M].2版.北京:机械工业出版社,2000.